高等院校信息技术系列教材

Linux操作系统性能调优

周　奇　周冠华　著

清华大学出版社

北京

内 容 简 介

本书着眼于企业应用,以读者能够完成企业 Linux 操作系统调优为出发点,以实践项目为导向和基础,注重实操过程,体现"实践过程教学"的教学理念。

本书以 Red Hat Enterprise 8.0 为平台,对企业级 Linux 操作系统的性能监控和性能调整进行详细讲解。本书教学项目包括:深入理解 Linux 操作系统、监控工具、Benchmark 工具、分析性能瓶颈、调整操作系统五部分,讲解一个完整的 Linux 操作系统性能调优过程。

本书可作为高等院校计算机应用专业和网络技术专业理论与实践一体化教材,也可作为 Linux 系统管理和网络管理领域的自学指导书。

图书在版编目(CIP)数据

Linux 操作系统性能调优/周奇,周冠华著. —北京:清华大学出版社,2022.10
高等院校信息技术系列教材
ISBN 978-7-302-61364-0

Ⅰ.①L… Ⅱ.①周… ②周… Ⅲ.①Linux 操作系统－高等学校－教材 Ⅳ.①TP316.85

中国版本图书馆 CIP 数据核字(2022)第 124492 号

责任编辑:郭 赛 常建丽
封面设计:常雪影
责任校对:申晓焕
责任印制:朱雨萌

出版发行:清华大学出版社
    网 址:http://www.tup.com.cn,http://www.wqbook.com
    地 址:北京清华大学学研大厦 A 座   邮 编:100084
    社 总 机:010-83470000   邮 购:010-62786544
    投稿与读者服务:010-62776969,c-service@tup.tsinghua.edu.cn
    质量反馈:010-62772015,zhiliang@tup.tsinghua.edu.cn
    课件下载:http://www.tup.com.cn,010-83470236
印 装 者:三河市龙大印装有限公司
经 销:全国新华书店
开 本:185mm×260mm 印 张:14.5 字 数:339 千字
版 次:2022 年 10 月第 1 版 印 次:2022 年 10 月第 1 次印刷
定 价:45.00 元

产品编号:087763-01

前言 *foreword*

随着计算机网络技术的飞速发展，Linux 操作系统的相关技术不断推陈出新。目前，市场上的相关书籍和教材大多只介绍 Linux 操作系统的基本配置，而对 Linux 操作系统性能调优方面的讲解较少，以 Red Hat Enterprise 8.0 为平台的书籍更少。因此，作者撰写了这本以 Red Hat Enterprise 8.0 为平台的介绍 Linux 操作系统性能调优的教材，以彰显调整和优化 Linux 操作系统性能的重要性。

另一方面，作者已出版《Linux 操作系统基本原理与应用》《Linux 网络服务器配置、管理与实践教程》《Linux 系统网络服务器组建、配置和管理实训教程》等书籍，本书的出版将扩大对 Linux 的研究广度。

本书由周奇、周冠华共同完成。本书的作者均具有多年 Linux 操作系统课程教学经验和 IT 项目经验，同时指导和带领学生参加过相关省级"网络系统管理"赛项。

由于作者水平有限，书中难免有不妥和错误之处，敬请广大读者批评指正。

作　者

2022 年 8 月于广州

目录

第1章

深入理解 Linux 操作系统

在正式开始讲述本章之前,首先概述 Linux 操作系统是如何处理它的任务以完成和硬件资源的交互的。性能调优是一项艰巨的任务,需要深入了解硬件、操作系统和应用程序的工作原理。如果想让性能调优变得简单,将参数硬编码到固件或操作系统中,那样就不用阅读这些内容了。然而,正如图 1-1 所示,服务器性能受多个因素影响。

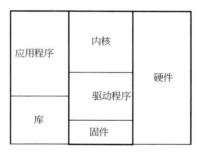

图 1-1　不同性能的组件相互作用示意图

如果一个拥有 20 000 个用户的数据库服务器的磁盘子系统由一个 IDE 驱动器组成,那么调整 I/O 子系统可能是徒劳的。通常,一个新的驱动程序或更新应用程序会产生可观的性能提升。在讨论具体的细节时,要记住系统的整体性能。了解操作系统管理系统资源的方法,有助于了解在任何应用程序场景中所需要的子系统。

以下各节提供了 Linux 操作系统体系架构的一个简短介绍。Linux 内核的完整分析已经超出本书的范围,读者可以参考内核文档以获得相关信息。

注意:本章重点介绍 Linux 操作系统的性能。

本章将介绍:

Linux 进程管理
Linux 内存体系结构
Linux 文件系统
Linux 磁盘 I/O 子系统
Linux 网络子系统
Linux 性能度量标准

1.1 Linux 进程管理

进程管理在任何操作系统中都是最重要的任务之一。有效的进程管理能够让一个应用程序稳定而高效地运行。

Linux 进程管理的实现与 UNIX 的实现类似,包括进程调度、中断处理、信号、进程优先级、进程切换、进程状态、进程内存,等等。

本节将讨论实现 Linux 进程管理的基本原则,它可以帮助我们了解 Linux 内核怎样处理进程及其对系统性能产生的影响。

1.1.1 进程的概念

进程是在处理器上执行的一个实例。进程可使用任意资源以便 Linux 内核可以处理,完成它的任务。

在 Linux 操作系统上运行的所有进程都是通过 task_struct 结构管理的,其也被称为"进程描述符"。一个进程描述符包含了单个进程在运行期间所有必要的信息,比如进程 ID、进程的属性、构建进程的资源等。如果知道进程的结构,就能了解进程的执行对性能的重要性。图 1-2 显示了相关进程结构的基本信息。

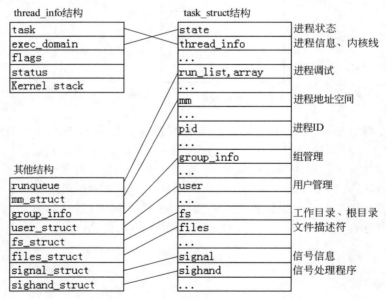

图 1-2　相关进程结构的基本信息

1.1.2 进程的生命周期

每个进程都有自己的生命周期,包括创建、执行、终止、删除等。只要系统启动和运行,这些阶段就会不断地被重复,因此,从性能的角度讲,进程的生命周期是非常重要的。图 1-3 显示了进程典型的生命周期。

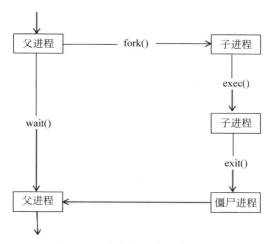

图 1-3   进程典型的生命周期

当一个进程创建一个新进程的时候,创建进程(父进程)发出一个 fork()系统调用,然后父进程得到一个新创建的进程(子进程)的进程描述符,并设置一个新的进程 ID。它把父进程的进程描述符的值复制给子进程。此时父进程的整个地址空间是不能被复制的,两个进程共享相同的地址空间。

exec()系统调用将新的程序复制到子进程的地址空间。因为两个进程共享相同的地址空间,所以新程序写数据时会导致页错误。对此,内核会为子进程分配新的物理页。

这种延迟的操作被称为 Copy On Write。通常,子进程执行它自己的程序,而不是执行与父进程相同的操作。此操作可避免不必要的开销,因为复制整个地址空间是非常慢和低效的操作,会占用处理器大量的时间与资源。

当程序执行完成的时候,通过一个 exit()系统调用终止子进程。exit()系统调用释放进程的大部分数据结构并发送一个终止信号通知给父进程。此时的进程被称为僵尸进程(zombie process),具体见后面章节。

子进程不会完全被移除,直到父进程通过 wait()系统调用得知子进程已终止。只要子进程的终止通知发送到父进程,父进程就会移除所有子进程的数据结构,并释放进程描述符。

1.1.3   线程的概念

线程是在进程中产生的一个执行单元,其在同一个进程中与其他线程并行运行。它们可以共享相同的资源,比如内存、地址空间、打开的文件,等等。它们也可以访问同一组应用程序的数据。线程也被称为轻量级进程(Light Weight Process,LWP)。因为它们共享资源,所以它们中的每个线程不能同时改变它们共享的资源。因此,互斥、锁、序列化等是用户应用程序要实现的机制。

如图 1-4 所示,从性能的角度来看,线程的创建开销要比进程的创建开销小,因为创建线程不需要复制资源。另一方面,进程和线程在调度算法上有相似的特征。内核处理它们使用相似的方式。

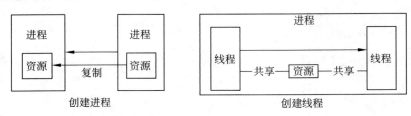

图 1-4　进程和线程

在当前的 Linux 实现中,线程支持 POSIX(可移植操作系统接口)UNIX 兼容库(pthread)。Linux 操作系统中有如下几个线程实现。

(1) LinuxThreads。自 Linux 2.0 内核开始,LinuxThreads 成为默认的线程实现。LinuxThreads 有一些不符合 POSIX 标准的实现。未来的企业级 Linux 发行版不再支持LinuxThreads。

(2) Native POSIX Thread Library(NPTL)。NPTL 最初是由 Red Hat 开发的。NPTL 更符合 POSIX 标准,其增强了 2.6 内核的性能,比如新的 clone()系统调用、信号处理的实现,等等。它比 LinuxThreads 有更好的性能和可扩展性。

NPTL 与 LinuxThreads 有一些不兼容。如果一个应用程序依赖于 LinuxThread,则通过 NPTL 实现可能不能工作。

(3) Next Generation POSIX Thread(下一代 POSIX 线程,NGPT)。NGPT 是 IBM公司开发的 POSIX 线程库的版本。它当前正处在维护状态,并没有进一步发展的计划。

使用 LD_ASSUME_KERNEL 环境变量,可以选择应用程序要使用的线程库。

1.1.4　进程优先级和 Nice 等级

进程优先级是一个数字,用来确定 CPU 处理进程的顺序,并可以确定静态(实时)优先级和动态(非实时)优先级。一个具有最高优先级的进程有较大的机会得到在一个处理器上运行的权限。

图 1-5 显示了系统优先级的列表,以及在不同的命令中以什么形式输出,最高静态(实时)优先级(99)对应系统优先级 0,最低静态(实时)优先级(0)对应系统优先级 99。这些静态(实时)优先级,系统是不能动态改变它们的。

对于动态(非实时)优先级,内核需要使用一个基于进程行为和特征的算法做±5 的动态调整。一个进程可以间接地通过使用进程的 Nice 级别改变静态优先级。一个具有较高静态优先级的进程会具有更长的时间片(进程在一个处理器上运行多长时间)。Linux 支持的 Nice 级别可从 19(最低优先级)到−20(最高优先级),默认值是 0。若将一个程序的 Nice 级别改为一个负数(使得它有较高优先级),则需要使用 root 账号登录,或者使用 su 命令切换到 root 账号。

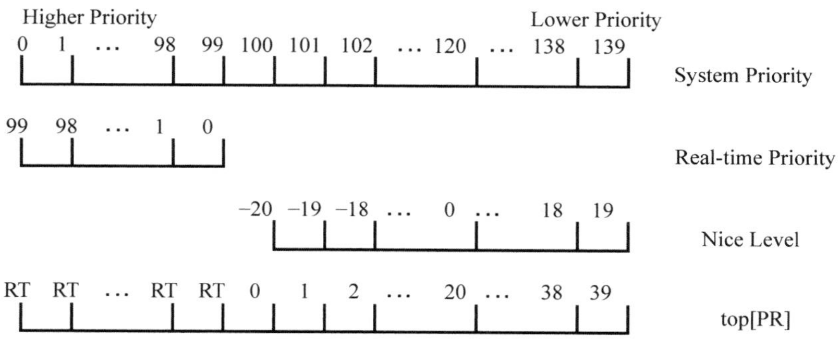

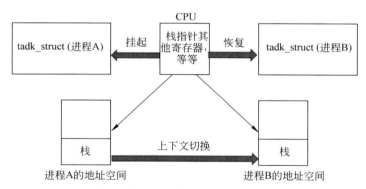

图 1-5　优先级列表

1.1.5　上下文切换

　　在处理器执行期间,运行进程的信息被存储在处理器的寄存器和高速缓存(cache)中,运行的进程被加载到寄存器的数据集被称为上下文(context)。在切换过程中,先存储运行进程的上下文,然后将下一个要运行的进程的上下文恢复到寄存器。进程描述符和内核模式堆栈区域用于存储上下文。这个切换的过程被称为上下文切换(context switching)。一般不能有太多的上下文切换,因为处理器每次要刷新寄存器和高速缓存,以便释放空间给新的进程,这可能导致性能问题。图 1-6 说明了上下文切换是如何工作的。

图 1-6　上下文切换

1.1.6　中断处理

　　中断处理是优先级最高的任务之一。中断通常由 I/O 设备产生,比如网络接口卡、键盘、磁盘控制器、串行适配卡,等等。中断处理是 Linux 内核通知事件(如键盘输入、以太网帧到达,等等)。它告诉内核中断进程执行,并要尽可能快地执行中断处理,因为有些设备需要快速响应。这对于系统的稳定性是至关重要的。当一个中断信号到达内核的时候,内核必须从当前执行的进程切换到一个新的进程,以处理这个中断。这意味着,中断会导致上下文切换,也暗示大量的中断会导致性能下降。

在 Linux 实现中有两种类型的中断:硬中断是由硬件设备产生的,需要快速响应(如磁盘 I/O 中断、网络适配器中断、键盘中断、鼠标中断等);软中断被用来处理可以推迟的任务(如 TCP/IP 操作、SCSI 协议操作,等等)。可以在/proc/interrupts 下看到硬件中断相关的信息。

在一个多处理器的环境中,中断是由每个处理器处理的。将中断绑定到单个处理器上可以提高系统的性能。

1.1.7　进程状态

每个进程都有自己的状态,图 1-7 显示了当前进程的状态。在进程执行期间,进程状态会变化。下面是一些重要的状态,如表 1-1 所示。

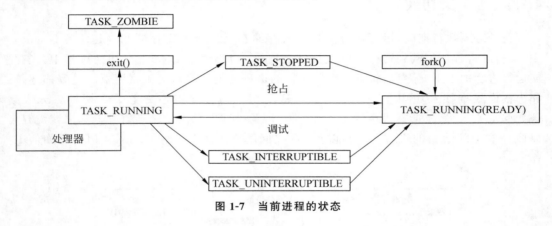

图 1-7　当前进程的状态

表 1-1　进程状态

进 程 状 态	注　　　释
TASK_UNINTERRU-PTIBLE	类似于 TASK_INTERRUPTIBLE,当一个进程处在 TASK_INTERRUPTIBLE 状态时,它是能够被中断的。在 TASK_UNINTERRUPTIBLE 状态下会给进程发送一个不执行任何操作的信号。进程的典型例子是一个进程在等待磁盘 I/O 操作
TASK_ZOMBIE	一个进程通过 exit()系统调用退出之后,它的父进程应该知道它已终止。在 TASK_ZOMBIE 状态下,一个进程在等待通知它的父进程释放所有的数据结构
TASK_RUNNING	在这种状态下,进程正在 CPU 上运行,或者在队列(运行队列)中等待运行
TASK_STOPPED	在这种状态下,进程由于某些信号(如 SIGINT、SIGSTOP 等)被暂停。进程在等待一个恢复信号,如 SIGCONT
TASK_INTERRU-PTIBLE	在这种状态下,进程暂停,并等待某个条件得到满足。如果进程处在 TASK_INTERRUPTIBLE 状态下并接收到一个停止信号,进程的状态会改变,操作将被中断。TASK_INTERRUPTIBLE 进程的一个典型例子是进程等待键盘中断

僵尸进程

当一个进程接收到一个终止信号时,在它结束之前一般需要一些时间结束所有的任务(比如关闭打开的文件)。通常,在很短的时间内,这个进程是一个僵尸进程。

在进程完成所有的关闭任务之后,它将相关终止报告发给父进程。有时候,一个僵尸进程不能终止自己,在这种情况下其显示为 Z(僵尸)状态。

使用 kill 命令是不能杀死这样一个进程的,因为它已经被认定为死亡。如果无法摆脱一个僵尸进程,可以杀死父进程,这样僵尸进程就会随之消失。注意,init 进程是一个非常重要的进程,如果僵尸进程的父进程是 init,就需要重新启动系统来摆脱僵尸进程。

1.1.8　进程的内存段

进程使用它们自己的内存地址区域执行工作。工作的变化取决于当前情况和进程的使用。一个进程可以有不同的工作负载和不同需求的数据大小。进程能处理各种各样的数据大小。为了满足这一需求,Linux 内核对每个进程采用的是动态内存分配机制。其进程的内存分配结构如图 1-8 所示。

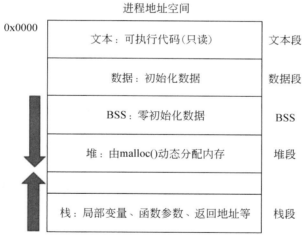

图 1-8　进程的内存分配结构

进程的内存区域由一些段组成,这些段如表 1-2 所示。

表 1-2　进程地址空间

区　　域	注　　释
栈(stack)段	这个区域是局部变量、函数参数、返回地址等的存放区域。栈向着较低的地址增长
堆(heap)段	在这个区域,malloc()会根据需求动态分配内存。堆向着较高的地址增长

区　域	注　释
BSS	这个区域存储零初始化数据。数据被初始化为零
数据段	这个区域存储初始化数据,比如静态变量
文本段	这个区域用来存储可执行代码

使用 pamp 命令可以显示一个用户态进程的内存地址空间分配情况。使用 ps 命令可以显示段的总大小。

1.1.9　Linux CPU 调度程序

任何计算机的基本功能都是计算。为了能够计算,必须有一种方法能对计算资源、处理器、计算任务进行管理,同时也要了解线程或进程。一个单独的 CPU 在一个时间只能执行一个程序。Linux 使用多任务处理(multitasking)机制使得系统中可以有多个程序同时运行。在多任务处理机制下,多个程序共享 CPU,它们在 CPU 上轮流运行。

内核使用进程调度程序确定哪个程序在哪个给定时间点运行。为了工作正常,进程调度程序必须合理调度不同的资源。它必须很快确定接下来轮到哪个进程得到 CPU。通常它必须保证各进程得到的 CPU 时间是公平的,但是允许高优先级进程得到更多的 CPU 时间,或许可以抢占较低优先级进程的 CPU 时间。它必须对交互式应用程序做出响应。最后,在多种多样的负载条件下,它应该表现出可预见性和可扩展性,如同给系统添加额外的程序。

1. 调度程序

调度程序是在 Linux 2.6 内核中引进的,比如 Red Hat Enterprise Linux 4 和 Red Hat Enterprise Linux 5。以前的调度程序在 $O(n)$ 时间里操作,它必须扫描整个进程列表,以便找到下一个要运行的进程。这不能很好地扩展拥有大量进程的系统。调度程序工作时每个 CPU 使用两个队列:一个运行队列和一个过期队列。调度程序根据它们的优先级将它们放置在运行队列的进程列表中,需要调度时,取出运行队列中最高优先级列表中的第一个进程,并运行它。调度程序基于进程的优先级和以前的阻塞率给进程分配一个时间片,当进程时间片用完后,进程调度程序将其移动到过期队列相应的优先级列表中。然后它从运行队列中取出下一个具有最高优先级的进程,重复以上过程。一旦运行队列中不再有进程等待,调度程序就将过期队列转变为新的运行队列,之前的运行队列成为新的过期队列,开始再次循环。

一般交互式进程(相对于实时进程)有机会得到较高的优先级,拥有较长的时间片,比较低优先级的进程能得到较多的计算时间,但是它们不会导致完全饿死低优先级进程。这种算法的优点是极大地提高了可扩展性。企业级工作负载通常包括大量的线程和进程,并且也有相当数量的处理器。新的 $O(1)$ CPU 调度程序在 2.6 内核中被设计出来,但又可向前移植到 2.4 内核系列中。图 1-9 说明了 Linux CPU 调度程序是如何工作的。

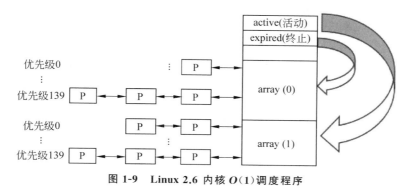

图 1-9　Linux 2.6 内核 $O(1)$ 调度程序

新的调度程序的另一个显著优势是支持非统一内存架构(Non-Uniform Memory Architecture,NUMA)和对称多线程处理器(SMP),比如,Intel 超线程(HT)技术(Intel Hyper-Threading Technology)。

NUMA 支持确保了负载均衡不会在 NUMA 节点之前发生,除非一个节点负担过重。这种机制确保了流量相对缓慢的可伸缩性链路在 NUMA 系统中达到最小化。虽然负载均衡可穿越处理器在调度域中将负载均衡到每个调度器,但只有节点过载并要求负载均衡才会出现跨越调度域的工作负载。

2. 完全公平调度程序

Completely Fair Scheduler(CFS)在 Linux 2.6.23 内核版本中第一次被引入,例如,在 Red Hat Enterprise Linux 6 中,用来替代 $O(1)$ 调度程序。CFS 使用基于"虚拟时间"的红黑树。虚拟时间是基于进程等待运行的时间、竞争 CPU 的进程数量以及进程的优先级计算的。具有最多虚拟时间的进程(最长等待 CPU 的时间)得到使用 CPU 的权限。随着它使用 CPU 周期的增加,它的虚拟时间减少。一旦进程不再拥有最多的虚拟时间,它将被拥有最多虚拟时间的进程抢占。但是,它在内核中的代码却是比较简单的,规模和表现也良好,并且在它的调度下一些"病态的"用户进程想伤害系统的交互性是很困难的。

1.2　Linux 内存体系结构

一个进程执行时,Linux 内核给其分配一部分内存区域。进程使用这个内存区域作为工作区执行必要的工作。这类似于你的单位给你分配办公桌,然后你在桌面分散文件、文档和备忘录执行自己的工作。不同的是,内核使用动态的方式分配空间。同时,运行的进程数量有时是成千上万的,并且内存的数量通常也是有限的。因此,Linux 内核必

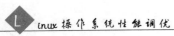

须有效地处理内存。本节描述 Linux 内存架构、地址布局以及如何让 Linux 有效地管理内存空间。

1.2.1　物理内存和虚拟内存

系统的内存管理是很复杂的，一般由内核完成。高效的内存管理对提升进程的性能至关重要。现代的计算机系统使用分页（page）技术安全和灵活地管理系统内存。

为了提高效率，计算机系统上的内存是由固定大小的 chunk 组成的，被称为分页。分页的大小取决于处理器体系结构，i386 系统和 64 位的 x86 系统中的分页大小都是 4KB。系统上的物理内存被分成页帧（page frame），一个页帧包含数据的一个分页。

1. 页帧分配

一个分页是物理内存或虚拟内存中的一组连续线性地址。Linux 内核以内存页为单位处理内存。一个内存页的大小通常是 4KB。当一个进程请求一定数量内存页的时候，如果有有效的内存页，Linux 内核立刻将它们分配给进程。否则，需要从一些其他的进程或分页缓存中得到。内核知道有多少内存页是有效的，并且也知道它们在什么位置。

进程是不能直接对物理内存寻址的，取而代之的是，每个进程有一个虚拟地址空间。当为一个进程分配内存时，页帧的物理地址被映射到进程的虚拟地址。这样，从进程的角度看，它有一个私有内存空间，它只能看到已经对物理页帧做了映射的一个虚拟地址。除此之外，这样还有助于加强进程之间的安全限制和明确界限。

一个进程虚拟地址空间的大小取决于处理器架构。在 32 位 i386 系统上，一个进程的虚拟地址空间大小是 2^{32}B（4GB）；在 64 位 x86 系统上，是 2^{64}B（16EB）。然而，一个进程通常不会使用它全部的地址空间，它的大部分地址空间是未分配的，并没有映射到任何物理内存。但是，一个进程能拥有的虚拟地址空间的大小能够在最大内存之下设置一个限制。

今天我们正面临 32 位系统和 64 位系统的选择。它们最重要的区别之一就是能否为企业级用户提供 4GB 以上的虚拟内存地址。那么，Linux 内核在 32 位系统和 64 位系统上是如何将物理内存映射到虚拟内存中的呢？

正如在图 1-10 中看到的，在 32 位系统和 64 位系统中，Linux 内核寻址内存的方法有明显的不同。探究物理内存到虚拟内存的映射细节超出本书的范围，所以我们重点介绍具体的 Linux 内存架构。

在 32 位架构中，比如 IA-32，Linux 内核仅直接寻址物理内存的起始 GB（考虑保留范围，为 896MB）。内存中较高的所谓 ZONE_NORMAL 还必须映射到较低的 1GB 中。这种映射对于应用程序是完全透明的。但是，在 ZONE_HIGHMEM 中分配一个内存分页会导致较小的性能下降。

另一方面，在 64 位架构如 x86-64（x64）中，在 IA-64 系统的情况下，ZONE_NORMAL 一直扩展到 64GB 或 128GB。正如所看到的，将 ZONE_HIGHMEM 内存分页映射到 ZONE_NORMAL 的开销，通过使用 64 位架构可以消除。

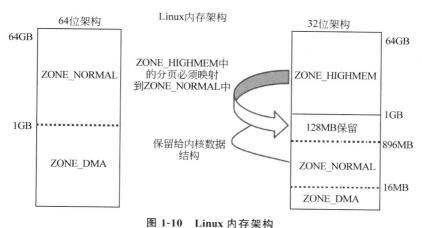

图 1-10　Linux 内存架构

2. 虚拟内存寻址布局

图 1-11 显示了 32 位架构和 64 位架构的 Linux 虚拟内存寻址布局。

图 1-11　32 位架构和 64 位架构的 Linux 虚拟内存寻址布局

在 32 位架构上,单个进程可以访问的最大地址空间是 4GB。这是由于 32 位虚拟地址本身具有的限制。在一个标准的实现中,虚拟地址空间被划分为 3GB 的用户空间和 1GB 的内核空间。

另一方面,在 64 位架构上如 x86_64 和 IA-64 中,没有这样的限制存在,每个进程都可以访问巨大的地址空间。

1.2.2　虚拟内存管理

一个操作系统的物理内存架构对于应用程序和用户来说通常是隐藏的,因为操作系统可以将任何物理内存映射到虚拟内存。如果想理解在 Linux 操作系统中如何可以将任何物理内存映射到虚拟内存,在 Linux 操作系统中如何调优,则需要了解 Linux 是如何处理虚拟内存的。正如前面讲述的,系统不会给应用程序分配物理内存,但是它会向 Linux 内核请求一定大小的虚拟内存,并在虚拟内存中交换得到的映射。从图 1-12 中可以看到,虚拟内存不必映射到物理内存。如果应用程序被分配了大量的内存,则有一部分可能被映射到磁盘子系统上的 swap 文件。

由图 1-12 可以看出,应用程序通常不直接向磁盘子系统写入,而是向高速缓存

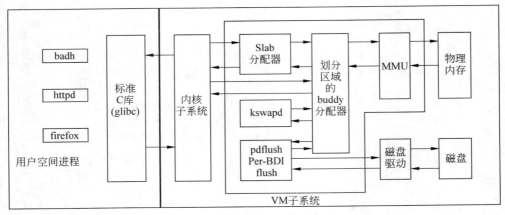

图 1-12　Linux 虚拟内存管理程序

(Cache)或者缓冲区(Buffer)写入。当时间片到达时,或者一个文件的大小超出缓冲区或缓存时,内核线程 pdflush/Per-BDI flush 会将缓冲区或缓存中的数据刷新到磁盘中。

与 Linux 内核处理写入物理磁盘子系统紧密相关的是 Linux 内核管理磁盘缓存的方式。其他操作系统仅分配某一部分内存作为磁盘缓存,而 Linux 可以更有效地处理内存资源。管理虚拟内存的默认配置是:分配所有有效的空闲内存空间作为磁盘缓存。因此,你有可能看到有的生产环境的 Linux 系统拥有 GB 内存,但是只有 20MB 的内存是空闲的。

在同样的情况下,Linux 也可以非常有效地处理 swap 空间。正在使用的 swap 空间并不一定是内存瓶颈,但是有时它证明了 Linux 如何有效地处理系统资源,参见下面的"分页回收"内容。

1. 伙伴系统

Linux 内核使用一种被称为伙伴系统(buddy system)的机制维护它的空闲分页。伙伴系统维护空闲分页,并尝试给分页分区请求分配分页。它试图保持内存区域是连续的。如果不考虑分散的小分页,这可能导致内存碎片,并导致更加难以在连续的区域中分配一个很大的分页。它也可能导致低效的内存使用和性能下降。图 1-13 说明了伙伴系统如何分配分页。

当分配分页失败时,会进行分页回收。

可以通过/proc/buddyinfo 找到伙伴系统的信息,详细见后面章节。

2. 分页回收

当一个进程请求映射一定数量分页的时候,如果没有有效的分页,Linux 内核将尝试释放一定数量的分页(这是之前使用但是目前不再使用且基于某些原因仍被标记为活跃的分页),然后将这些分页分配给新的请求内存的进程。这个过程被称为分页回收(page reclaiming)。内核线程 kswapd 和内核函数 try_to_free_page()负责分页回收。

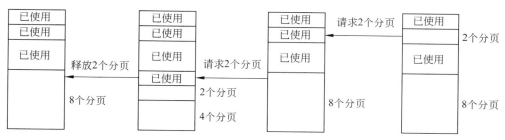

图 1-13　伙伴系统

kswapd 在任务中通常处于可中断睡眠状态,当区域中的空闲分页低于一个阈值时,它被称为伙伴系统。基于最近最少使用(Least Recently Used,LRU)原则,它试图找到候选分页并将其取出作为活跃分页。最近最少使用的分页被首先释放。活跃列表和非活跃列表用于维护候选分页。kswapd 扫描活跃列表,并检查最近使用的分页,将最近没有使用的分页放入非活跃列表中。可以通过 vmstat-a 命令查看活跃和非活跃的内存情况,参考 2.3.6 节的内容。

kswapd 也遵循另一个原则。分页的使用主要有两个目的:分页缓存(page cache)和进程地址空间(process address space)。分页缓存是分页被映射到磁盘上的一个文件。分页属于一个进程地址空间(称为匿名内存,因为它不被映射到任何文件,并且它没有名称),它被用于堆(heap)和栈(stack)。当 kswapd 回收分页的时候,它宁可缩小分页缓存,也不愿分页移出(page out 或 swap out)进程拥有的分页。

短语 page out 和 swap out 有些时候令人困惑。page out 意味着一些分页(整个地址空间的一部分)被放入 swap 空间,而 swap out 意味着整个地址空间放入 swap 空间。它们有些时候可以互换使用。

分页缓存的分页回收和进程地址空间的回收很大程度上依赖于使用场景,这将会影响性能。可以通过使用/proc/sys/vm/swappiness 控制这些行为,参考 5.5.1 节的内容。

3. swap

如前所述,当发生分页回收时,在非活跃列表中属于进程地址空间的候选分页可以被分页移出。交换这种情况本身并不是问题。在其他操作系统中,交换无非是为了保证主内存的分配,而 Linux 使用交换技术能够更加有效地使用空间。虚拟内存由物理内存和磁盘子系统或 swap 分区组成。如果在 Linux 中虚拟内存管理器发现内存分页已经被分配,但是大量时间还没有使用完,它会将这个内存分页移动到 swap 空间。

一些守护进程,比如 getty,当系统启动时它就启动,但是很少被使用。看来,更有效的方法是,释放一个昂贵的主内存分页并将其移动到 swap 区。这就是 Linux 中处理 swap 分区的方法。所以,如果发现 swap 分区被填充到 50%,也不需要惊慌。swap 空间的使用率高并不一定表明内存存在瓶颈,反而有时它证明了 Linux 能有效地利用系统资源。

1.3　Linux 文件系统

Linux 一个巨大的优势就是它是开源的系统，它提供了对多种文件系统的支持。现代的 Linux 内核可以支持几乎所有计算机系统使用的文件系统，从基本的 FAT 支持，到高性能文件系统，比如日志文件系统（JFS）。但是，因为 Ext2、Ext3 和 ReiserFS 是大多数 Linux 发行版支持的原生 Linux 文件系统（ReiserFS 只有在 Novell SUSE Linux 上是商业支持），因此这里只专注于 Linux 自身的特点，只给出常用 Linux 文件系统的概述。

有关文件系统和磁盘子系统的更多信息，可参考后面章节。

1.3.1　虚拟文件系统

虚拟文件系统（Virtual Files System，VFS）是驻留在用户进程与各种类型的 Linux 文件系统之间的一个抽象接口层。VFS 提供了访问文件系统对象的通用对象模型（如索引节点、文件对象、分页缓存、目录条目等）和方法。它对用户进程隐藏了实现每个文件系统的差异。有了 VFS，用户进程不需要知道系统使用的是哪一个文件系统，为每个文件系统运行哪一个系统调用。图 1-14 说明了 VFS 的概念。

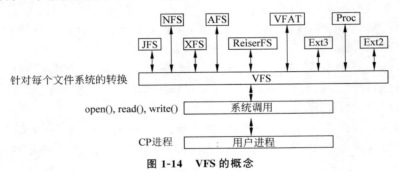

图 1-14　VFS 的概念

1.3.2　文件系统日志

在非日志文件系统中，当对一个文件系统执行写操作时，Linux 内核首先改变文件系统的元数据（metadata），然后再写实际的用户数据。这个操作有时候会损害数据的完整性。在对文件系统的元数据执行写操作的过程中，如果系统由于某种原因突然崩溃，则文件系统的一致性可能会被破坏。通过检测所有的元数据，fsck 进程可以修正不一致，并在下次重新启动时恢复一致性。但是，当系统具有一个巨大的卷，且它需要大量的时间完成时，那么在这个过程中是无法对系统执行操作的。

日志文件系统可以解决这个问题。图 1-15 显示了在执行写入数据到实际文件系统之前，先将改变数据写入日志区。日志区域可以放置在文件系统之上或者文件系统之外。被写入日志区域的数据称为日志记录。它包含文件系统元数据的变化和实际的文件数据（如果支持）。

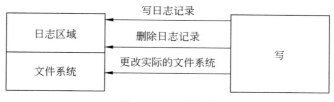

图 1-15　日志概念

因为在写入实际用户数据到文件系统之前写日志记录，所以相比较非日志文件系统，这会导致性能开销。牺牲多少性能开销来保证较高的数据一致性，取决于在写入用户数据之前有多少信息被写入磁盘。下面还会讨论这个话题。

1.3.3　Ext2

Ext3 文件系统的前身是 Ext2 文件系统。Ext2 是一个快速、简单的文件系统，不像当前大多数的其他文件系统，它没有日志功能。

图 1-16 显示了 Ext2 文件系统的数据结构。Ext2 文件系统以引导扇区开始，接下来是块组。将整个文件系统分成若干个小的块组有助于提高性能，因为它可以将用户数据的索引节点（i-node）表和数据块更紧密地保存在磁盘盘片上，因此可以减少寻道时间。一个块组包括多个项目，如表 1-3 所示。

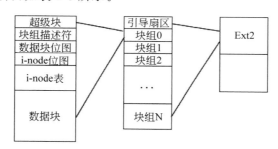

图 1-16　Ext2 文件系统的数据结构

表 1-3　文件系统数据结构注释

块　　组	注　　释
数据块	实际的用户数据存储的位置
i-node 表	索引节点表存储在这里。每个文件有一个相应的索引节点表，其中保存了文件的元数据，如文件模式、uid、gid、atime、ctime、mtime 和到数据块的指针
i-node 位图	用于空闲索引节点的管理
数据块位图	用于空闲数据块管理
块组描述符	块组上的信息存储在这里
超级块	文件系统的信息存储在这里。超级块的精确副本被放置在每个块组的顶部

查找组成一个文件的数据块，首先要查找文件的索引节点。如果一个进程请求打开/var/log/messages，那么内核会解析文件路径，搜索根目录（/）的目录条目，该目录条

目中有它(根目录)下面文件和目录的信息。接下来内核可以找到/var 的索引节点,并且查看/var 的目录条目,该目录条目中也有/var 下面文件和目录的信息。内核以此方式一直向下搜索,直到找到文件的索引节点。Linux 内核使用一个文件对象缓存,比如目录条目缓存或者索引节点缓存来加速查找符合条件的索引节点。

一旦 Linux 内核找到文件的索引节点,它会试图找到实际的用户数据块。正如前面描述的,索引节点有到数据块的指针。通过它,内核可以得到数据块。对于大文件,Ext2 实现数据块直接/间接的引用。图 1-17 说明了以上描述的工作过程。

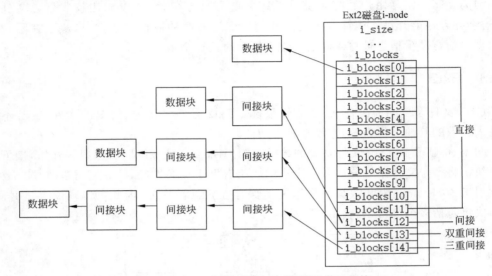

图 1-17   Ext2 文件系统直接/间接引用数据块

每个文件系统都有不同的文件系统结构和文件访问操作。这赋予了每个文件系统不同的特点。

1.3.4   Ext3

当前企业级 Linux 发行版支持 Ext3 文件系统。这是一种广泛使用的 Ext2 文件系统的更新版本。它的基本结构非常类似于 Ext2 文件系统,主要区别是它支持日志功能。Ext3 文件系统的要点如表 1-4 所示。

表 1-4   Ext3 文件系统的要点

要　　点	注　　释
灵活性	可以简单地对现有的 Ext2 文件系统升级,并且没有重新格式化的必要。通过执行 tune2fs 命令和编辑/etc/fstab 文件,可以轻易地将一个 Ext2 系统更新到一个 Ext3 文件系统。还要注意,Ext3 文件系统可以同 Ext2 禁用日志那样被挂载
数据完整性	通过使用 mount 命令显式声明日志模式 data＝Journal,所有数据,包括文件数据和元数据,都被写入日志中

续表

要　　点	注　　释
速度	显式声明了日志模式 data＝writeback，可以根据商业需求决定写入速度与完整性。在繁重的同步写环境下，这一点值得注意
可用性	Ext3 总是以一种一致性的方式写数据到磁盘，因此在遇到不正常关机（意外电源故障或系统崩溃）时，服务器不需要花费时间检测数据的一致性，从而缩短了系统恢复时间

Ext3 文件系统支持 3 种类型的日志模式，如表 1-5 所示。

表 1-5　日志模式

类　　型	注　　释
回写（writeback）	在回写方式中，元数据被记录到日志区中，实际数据被直接写入主文件系统。该方式能提供较好的性能。使用回写模式，假如元数据被写入日志区后出现系统崩溃，那么在对文件系统进行恢复后，元数据和部分实际数据被更新，但恢复后的文件可能包含原先旧的垃圾数据
顺序（ordered）	在顺序方式中，实际数据同样被直接写入主文件系统，而元数据在实际数据写入完成后才被写入日志区。顺序模式是日志文件系统默认使用的模式。假如实际数据被写入过程中出现系统崩溃，那么修复文件系统后，元数据不变，部分实际数据被更新
全日志（journal）	在全日志方式中，元数据和实际数据均先被写入日志区，然后再写入主文件系统。全日志提供了很高的安全性，不论系统在元数据被写入日志区阶段还是在实际数据被写入日志区阶段发生崩溃，均不影响实际的主文件系统，但该模式为实现安全性付出了效率的代价，因为所有数据都要写入两次

以上三种模式的共同特点是：元数据在被写入主文件系统之前，都先记录到日志区，这样就保证了主文件系统的元数据不被破坏。另外，当进行文件系统恢复时，只读取日志区中的信息即可进行恢复，而无须遍历整个文件系统。

1.3.5　Ext4

1. 功能

Ext4 文件系统引入了大量新功能，但最重要的是对 Ext3 文件系统的向后和向前兼容性以及在时间戳上的改进。这些改进都立足于提高未来的 Linux 系统的性能。

2. 向后和向前兼容性

由于 Ext3 是 Linux 上最受欢迎的文件系统之一，因此其应该能够被轻松迁移到 Ext4。为此，Ext4 被设计为具有向后和向前兼容性。Ext4 对 Ext3 是向前兼容的，这样就可以将 Ext3 文件系统挂载为 Ext4 文件系统。为了充分利用 Ext4 的优势，必须实现文件系统的迁移，以转换和利用新的 Ext4 格式。还可以将 Ext4 挂载为 Ext3（向后兼容），但前提是 Ext4 文件系统不能使用区段。

除兼容性特性之外,还可以逐步地将 Ext3 文件系统迁移到 Ext4。这意味着,没有移动的旧文件可以保留 Ext3 格式,但新的文件(或已被复制的旧文件)将采用新的 Ext4 数据结构。可以通过这种方式在线将 Ext3 文件系统迁移到 Ext4 文件系统。

3. 提高时间戳分辨率和扩展范围

令人惊讶的是,Ext4 之前的扩展文件系统的时间戳都是以秒为单位的。这已经能够应付大多数设置,但随着处理器的速度和集成程度(多核处理器)不断提升,以及 Linux 开始向其他应用领域发展(比如高性能计算),基于秒的时间戳已经不够用。Ext4 在设计时间戳时,考虑到未来的发展,它将时间戳的单位提升到纳秒。Ext4 给时间范围增加了两个位,从而让时间长度再延长 500 年。

4. 伸缩性

文件系统未来发展的一个重要方面就是伸缩性,即根据需求进行伸缩的能力。Ext4 以多种方式实现了强大的伸缩性,它的伸缩性超越了 Ext3,并且在文件系统元数据管理方面开辟了新领域。

5. 突破文件系统的限制

Ext4 的一个明显差别就是它支持更大的文件系统、文件和子目录。Ext4 支持的最大文件系统为 1EB(1000PB)。虽然根据今天的标准这个文件系统已经非常巨大,但存储空间的消费会不断增长,因此 Ext4 必须考虑到未来的发展。Ext4 最大支持 16TB 的文件(假设该文件由 4KB 的块组成),这个容量是 Ext3 的 8 倍。

最后,Ext4 也扩展了子目录的容量,将其从 32KB 扩展到无穷大。这是极端情况,我们还需要考虑文件系统的层次结构,因为它的最大存储容量为 1EB。此外,它的目录索引也被优化为类似于散列 B 树结构,因此,尽管限制更多,但 Ext4 却支持更快的查找。

6. 区 段

Ext3 分配空间的方式是其主要缺点之一。Ext3 使用空闲空间位映射来分配文件,这种方式不是很快,并且伸缩性不强。Ext3 的格式对小文件而言是很高效的,但对于大文件,则恰恰相反。Ext4 使用区段取代 Ext3 的机制,从而改善了空间的分配,并且支持更加高效的存储结构。区段是一种表示一组相邻块的方式。使用区段减少了元数据,因为区段维护关于一组相邻块的存储位置的信息(从而减少了总体元数据存储),而不是一个块的存储位置的信息。

Ext4 的区段采用分层的方法高效地表示小文件,并且使用区段树高效地表示大文件。例如,单个 Ext4 i-node 有足够的空间引用 4 个区段(每个区段表示一组相邻的块)。对于大文件(包括片段文件),一个 i-node 能够引用一个索引节点,而每个索引节点能够引用一个叶子节点(引用多个区段)。这种持续的区段树为大文件(尤其是分散的文件)提供了丰富的表示方式。这些节点还包含自主检查机制,以阻止文件系统损坏带来威胁。

7. 性能

衡量一个新文件系统的重要指标是它的根本性能。这常常是最难实现的指标,因为当文件系统变得庞大并且要求实现高可靠性时,将会以损害性能为代价。但是,Ext4 不仅解决了伸缩性和可靠性问题,它还提供了各种改善性能的方法。

8. 文件级预分配

某些应用程序,比如数据库或内容流,要求将文件存储在相邻的块上。尽管区段能够将相邻块划分为片段,但另一种更强大的方法是按照所需的大小预分配比较大的相邻块(XFS 以前就是采用这种方法)。Ext4 通过一个新的系统调用达到这个目的,这个调用将按照特定的大小预分配并初始化文件,然后就可以写入必要的数据,并为数据提供不错的读性能。

9. 延迟块分配

另一个基于文件大小的优化是延迟分配。这种性能优化延迟磁盘上的物理块的分配,直到块被刷入磁盘时才进行分配。这种优化的关键是延迟物理块的分配,直到需要在磁盘上写这些物理块时才对其进行分配并写到相邻的块。这类似于持久化预分配,唯一的区别是文件系统会自动执行这项任务。不过,如果预先知道文件的大小,则持久化预分配是更好的选择。

10. 多个块分配

这是最后一个与相邻块相关的优化,即针对 Ext4 的块分配器。在 Ext3 中,块分配器的工作方式是每次分配一个块。当需要分配多个块时,非相邻块中可能存在相邻的数据。Ext4 使用块分配器修复了这个问题,它能够在磁盘上一次分配多个块。与前面的其他优化一样,这个优化在磁盘上收集相关的数据,以实现相邻读优化。

多个块分配的另一个方面是分配块时需要的处理量。记住,Ext3 一次只分配一个块。在最简单的情况下,每个块的分配都要有一个调用。如果一次分配多个块,则对块分配器的调用就会大大减少,从而加快分配并减少处理量。

11. 可靠性

Ext4 文件系统可能被扩展得比较大,这将导致可靠性问题。但 Ext4 通过许多自主保护和自主修复机制来解决这个问题。

12. 执行文件系统日志校验和

与 Ext3 一样,Ext4 也是一个日志文件系统。日志记录就是通过日记(磁盘上相邻区域的专门循环记录)记录文件系统变更的过程。因此,日志可使对物理存储执行实际变更变得更加可靠,并且能够确保一致性,即使在操作期间出现系统崩溃或电源中断。这样做可以减少文件系统损坏的概率。

但是,即使进行日志记录,如果日志出现错误,仍然会导致文件系统损坏。为了解决这个问题,Ext4 对日志执行校验和,确保有效变更能够在底层文件系统上正确完成。

Ext4 支持根据用户需求采用多种模式的日志记录。例如,Ext4 支持 Writeback 模式,它仅记录元数据;或 Ordered 模式,它记录元数据,但元数据的数据是从日志中写入的;或 Journal 模式(最可靠的模式),它同时记录元数据和数据。注意,虽然 Journal 模式是确保文件系统一致性的最佳选择,但它也是最慢的,因为所有数据都要经过日志记录。

13. 在线磁盘碎片整理

尽管 Ext4 增加了一些特性来减少文件系统的碎片(比如将相邻块分配为区段),但随着系统使用时间的增加,碎片是难以完全避免的,因此出现了在线碎片整理工具 e4defrag,它可以对文件系统和单个文件执行碎片整理,从而改善性能。在线碎片整理程序是一个简单的工具,它将文件复制到引用相邻区段的新 Ext4 i-node。

在线碎片整理还可以减少检查文件系统所需的时间(fsck)。Ext4 将未使用的块组标记到 i-node 表中,并让 fsck 进程忽略它们以加快检查速度。当操作系统因内部损坏(随着文件系统变大,这是不可避免的)而检查文件系统时,Ext4 的设计方式将能够提高总体的可靠性。

1.3.6　XFS

eXtended File System(XFS)是一种高性能日志文件系统,其最初是由 Silicon Graphics, Inc. 为 IRIX 操作系统创建的,后来移植到 Linux 上。XFS 的并行 I/O 特性为 I/O 线程、文件系统带宽、文件和文件系统大小提供了高可扩展性,甚至在文件系统跨越很多存储设备的时候。

XFS 的一个典型使用案例是跨越多个存储服务器,每个服务器由很多 FC(光纤通道)连接的磁盘阵列组成(FC 磁盘阵列),实现几百 TB 的文件系统。FC 协议开发于 1988 年,最早用来提高硬盘协议的传输带宽,侧重于数据的快速、高效、可靠传输。

XFS 拥有大量的功能,其适合部署企业级计算环境,它们都需要实现非常巨大的文件系统。

在 64 位的 x86 系统上,XFS 支持的最大文件系统和最大文件近 8EB,而 Red Hat 仅支持 100TB 的文件系统。

XFS 实现了元数据的日志操作,能在掉电或系统崩溃的情况下保证文件系统的一致性。在提交实际的数据更新到磁盘之前,XFS 将文件系统更新异步记录到一个循环缓冲区(日志)。日志可以位于文件系统内部的数据段,或是外部一个单独的设备上,这样可以减少磁盘访问的竞争。如果系统崩溃或掉电,当文件系统重新挂载时会读取日志,重新执行任何挂起的元数据操作,以确保文件系统的一致性。恢复的速度不依赖于文件系统的大小。

XFS 内部被划分为分配组,它们是固定大小的虚拟存储区域。你创建的任何文件和目录可以跨越多个分配组。每个分配组管理自己拥有的 i-node 和可用空间,独立于其他分配组,这提供了 I/O 操作的扩展性和并行性。如果文件系统跨多个物理设备,则分配组可以通过将底层信道分离到存储组件来优化吞吐量。

　　XFS 是一个基于范围的文件系统。可以减少文件的分片和文件的分散程度,每个文件的块可以有可变的范围长度,每个范围可以由一个或多个连续的块组成。XFS 采用空间分配方案的目的是有效地找到空闲的范围,它可以用于文件系统操作。如果可能,文件范围分配的映射被存储在它的 i-node 中。巨大的分配映射被存储在由分配组进行维护的数据结构中。

　　为了最大化吞吐量,可以在底层条带化的基于软件或硬件阵列上创建 XFS 文件系统,可以使用 su 和 sw 参数给 mkfs.xfs 的-d 选项设置每个条带单元的大小和每个条带单元的数量。XFS 使用这些信息存储适当的调整数据、i-node 和日志。在 LVM、md 和一些硬件 RAID 上配置,XFS 可以自动选择最佳的条带参数。

　　为了减少分片和提高性能,XFS 实现了延迟分配,对缓冲区缓存中的数据保留文件系统块,而当操作系统刷新数据到磁盘的时候再分配块。

　　XFS 支持扩展的文件属性,每个属性值的大小可以高达 64KB,并且每个属性可以分配给 root 或普通用户名称空间。

　　在 XFS 中,直接 I/O 实现了高吞吐量。在应用程序和存储设备之间通过 DMA 可直接执行非缓存 I/O,从而利用设备的全部 I/O 带宽。

　　要支持提供的快照设备,如卷管理器、硬件子系统、数据库,可以使用 xfs_freeze 命令挂起和恢复一个 XFS 文件系统的 I/O。

　　要在活跃的 XFS 文件系统中进行单个文件的碎片整理,可以使用 xfs_fsr 命令。

　　要增长 XFS 文件系统,可以使用 xfs_growfs 命令。

　　要备份和恢复一个活跃的 XFS 文件系统,可以使用 xfsdump 和 xfsrestore 命令。

　　当文件系统被挂载时初始化块和 i-node 的使用,XFS 支持用户、组和项目的磁盘配额。项目磁盘配额允许设置 XFS 文件系统中单独目录层级结构的限制,而不用考虑哪些用户或组写访问到目录层级结构。

　　XFS 的局限性如下。

　　(1) XFS 是一个单节点文件系统,如果需要多节点同时访问,则需要考虑使用 GFS2 文件系统。

　　(2) XFS 支持 16EB 文件系统,而 Red Hat 仅支持 100TB 文件系统。

　　(3) XFS 在单线程元数据密集的工作负荷下使用得较少,在单线程创建和删除巨大数量的小文件的工作负荷下,其他文件系统(Ext4)表现得更好一些。

　　(4) XFS 文件系统在操作元数据时可能会使用 2 倍的 Ext4 CPU 资源,在 CPU 资源有限的情况下可以研究使用不同的文件系统。

　　(5) XFS 更适用于特大文件的系统快速存储,Ext4 在小文件的系统或系统存储带宽有限的情况下表现得更好。

1.3.7　Btrfs

　　设计 Btrfs 文件系统是为了满足大型存储子系统的可伸缩性要求。Btrfs 文件系统在实现中使用了 B 树,它的名字也因此而来,尽管它不是一个真正的首字母缩写。B 树是一种树形数据结构,在这种数据结构中,文件系统和数据库可以有效地访问和更新大的数据块,而不管树生长得有多大。

Btrfs 文件系统的功能如表 1-6 所示。

表 1-6 Btrfs 文件系统的功能

功　　能	特　　点
集成的逻辑卷管理	允许实现 RAID0、RAID1、RAID10 配置,并可动态地添加和移除存储容量
透明碎片整理	提高性能
透明压缩	节省磁盘空间
校验和功能	确保数据的完整性
Copy-on-write 功能	允许创建可读可写的快照,可以将一个文件系统回滚到之前的状态,即使是在你从 Ext3 或 Ext4 文件系统转换到 Btrfs 系统之后

1.3.8　JFS

日志文件系统(JFS)是一个全 64 位的文件系统,其可以支持非常大的文件和分区。JFS 最初是由 IBM 公司为 AIX 开发的,并且现在在 General Public License(GPL)下是有效的。JFS 对于非常大的分区和文件是一个理想的文件系统。在高性能计算(HPC)或数据库环境中会经常看到 UFS(UNIX 文件系统)。如果想学习更多关于 JFS 的知识,可参考 http://jfs.sourceforge.net 上的介绍。

注意:在 Novell SUSE Linux Enterprise Server 10 上,JFS 不再作为一个新的文件系统被支持。

1.3.9　ReiserFS

ReiserFS 是一个具有优化磁盘空间使用率和故障恢复功能的快速日志文件系统。ReiserFS 被开发很大程度上是因为 Novell 的帮助。ReiserFS 只在 Novell SUSE Linux 上被商业支持。

1.4　Linux 磁盘 I/O 子系统

在处理器解码并执行指令之前,数据总是从磁盘盘片的扇区上被检索到处理器的缓存和它的寄存器中。执行结果可以写回到磁盘。

下面讨论一下 Linux 磁盘 I/O 子系统组件,看它如何对系统的性能产生重大影响。

1.4.1　I/O 子系统的体系结构

如图 1-18 所示,我们使用一个写入数据到磁盘的例子,给出整个 I/O 子系统操作的快速概述。下面是当磁盘执行写入操作时发生的基本操作。假设磁盘上扇区中的文件数据已经被读取到分页缓存。

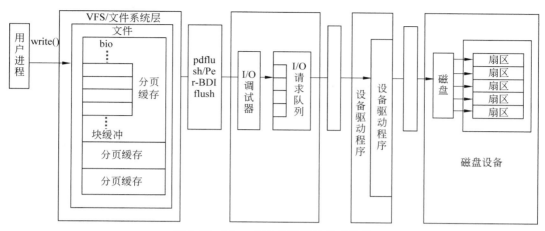

图 1-18　Linux I/O 子系统的体系结构

（1）一个进程通过 write()系统调用请求写一个文件。

（2）内核更新已映射文件的分页缓存。

（3）内核线程 pdflush/Per-BDI flush 将分页缓存刷新到磁盘。

（4）文件系统层同时在一个 bio(block input output)结构中放置每个块缓冲，并向块设备层提交写请求。

（5）块设备层从上层得到请求，并执行一个 I/O 电梯操作，将请求放置到 I/O 请求队列。

（6）设备驱动器（比如 SCSI 或其他设备特定的驱动器）将执行写操作。

（7）磁盘设备固件执行硬件操作，如在盘片扇区上定位磁头、旋转、传输数据。

1.4.2　Cache

在过去的 20 年中，处理器性能的改进要超过计算机系统中的其他组件，如处理器缓存、总线、物理内存及磁盘等。访问内存和磁盘的速度较慢会限制整个系统的性能，因此系统性能不会因为处理器速度的改进而增强。缓存机制通常通过在较快的存储器中缓存频繁使用的数据解决这个问题，减少了访问较慢的存储器的次数。当前，计算机系统在几乎所有的 I/O 组件中都会使用这项技术，如硬盘驱动器缓存、磁盘控制器缓存、文件系统缓存、每个应用程序处理的缓存等。

1. 存储层次结构

图 1-19 显示了存储层次结构的概念。由于在 CPU 寄存器和磁盘之间访问速度有很大的不同，CPU 将花费更多的时间等待来自较慢磁盘驱动器的数据，因此明显削弱了一个快速 CPU 的优势。存储层次结构通过在 CPU 和磁盘之间放置 L1 缓存、L2 缓存、物理内存和一些其他缓存减少这种不匹配，从而让进程减少访问较慢的内存和磁盘的次数。越是靠近处理器的存储器，越具有较高的速度和较小的容量。

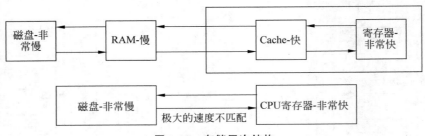

图 1-19　存储层次结构

这种技术也可以利用访问局部性原则优势。在更快的存储器上实现更高的缓存命中率,就可能更快地访问数据。

2. 访问局部性

如前所述,实现更高的缓存命中率是性能改进的关键。为了实现更高的缓存命中率,通常使用一种被称为参考局部性的技术。这项技术基于以下原则。

(1) 大多数最近使用过的数据,在不久的将来有较高的概率被再次使用(时间局部性)。

(2) 驻留在使用过的数据附近的数据有较高的概率被再次使用(空间局部性)。

图 1-20 说明了这一原则。

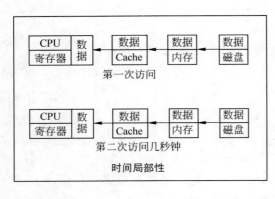
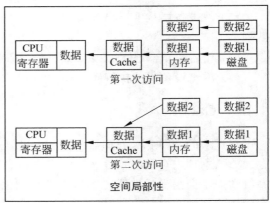

图 1-20　参考局部性

Linux 在许多组件中使用这一原则,如分页缓存、文件对象缓存(索引节点缓存、目录条目缓存等)、预读缓冲等。

3. 刷新脏页

图 1-21 显示了进程从磁盘读取数据并将数据复制到内存的过程。进程可以从缓存在内存中的数据副本中检索相同的数据。当一个进程试图改变数据时,进程首先在内存中改变数据。这时,磁盘上的数据和内存中的数据是不相同的,并且内存中的数据被称

为脏页(dirty page)。脏页中的数据应该尽快被同步到磁盘上,因为如果系统突然崩溃
(电源故障),则内存中的数据会丢失。

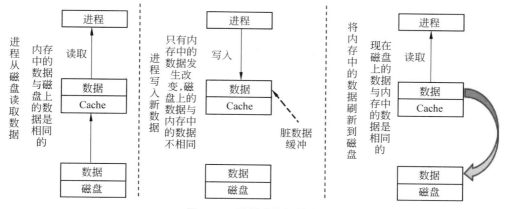

图 1-21　刷新脏数据缓冲

同步脏数据缓冲的过程被称为刷新。在 Linux 2.6.32 内核之前(Red Hat Enterprise
Linux 5),通过内核线程 pdflush 将脏页数据刷新到磁盘。在 Linux 2.6.32 内核中(Red
Hat Enterprise Linux 6.x),pdflush 被 Per-BDI flush 线程(Backing Device Interface,
BDI)取代,Per-BDI flush 线程以 flush-MAJOR:MINOR 的形式出现在进程列表中。当
内存中脏页的比例超过某一个阈值时,就会发生刷新(flush)。

1.4.3　块层

块层处理所有与块设备操作相关的活动。块层中的关键数据结构是 bio(block input
output)结构。bio 结构是在文件系统层和块层之间的一个接口。

当执行写操作的时候,文件系统层试图写入由块缓冲区构成的页缓存。它通过将连
续的块放置在一起构成 bio 结构,然后将其发送到块层。

块层处理 bio 请求,并链接这些请求进入一个称为 I/O 请求的队列。这个链接的操
作称为 I/O 电梯调度(I/O elevator)。

Linux 2.6 内核采用了新的 I/O 电梯调度模型,而 Linux 2.4 内核中使用的是一种单
一的通用 I/O 电梯调度方法。2.6 内核提供 4 种电梯调度算法的选择。因为 Linux 操作
系统适用的场合很广泛,所以 I/O 设备和工作负载特性都会有明显的变化。一个笔记本
电脑与拥有 10 000 个用户的数据库系统相比可能有不同的 I/O 需求。为了适应这些情
况,有以下 4 种有效的 I/O 电梯调度算法可供我们选择。

1) CFQ(Complete Fair Queuing,完全公平队列)

CFQ 电梯调度通过为每个进程维护一个 I/O 队列,从而对进程实现一个 QoS(服务
质量)策略。CFQ 电梯调度能够很好地适应存在很多竞争进程的大型多用户系统。它积
极地避免进程饿死并具有低延迟特征。从 Linux 2.6.18 内核发行版开始,CFQ 电梯调度

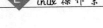

成为默认 I/O 调度器。

CFQ 为每个进程/线程单独创建一个队列来管理产生的请求,也就是说,每个进程一个队列,各队列之间使用时间片调度,以此保证每个进程都能分配到合适的 I/O 带宽。I/O 调度器每次执行一个进程的 4 个请求。

根据系统的设置和工作负载特性,CFQ 调度器可以使单个主应用程序变慢。CFQ 最适合其上有许多不同程序要进行并发读和写的系统,例如多媒体应用和桌面系统。

2) Deadline

Deadline 是一种循环的电梯调度(round robin)方法,Deadline 算法实现了一个近似于实时的 I/O 子系统。在保持良好的磁盘吞吐量的同时,Deadline 电梯调度既提供了出色的块设备扇区的顺序访问,又确保了一个进程不会在队列中等待太久导致饿死。

Deadline 调度器为了兼顾这两个方面,引入了 4 个队列,这 4 个队列可分为两类,每一类都由读和写两种队列组成。一类队列用来对请求按起始扇区序号进行排序(通过红黑树来组织),称为 sort_list;另一类对请求按生成时间进行排序(由链表来组织),称为 fifo_list。每当确定一个传输方向(读或写),系统都会从相应的 sort_list 中将一批连续请求调度到请求队列里,具体的数目由 fifo_batch 确定。只有遇到以下三种情况,才会导致一次批量传输结束:①对应的 sort_list 中已经没有请求;②下一个请求的扇区不满足递增的要求;③上一个请求已经是批量传输的最后一个请求。

所有的请求在生成时都会被赋给一个期限值,并且按期限值将它们排序在 fifo_list 中,读请求的期限时长默认为 500ms,写请求的期限时长默认为 5s,由此可以看出内核对读请求是十分偏心的。其实,不仅如此,在 Deadline 调度器中还定义了一个 writes_starved,writes_starved 的默认值为 2,可以将其理解为写请求的饥饿线。内核总是优先处理读请求,当饿死进程的次数超过 writes_starved 后,才会考虑写请求。因此,即使一个写请求的期限已经超过,该请求也不一定会被立刻响应,因为读请求的批处理还没完成,即使处理完,也必须等到饿死进程的次数超过 writes_starved 才有机会被响应。为什么内核会偏袒读请求呢? 这是从整体性能上进行考虑的。读请求和应用程序的关系是同步的,因为应用程序要等待读取完毕,才能进行下一步工作,所以读请求会阻塞进程,而写请求则不一样。应用程序发出写请求后,内存的内容何时被写入块设备对程序的影响并不大,所以调度器会优先处理读请求。

Deadline 最适合多程序在磁盘上执行大量 I/O 操作的系统,例如数据库服务器或文件服务器。

3) NOOP

NOOP 表示无操作,其名称也表明了这一点。NOOP 电梯调度简单明了。

NOOP 是一个简单的 FIFO 队列,不执行任何数据排序。NOOP 算法简单地合并相邻的数据请求,所以它增加了少量的到磁盘 I/O 的处理器开销。NOOP 电梯调度假设一个块设备拥有它自己的电梯算法。当后台存储设备能重新排序和合并请求,并能更好地了解真实的磁盘布局时,通常选择 NOOP 调度,例如,一个企业级 SAN 或管理程序。该调度方法对 SSD 也很有用。

4）Anticipatory

Anticipatory 本质上与 Deadline 一样，但 Anticipatory 电梯调度在处理最后一个请求之后会等待一段很短的时间，约 6ms（可调整 antic_expire 改变该值），如果在此期间产生了新的 I/O 请求，它会在每个 6ms 中插入新的 I/O 操作，这样可以将一些小的 I/O 请求合并成一个大的 I/O 请求，从而用 I/O 延时换取最大的 I/O 吞吐量。

Anticipatory 一般用在系统执行大量连续读的情况，不要在数据库服务器上使用。Linux 3.xx 内核中已经取消了对 Anticipatory 的支持。

注意：Linux 2.6.18 内核发行版的 I/O 调度器现在可以在每个磁盘子系统的基础上选择，并且不需要在每个系统层级上设置。

1.4.4　I/O 设备驱动程序

Linux 内核使用设备驱动程序得到设备的控制权。设备驱动程序通常是一个独立的内核模块，它们通常针对每个设备（或是设备组）而提供，以便这些设备在 Linux 操作系统上可用。一旦加载了设备驱动程序，它将被当作 Linux 内核的一部分运行，并能控制设备的运行。图 1-22 描述了 SCSI 设备驱动程序。

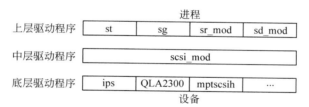

图 1-22　SCSI 驱动程序的结构

SCSI（Small Computer System Interface，小型计算机系统接口）是最常使用的 I/O 设备技术，尤其在企业级服务器环境中。SCSI 在 Linux 内核中实现，可通过设备驱动模块控制 SCSI 设备。SCSI 包括以下模块类型，如表 1-7 所示。

表 1-7　SCSI 的模块类型

模 块 类 型	注　　释
Pseudo drive（伪驱动程序）	如 ide-scsi，用于 IDE-SCSI 仿真
Low level drivers（底层驱动程序）	其提供对每个设备的较低级别访问。底层驱动程序基本上是特定于某一个硬件设备的，可提供给某个设备，如 IBM ServeRAID controller 的 ips、QLogic HBA 的 QLA2300、LSI Logic SCSI controller 的 mptscsih 等
Middle level drivers（中层驱动程序）	如 scsi_mod，其实现了 SCSI 协议和通用 SCSI 功能
Upper level drivers（上层驱动程序）	sd_mod、sr_mod（SCSI CD-ROM）、st（SCSI Tape）和 sg（SCSI 通用设备）等。它们提供支持一些 SCSI 设备类型的功能，如 SCSI CD-ROM、SCSI Tape 等

如果一个设备要实现特定的功能，该功能就应该在设备固件和低级别设备驱动程序

中实现。支持的功能取决于你使用的硬件和你使用的设备驱动程序的版本号。设备自身也支持一些功能。特定的功能通常通过一个设备驱动参数调整。可以尝试在/etc/modules.conf 中进行一些性能调优。参考设备和设备驱动程序文档可得到优化的提示和技巧。

1.4.5　RAID 与文件系统

当磁盘出现问题时,通常一个较大的性能影响是文件系统元数据怎样在磁盘上存放。这就出现了磁盘条带阵列(RAID 0、RAID 5 和 RAID 6)。在一个条带阵列上,磁头在移动到阵列中下一个磁盘之前,单个磁盘上写入的数据称为 CHUNKSIZE,所有磁盘使用一次后返回到第一个磁盘。如果文件系统的布局没有匹配 RAID 的设计,则有可能发生一个文件系统元数据块被分散到两个磁盘上,导致对两个磁盘发起请求。或者将所有的元数据在一个单独的磁盘上存储,这样如果该磁盘发生故障,则可能导致该磁盘变成热点。

在创建阵列之前设计你的文件系统以匹配 RAID 阵列的布局,为此需要考虑以下内容。

(1) 文件系统使用的块大小。

(2) RAID 阵列使用的 CHUNK 大小。

(3) RAID 阵列中同等磁盘的数量。

1. 块大小

块大小指可以读取/写入驱动器的最小数据量,其对服务器的性能可以有直接的影响。如果你的服务器处理很多小文件,那么较小的块将更有效率。如果你的服务器专用于处理大文件,则较大的块可能提高性能。块的大小在已存在的文件系统上,且在联机状态下是不能更改的。只有重新格式化才能修改块大小。可以使用的块大小有 1024B、2048B、4096B,默认为 4096B。

2. 计算文件系统 stride 与 stripe-width

stride 是在一个 chunk 中的文件系统块的数量。因此,如果文件系统块大小为 4KB,则 chunk 大小应为 64KB,那么 stride 将是 64KB/4KB＝16 块。

同样,stripe-width 是 RAID 阵列上一个条带中文件系统块的数量。比如说你有一个 3 块磁盘的 RAID 5 阵列。按照定义,在 RAID 5 阵列每个条带中有 1 个磁盘包含奇偶校验内容。想得到 stripe-width,首先需要知道每个条带中有多少磁盘实际携带了数据块,即 3 磁盘－1 校验磁盘＝2 数据磁盘。上面已经得到两个磁盘中的 stride,就是 chunk 中的文件系统块的数量,因此能计算 2(磁盘)×16(stride)＝32(stripe)。

在创建文件系统时可以使用 mkfs 给定数量:

```
mke2fs -t ext4 -b 4096 -E stride=16, stripe-width=64  /dev/san/lun1
```

1.5　Linux 网络子系统

在性能分析中网络子系统是另一个重要的子系统。除了 Linux,网络操作还与很多组件相互影响,如交换机、路由器、网关、PC 客户端等。虽然这些组件可能在 Linux 控制之外,但它们对整体性能有很多影响。请记住,在网络系统中,你要与网络工作人员紧密合作。

这里重点介绍 Linux 如何处理网络操作。

1.5.1　网络化的实现

TCP/IP 有一个类似于 OSI 分层模型的分层结构。Linux 网络化的实现采用类似的方法。图 1-23 显示了分层的 Linux TCP/IP 协议栈,并给出了 TCP/IP 通信的大致图示。

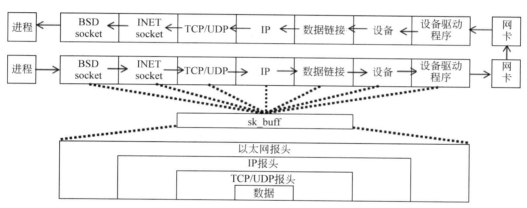

图 1-23　网络分层结构和网络操作概述

如同许多 UNIX 系统,Linux 进行 TCP/IP 网络操作使用 socket 接口。socket 为用户应用程序提供了一个接口。下面看看在网络数据传输期间发生的基本操作。

（1）当一个应用程序发送数据到对等主机的时候,应用程序创建数据。

（2）应用程序打开 socket,并通过 socket 接口写入数据。

（3）socket 缓冲区用来处理传输的数据。socket 缓冲区引用数据,并向下穿过各层。

（4）在每一层中执行适当的操作,如解析报头,添加和修改报头,校验和,路由操作,分片,等等。当 socket 缓冲区向下穿过各层时,在各层之间的数据自身是不能够复制的。因为在不同层之间复制实际数据是无效的,内核仅通过改变在 socket 缓冲区中的引用避免不必要的开销并传递到下一层。

（5）网络接口卡向线缆发送数据,当传输时增加一个中断。

（6）以太网帧到达对等主机的网络接口卡。

（7）如果 MAC 地址匹配接口卡的 MAC 地址,就将帧移动到网络接口卡的缓冲区。

(8) 网络接口卡最终将数据包移动到一个 socket 缓冲区,并发出一个硬件中断给 CPU。

(9) CPU 之后处理数据包,并使其向上穿过各层,直到它到达一个应用程序的 TCP 端口,如 Apache。

1. socket 缓冲区（socket buffer）

正如之前指出的,内核使用缓冲区发送和接收数据。图 1-24 显示了可用于网络缓冲区的配置,它们可以通过/proc/sys/net 中的文件进行调整。

```
/proc/sys/net/core/rmem_max
/proc/sys/net/core/rmem_default
/proc/sys/net/core/wmem_max
/proc/sys/net/core/wmem_default
/proc/sys/net/ipv4/tcp_mem
/proc/sys/net/ipv4/tcp_rmem
/proc/sys/net/ipv4/tcp_wmem
```

有时它对网络性能可能产生影响。

2. NAPI（Network API）

网络子系统经历了一些改变,引入了新的网络 API（NAPI）。在 Linux 网络堆栈的标准实现中,可靠性和低延迟要比低开销和高吞吐量更重要。当创建一个防火墙时,这些特征是有利的,大多数企业级应用程序,如文件打印或者数据库,要比安装在 Windows 下执行得慢。socket 缓冲区的内存分配如图 1-24 所示。

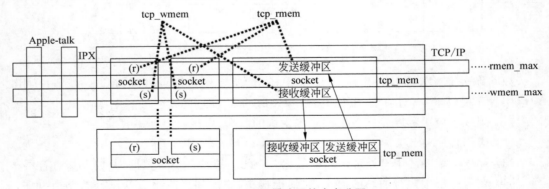

图 1-24　socket 缓冲区的内存分配

使用传统的方法处理网络数据包,网络接口卡最终将数据包移动到操作系统内核的一个网络缓冲区,并向 CPU 发出一个硬中断。

这个方法的缺点之一是每次一个匹配 MAC 地址的以太网帧到达接口,都会产生一个硬件中断。CPU 每处理一个硬中断,就要停止当前的处理工作,来处理中断,从而导致上下文切换,并刷新相关的处理器缓存。如果仅有少量数据包到达接口,你可能认为这不是一个问题,但是千兆以太网和现代的应用程序每秒能创建数千个数据包,这将导致发生大量的中断和上下文切换。

正因为如此,引入了 NAPI,来计算处理网络流量的相关开销。对于第一个数据包,NAPI 的工作就像传统的实现一样,为第一个数据包发出一个中断。但是,在第一个数据包之后,接口进入一种轮询(polling)模式。只要有数据包,就放入网络接口的 DMA 环形缓冲区,这不会引起新的中断,从而有效地减少了上下文切换的次数和相关的开销。最后一个数据包处理完后,环形缓冲区被清空,接口卡再次退回到中断模式。NAPI 也具有提高多处理器扩展性的优点,它可创建软中断并由多个处理器处理。对于大多数企业级多处理器系统,NAPI 是一个巨大的改进,它需要 NAPI-enabled 驱动程序。

3. Netfilter

Linux 有先进的防火墙功能,其作为内核的一部分存在。这种能力是由 Netfilter 模块提供的。可以使用 iptables 工具操作和配置 Netfilter。

一般来说,Netfilter 提供了以下功能,如表 1-8 所示。

表 1-8　Netfilter 的功能

功　　能	注　　释
改变数据包(mangle)	如果一个数据包与一条规则匹配,Netfilter 将按照规则对数据包进行改变(ttl、tos、mark)
地址转换(nat)	如果一个数据包与一条规则匹配,Netfilter 将更改数据包,以满足地址转换的需求
数据包过滤(filter)	如果一个数据包与一条规则匹配,则 Netfilter 接受或拒绝该数据包,或基于定义的规则采取适当行动

可以通过以下属性定义匹配过滤器:①网络接口;②IP 地址、IP 地址范围、子网;③协议;④ICMP 类型;⑤端口;⑥TCP 标志;⑦状态。

数据包穿过 Netfilter 链的图示,在序列中每个点应用的规则,如图 1-25 所示。

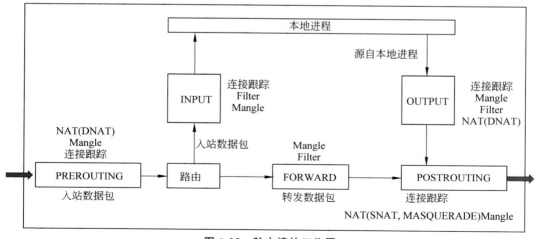

图 1-25　防火墙的工作图

如果数据包与规则匹配,Netfilter 将采取相应的行动,这个行动被称为目标(target)行动。可能有的目标行动如表 1-9 所示。

表 1-9 目标行动

目标行动	注　释
MASQUERADE、 SNAT、 DNAT、REDIRECT	地址转换
LOG	开启内核日志记录匹配到的数据包
REJECT	通过发送回一个错误数据包来响应匹配的数据包,如 icmp-net-unreachable、icmp-host-unreachable、icmp-port-unreachable 及 tcp-reset 等
DROP	默默地丢弃该数据包
ACCEPT	接收数据包,并让它通过

4. 连接跟踪

为了实现较复杂的防火墙功能,Netfilter 使用连接跟踪机制以对所有网络流量的状态进行跟踪。它使用 TCP 连接状态(参考 1.5.2 节内容)和其他网络属性(如 IP 地址、端口号、协议、序列号、确认号、ICMP 类型等),Netfilter 根据如表 1-10 所示的 4 种状态对每个数据包进行分类。

表 1-10　Netfilter 根据网络流量的状态对数据包进行分类

状　　态	采 取 行 为
INVALID	该数据包与已知连接不相关。不能确定是一些什么原因,它不对应任何已知的连接,包括格式不正确或无效、数据包是未知状态、耗尽内存及 ICMP 错误等
RELATED	该数据包要开启一个新的连接,但是它与一个已经存在的连接相关,如 FTP 数据传输和 ICMP 错误
ESTABLISHED	该数据包关联一个已经建立的连接
NEW	该数据包开启一个新的连接

此外,通过分析协议的具体属性和操作,Netfilter 可以使用单独的模块执行更详细的连接跟踪,例如连接跟踪模块 ftp、tftp、snmp 等。

1.5.2　TCP/IP

TCP/IP 作为默认的网络协议已经使用很多年了。Linux TCP/IP 的实现相当符合其标准。为了得到更好的性能,首先应该熟悉基本的 TCP/IP 网络。

更多详情,可参考 TCP/IP 相关教程和技术概述。

1. 建立连接

在应用程序被传输之前,在客户端和服务器之间的连接已经建立。连接建立的过程被称为 TCP/IP 三次握手。图 1-26 列出了基本的连接建立和终止过程,如表 1-11 所示。连接一旦建立,应用程序的数据可以通过连接传输。所有数据被传输完成,即可开始连接关闭过程。

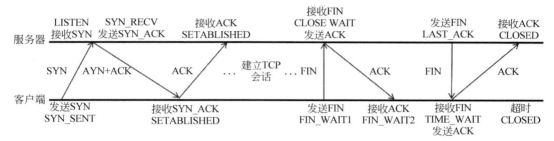

图 1-26　TCP/IP 三次握手

表 1-11　连接建立和终止过程

连 接 建 立 过 程	终 止 过 程
客户端向它的对等服务器发送一个 SYN 数据包(有一个 SYN 标记位的数据包)请求连接	客户端向服务器发送一个 FIN 数据包,开始连接终止过程
服务器接收到数据包,发送回一个 SYN＋ACK 数据包	服务器发送 ACK 回应客户端的 FIN,之后如果服务器也不再有数据发送到客户端,那么服务器也向客户端发送 FIN 数据包
客户端向它对等的主机发送一个 ACK 数据包,建立连接	客户端向服务器发送一个 ACK 数据包,终止连接

图 1-27 显示了在会话期间连接状态的改变,使用 netstat 命令可以看到每个 TCP/IP 会话的连接状态。

2. 流量控制

TCP/IP 实现是一种即使在恶劣的网络传输质量和网络拥塞中,也确保有效的数据传输和保证数据投递的机制。

3. TCP/IP 传输窗口

在有关 Linux 操作系统性能影响因素中,TCP/IP 的传输窗口大小有重要的影响。如图 1-28 所示,TCP 传输窗口是连接的另一边,在请求一个确认之前,一个给定主机能发送和接收的最大数据量。窗口的大小是接收主机提供的,且使用在 TCP 头部中的窗口大小字段告知发送方。使用传输窗口,主机可以更有效地发送数据包,因为发送主机不需要针对每个发送的数据包等待确认,这使网络利用率更高。延迟确认也提高了效率。TCP 窗口一开始很小,并且从连接的另一端每一个成功的确认开始慢慢增加。那么

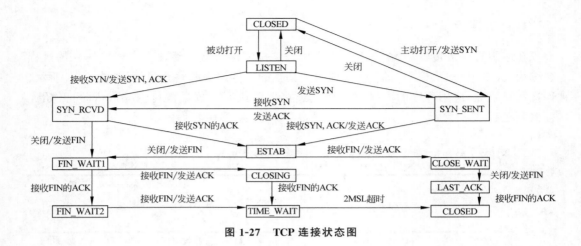

图 1-27 TCP 连接状态图

如何优化窗口大小?

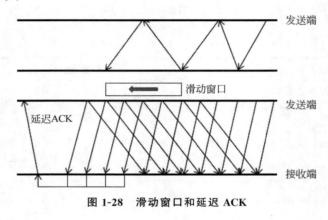

图 1-28 滑动窗口和延迟 ACK

　　作为一个选择,高速网络可以使用一个被称为窗口缩放(window scaling)的技术,这样甚至可以更大地增加最大传输窗口大小。后续章节将会详细分析这些实现的影响。

4. 重传

　　在连接建立、终止、数据传输中,由于各种原因(网络接口故障、低速路由、网络拥塞、奇怪的网络实现,等等)可以引起超时和数据重传。TCP/IP 通过排序数据包并试图多次重新发送数据包来处理这种情况。

　　可以通过配置参数改变内核的一些行为。在一个高丢包率的网络上,我们可能希望增加 TCP 尝试 SYN 连接建立数据包的数量。也可以通过/proc/sys/net 下的一些文件改变超时阈值。

1.5.3　Offload

　　如果系统上的网络适配器支持硬件 Offload 功能,则内核可以分出一部分任务给适配器,这样可以降低 CPU 的使用率,如表 1-12 所示。

表 1-12　Offload

功　　能	注　　释
TCP segmentation offload (TSO TCP 分段 offload)	当大于支持的最大传输单元(MTU)数据发送到网络适配器时,数据应该被分成 MTU 大小的数据包
Checksum offload(校验和 offload)	IP、TCP、UDP 执行校验,通过比较协议头部中的 checksum 字段的值和计算数据包中数据的值,确保数据包被正确传输

1.5.4　Bonding 模块

有时我们需要比单块网卡所能提供的带宽更多的带宽。升级到更快的网络设备并不总是一个最好的选择。Linux 双网卡绑定的实现就是将两块网卡作为一块网卡使用,这个绑定起来的设备看起来就是一个单独的以太网接口设备,通俗一点讲就是两块网卡具有相同的 IP 地址,它们被并行链接聚合成一个逻辑链路工作。其实这项技术在 SUN 和 Cisco 公司中早已存在,被称为 Trunking 和 Etherchannel 技术。在 Linux 2.4.x 的内核中也采用这种技术,被称为 Bonding。Bonding 技术最早应用在集群中,是为了提高集群节点间的数据传输而设计的。

1.6　Linux 性能度量标准

在学习 Linux 操作系统中各种调优参数和性能测量工具之前,先讨论各种可用的度量标准和它们在相关系统性能中的含义是很有意义的。因为这是一个开源的操作系统,所以我们有很多性能测量工具可以利用。最终你选择的工具,取决于你的个人喜好、数据量、你的详细需求。由于有很多工具可以使用,有些性能测量工具的功能是相同的,因此你能够使用所熟悉的工具测量。这里只涉及最重要的性能测量。很多更详细的可用数值,可以有助于更详细的分析,但是它们超出了本书的范围。

1.6.1　处理器的度量标准

以下是处理器的度量标准,如表 1-13 所示。

表 1-13　处理器的度量标准

度 量 标 准	注　　释
中断	中断包含硬中断与软中断。硬中断对系统性能有更加不利的影响。较高的中断值表明可能有软件瓶颈,可能在内核中,也可能是一个驱动程序出现瓶颈。中断还包括 CPU 时钟引起的中断
上下文切换	在系统上发生线程之间切换的数量。大量上下文切换如果与大量中断相关,则可能是驱动程序或应用程序出现问题的信号。上下文切换通常是不利的,因为每一次上下文切换都会导致 CPU 缓存被刷新,但是有些上下文切换是必要的

续表

度量标准	注释
阻塞的进程	不被执行的进程数,因为它们要等待 I/O 操作结束。阻塞的进程数能反映出是否有 I/O 瓶颈
可运行的进程	这个值描述了已经准备好执行的进程数。在一段持续的时间内,这个值不应该超过物理处理器数量的 10 倍,否则处理器可能是瓶颈
平均负载	平均负载不是一个百分比,而是队列中等待处理的进程数和等待不可中断任务被完成的进程数总和的滚动平均值
Nice 消耗 CPU 时间	描述了 CPU 花费在 re-nicing 进程(更改进程的执行顺序和优先级)上的时间百分比
CPU 空闲时间	描述了系统空闲等待任务的 CPU 百分比
等待	CPU 花费在等待(由于一个 I/O 操作发生等待)上的时间总量,像阻塞值。一个系统不应该花费太多时间等待(因为 I/O 操作);否则应该检查各自的 I/O 子系统性能
内核操作消耗 CPU 的时间	CPU 花费在内核操作的百分比,包括 IRQ 和 softirq 时间。较高和持续的 system time 值可以指出在网络和驱动程序堆栈中你的瓶颈。一个系统通常应保持花在内核操作上的时间尽可能少
用户进程消耗 CPU 的时间	描述了 CPU 花费在用户进程的百分比,包括 nice time。较高值的 user time 通常是有利的,因为在这种情况下,系统在执行实际的工作
CPU 使用率	这可能是最直接的指标。它描述了每个处理器的整体使用率。如果在一段持续时间内 CPU 的使用率超过 80%,则处理器可能有瓶颈

1.6.2 内存的度量标准

下面是内存的度量标准,如表 1-14 所示。

表 1-14 内存的度量标准

内存的度量标准	注释
Slab	其描述了内核使用的内存数。注意内核的分页不能移到磁盘
活跃与非活跃内存	关于活跃使用的系统内存信息。非活跃内存可能是 kswapd 守护进程 swap out 到磁盘的候选者
缓冲与缓存	缓冲被分配作为文件系统和块设备缓存
使用的 swap	描述了已使用的 swap 空间的数量。swap 空间的使用只能告诉你 Linux 管理内存真的有效。swap In/Out 是一个识别内存瓶颈的可靠手段。在一段持续的时间内每秒 200~300 以上的分页值,表明可能有内存瓶颈
空闲内存	对比大多数其他操作系统,在 Linux 中不应该只关注空闲内存的值。Linux 内核分配大部分未使用的内存作为文件系统缓存,所以从已使用的内存中减去缓冲和缓存的内存数量,来确定有效的空闲内存

1.6.3　块设备的度量标准

以下是块设备的度量标准,如表 1-15 所示。

表 1-15　块设备的度量标准

块设备的度量标准	注　　释
每秒读取/写入的字节	从块设备读取和写入(读和写到块设备)的字节数,表示从块设备(到块设备)传输的实际数据量
每秒读取/写入块的数量	这个指标描述了每秒读和写的块数,在 2.6 内核中块为 1024B。早期的内核可能会报告不同的块大小,从 512B 到 4KB
每秒传输	描述了每秒钟多少个 I/O 操作被执行(读和写)。该指标要结合每秒的 KB 值,以帮助确定系统的平均传输大小。平均传输大小一般应该与磁盘子系统使用的条带大小相匹配
平均等待时间	服务一个 I/O 请求所测量的平均时间,以毫秒为单位。等待时间由实际的 I/O 操作和它在 I/O 队列中等待的时间组成
平均队列长度	未完成的 I/O 请求数量。一般情况下,一个磁盘有 2～3 个队列是最佳的;较高的值可能表明有一个磁盘 I/O 瓶颈
I/O 等待	CPU 等待一个 I/O 操作的发生所花费时间。较高和持续的值很多时候可能表明存在一个 I/O 瓶颈

1.6.4　网络接口的度量标准

下面是网络接口的度量标准,如表 1-16 所示。

表 1-16　网络接口的度量标准

网络接口的度量标准	注　　释
错误	被标记为故障帧的数量。通常这些错误是由网络不匹配或是部分网络电缆中断导致的。部分网络电缆中断对于铜线千兆网络是一个明显的性能问题
溢出	该指标表示网络接口溢出缓冲区空间的次数。这个指标应该结合数据包被丢弃的值使用,用来确定是网络缓冲区还是网络队列长度出现瓶颈
丢弃的数据包	已经被内核丢弃的数据包的统计数。丢弃的原因可能是由于防火墙配置,也可能是由于缺乏网络缓冲区
每秒钟的冲突数量	这个值给出了在网络上连接的每个接口发生冲突的相对数量。如果发生持续冲突,通常要关注网络基础设施的问题,而不是服务器。在大多数正确配置的网络中,冲突一般非常罕见,除非网络基础设备是由集线器(HUB)组成的
接收和发送的字节	这个指标描述了一个给定网络接口接收和发送的字节数
接收和发送的数据包	这个指标用来通知你,一个给定网络接口接收和发送数据包的数量

chapter 2

监 控 工 具

因为 Linux 操作系统的开放性和灵活性,诞生了大量的性能监控工具。其中有些 Linux 版本的工具是众所周知的 UNIX 工具,其他还有一些是为 Linux 特别设计的。大多数 Linux 性能监控工具都支持虚拟的 proc 文件系统。

本章将概述 Linux 性能监控工具的选择并讨论一些非常有用的命令。

本章讨论的大多数监控工具均包含在企业级 Linux 发行版中。

2.1　监控工具概述

企业级 Linux 发行版附带了许多监控工具。一些工具可处理度量标准,并提供更好的格式化输出,便于我们理解系统活动。一些工具针对的是特定的性能度量标准(如磁盘 I/O),并可以给出更详细的信息。

熟悉这些工具可以帮助我们深入了解"系统发生了什么",并帮助我们找到一个问题出现的可能原因。

2.2　常用监控工具

本章涉及的 Linux 常用监控工具及其功能,如表 2-1 所示。

表 2-1　Linux 常用监控工具及其功能

常 用 工 具	最有用的功能
top	提供运行系统的动态实时视图,显示系统摘要信息以及任务列表
uptime	显示系统
ps、pstree	提供当前进程列表
free	显示系统中空闲内存和已使用内存的数量
mpstat	报告处理器相关的统计数据

续表

常 用 工 具	最 有 用 的 功 能
vmstat	报告进程、内存、磁盘、系统、CPU 的统计信息
iostat	报告 CPU 统计数据，还有设备和分区的 I/O 统计数据
netstat,ss	显示相关网络统计信息
sar	收集、报告系统活动信息
numastat	显示每个 NUMA 节点的内存统计信息
pmap	报告一个进程的内存统计信息
iptraf	交互式局域网监控程序
strace	跟踪进程的库函数调用
itrace	跟踪进程的每个系统调用
gnuplot	命令行绘图工具
Gnome System Monitor	Gnome 桌面环境的图形性能分析工具

2.3　常用监控工具的使用

本节讨论监控工具，大多数工具包含在企业 Linux 发行版中，应熟练使用这些工具。

2.3.1　top

top 提供一个运行系统的动态实时视图，如图 2-1 所示。它可以显示系统摘要信息、任务和 CPU 状态、内存使用情况，如表 2-2 至表 2-4 所示，以及目前正在由 Linux 内核管理的任务列表，如表 2-5 所示。默认情况下，它会显示运行在服务器上最占用 CPU 的任

```
[root@localhost zgh]# top

top - 00:03:17 up  1:05,  1 user,  load average: 0.00, 0.01, 0.02
Tasks: 318 total,   1 running, 317 sleeping,   0 stopped,   0 zombie
%Cpu(s):  1.3 us,  4.0 sy,  0.0 ni, 93.6 id,  0.0 wa,  1.0 hi,  0.0 si,  0.0 st
MiB Mem :   1806.1 total,    112.9 free,   1282.2 used,    411.0 buff/cache
MiB Swap:   2048.0 total,   2034.2 free,     13.8 used.    353.4 avail Mem

  PID USER      PR  NI    VIRT    RES    SHR S  %CPU  %MEM     TIME+ COMMAND
 2482 zgh       20   0 2906292 163116  86644 S   4.3   8.8   0:43.41 gnome-sh+
 4368 zgh       20   0  518040  38472  28280 S   1.3   2.1   0:00.96 gnome-te+
 2808 zgh       20   0  547940  38032  31104 S   0.3   2.1   0:06.34 vmtoolsd
 4305 root      20   0  177712  29716   8172 S   0.3   1.6   0:00.56 sssd_kcm
    1 root      20   0  195436  13480   8236 S   0.0   0.7   0:07.66 systemd
    2 root      20   0       0      0      0 S   0.0   0.0   0:00.01 kthreadd
    3 root       0 -20       0      0      0 I   0.0   0.0   0:00.00 rcu_gp
    4 root       0 -20       0      0      0 I   0.0   0.0   0:00.00 rcu_par_+
    6 root       0 -20       0      0      0 I   0.0   0.0   0:00.00 kworker/+
    8 root       0 -20       0      0      0 I   0.0   0.0   0:00.00 mm_percp+
    9 root      20   0       0      0      0 S   0.0   0.0   0:00.00 ksoftirq+
   10 root      20   0       0      0      0 I   0.0   0.0   0:00.50 rcu_sched
   11 root      rt   0       0      0      0 S   0.0   0.0   0:00.00 migratio+
   12 root      rt   0       0      0      0 S   0.0   0.0   0:00.00 watchdog+
```

图 2-1　top 命令输出示例

务,并每 3s 更新列表一次。可以通过进程标识符(PID)、内存使用(％MEM)、优先级
(PR)、命令名称(COMMAND)等对进程进行排序。

```
[root@localhost zgh]#top
```

表 2-2　系统摘要信息

参　　数	解　　释
top	程序和名称
00:03:17	当前时间
up　1:05	已经运行了多长时间
1 use	当前登录系统的用户数量
load average:0.00,0.01,0.02	系统 1 分钟,5 分钟,15 分钟平均负载

表 2-3　任务和 CPU 状态

参　　数	解　　释
318 total	总共任务数量
1 running	正在运行的任务数量
317 sleeping	睡眠状态的任务数量
0 stopped	中止状态的任务数量
0 zombie	僵尸状态的任务数量
1.3 us	运行非 nice 的用户进程时间
4.0 sy	运行内核进程的时间
0.0 ni	运行 nice 的用户进程的时间
93.6 id	空闲花费的时间
0.0 wa	I/O 等待花费的时间
1.0 hi	服务硬件中断花费的时间
0.0 si	服务软件中断花费的时间
0.0 st	通过 hypervisor 虚拟机偷走的时间

表 2-4　内存使用情况

参　　数	解　　释
MiB Mem:1806.1 total	总内存
MiB Mem:112.9 free	空闲的内存
MiB Mem:1282.2 used	已使用的内存
MiB Mem:411.0 buff/cache	缓冲和缓存的内存
MiB Swap:2048.0 total	总虚拟内存
MiB Swap:2034.2 free	已使用的虚拟内存
MiB Swap:13.8 used	空闲的虚拟内存
MiB Swap:353.4 avail Mem	缓冲和缓存的内存

表 2-5　内核管理的任务列表

参　　数	解　　释
PID	进程标识符
USER	任务拥有者(或启动者)的有效用户名
PR	任务的优先级
NI	任务的 nice 值。正数 nice 值意味着较高的优先级;负数 nice 值意味着较低的优先级;零意味着没有调整
VIRT	任务使用的虚拟内存的总量,包括所有代码、数据、共享库、交换出的分页
RES	常驻内存的大小。任务所使用的非交换的物理内存。RES＝CODE＋DATA
SHR	任务所使用的共享内存量,它只反映了可以与其他进程共享的内存
S	进程状态:D-不可中断的睡眠;R-正在运行;S-睡眠;T-跟踪或停止;Z-僵尸
%CPU	CPU 总时间的百分比
%MEM	任务当前使用的可用物理内存
TIME+	自系统启动开始任务所使用的总 CPU 时间,更多地以百分之一秒显示
COMMAND	显示用于启动任务的命令行或相关程序的名称

top 工具支持一些有用的热键,如表 2-6 所示。

表 2-6　top 工具的热键

参　　数	注　　释
h	显示 top 热键的帮助信息
k	运行 kill 命令,如果一个进程挂起或者占用更多的 CPU,就可以杀死进程
r	使用 renice 修改某个进程的优先级
o	进入 top 的交互式配置屏幕,配置 top 列显示的顺序(从左到右)
f	进入 top 的交互式配置屏幕,添加/删除所显示的列,有助于为某个特定的任务设置 top
m	显示内存信息的开关
t	显示任务 CPU 信息的开关

2.3.2　uptime

uptime 用于显示一行信息,包含当前时间,系统已经运行了多长时间,当前有多少用户登录,在过去 1 分钟、5 分钟、15 分钟的系统平均负载,如图 2-2 所示。可使用 W 命令取代 uptime 命令。

[root@localhost zgh]# uptime

```
[root@192 zgh]# uptime
07:54:40 up 47 min,  1 user,  load average: 0.13, 0.14, 0.11
```

图 2-2　uptime 命令输出示例

uptime 命令输出参数如表 2-7 所示。

表 2-7　uptime 命令输出参数

参　　数	注　　释
07：54：40	当前时间
up 47 min	服务器运行时长
1 user	当前登录用户数
load average：0.13，0.14，0.11	服务器在过去 1 分钟、5 分钟、15 分钟的系统平均负载

系统平均负载是可运行状态进程或不可中断状态进程的平均数。处在可运行状态的进程要么是正在使用 CPU，要么是等待使用 CPU。处在不可中断状态的进程正在等待一些 I/O 访问，例如等待磁盘。平均值有 3 个时间间隔。因为系统中 CPU 的数量、平均负载不是规范化的，所以，平均负载为 1 意味着一个单 CPU 系统始终是有负载的，在一个 4 核 CPU 系统上则意味着它有 75% 的空闲时间。

平均负载的最佳值为 1，这意味着每个进程都能立刻访问 CPU，并且没有丢失 CPU 周期。对于单（核）处理器工作站，1 或 2 是可以接受的，而在多处理器服务器上，你可能会看到 8 到 10 的数字（单核 CPU 负载是 2，4 核 CPU 负载可能是 8）。

可以使用 uptime 确定问题出在服务器还是出在网络。例如，如果一个网络应用程序运行得很糟糕，则可以运行 uptime，查看系统负载是否很高。如果系统负载没有很高，则这个问题很可能关系到网络，而不是服务器。

2.3.3　ps、pstree

当进行系统分析时，ps 命令和 pstree 命令是最基本的常用命令。ps 显示有关选择的活跃进程的信息。ps 命令提供当前已存在进程的列表。top 命令动态显示进程信息，但是 ps 命令可以以静态方式提供更详细的信息。

ps 可以使用 3 种不同类型的命令选项，如表 2-8 所示。

表 2-8　ps 命令选项

命令选项	注　　释
GNU 长选项	在其前面有两个连字符"--"
BSD 选项	可以组合起来，不能使用连字符"-"
UNIX 选项	可以组合起来，必须在前面加一个连字符"-"

默认情况下，ps 选择具有与当前用户相同的有效用户 ID（euid＝EUID），并与使用相同终端作为调用程序相关联的所有进程。它显示进程 ID（pid＝PID）、进程相关联的终端（tname＝TTY）、[dd-]hh：mm：ss 格式的累计 CPU 时间（time＝TIME）、可执行文件的名称（ucmd＝CMD）。默认输出是不排序的，如表 2-9 所示。

表 2-9　ps 命令相关字段

字　　段	注　　释
UID	用户 ID
PID	进程 ID
PPID	父进程 ID
C	CPU 使用的资源百分比
STIME	系统启动时间
TTY	登入者的终端机位置
TIME	使用掉的 CPU 时间
CMD	所下达的是什么指令

列出进程的数量与信息取决于所使用的选项。输入简单的 ps-ef 命令可列出所有进程，如图 2-3 所示。

```
[zgh@localhost ~]$ ps -ef
```

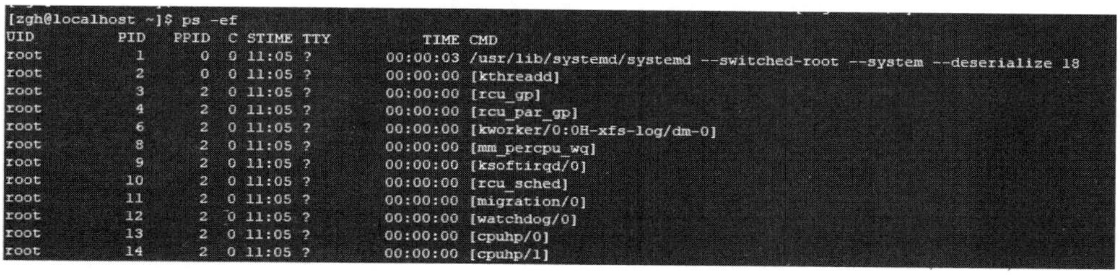

图 2-3　ps-ef 命令输出示例

它们各自的 PID 对进一步操作至关重要，如果使用 pmap 或 renice 工具，PID 号码是必需的。

使用 BSD 风格的选项将增加一个进程状态（stat＝STAT）显示，并显示命令参数（args＝COMMAND）来取代可执行文件的名称。ps aux 命令输出示例如图 2-4 所示。

```
[zgh@localhost ~]$ ps aux
```

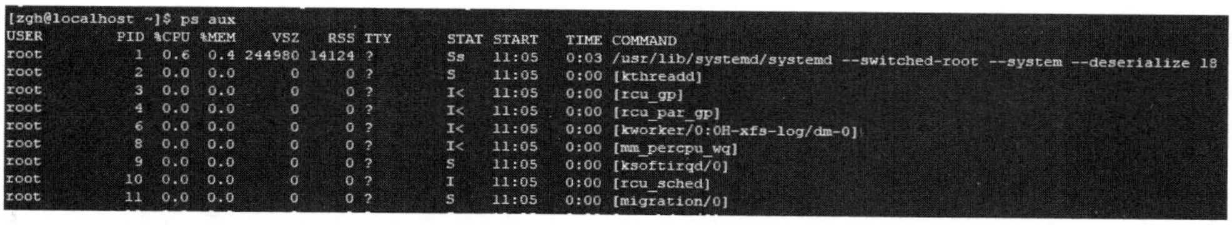

图 2-4　ps aux 命令输出示例

使用 BSD 风格的选项还可以改变进程选择，包括在其他终端（TTY）中拥有的进程。此外，还可以设置在所有进程中过滤，以排除其他用户所拥有的进程或没有在一个终端上的进程。例如，使用用户定义的格式查看每一个进程，如图 2-5 所示。

```
[zgh@localhost ~]$ ps axo user,pid,priority,nice,command
```

```
[zgh@localhost ~]$ ps axo user,pid,priority,nice,command
USER        PID PRI  NI COMMAND
root          1  20   0 /usr/lib/systemd/systemd --switched-root --system --deserialize 18
root          2  20   0 [kthreadd]
root          3   0 -20 [rcu_gp]
root          4   0 -20 [rcu_par_gp]
root          6   0 -20 [kworker/0:0H-xfs-log/dm-0]
root          8   0 -20 [mm_percpu_wq]
root          9  20   0 [ksoftirqd/0]
root         10  20   0 [rcu_sched]
root         11 -100   - [migration/0]
root         12 -100   - [watchdog/0]
root         13  20   0 [cpuhp/0]
root         14  20   0 [cpuhp/1]
```

图 2-5　ps axo 命令输出示例

如果仅显示 httpd，则可以输入 ps -C httpd，如图 2-6 所示。

```
[zgh@localhost yum.repos.d]$ ps -C httpd
```

```
[zgh@localhost yum.repos.d]$ ps -C httpd
   PID TTY          TIME CMD
 36764 ?        00:00:00 httpd
 36766 ?        00:00:00 httpd
 36768 ?        00:00:00 httpd
 36769 ?        00:00:00 httpd
 36770 ?        00:00:00 httpd
```

图 2-6　ps -C httpd 命令输出示例

如果仅显示 httpd 的进程 ID，则可以输入 ps -C httpd -o pid＝，如图 2-7 所示。

```
[zgh@localhost yum.repos.d]$ ps -C httpd -o pid=
```

```
[zgh@localhost yum.repos.d]$ ps -C httpd -o pid=
 36764
 36766
 36768
 36769
 36770
```

图 2-7　显示 httpd 的进程 ID

如果要查看线程信息，则可以输入如下命令，如图 2-8 所示。

```
[zgh@localhost yum.repos.d]$ ps aux | grep httpd
```

```
[zgh@localhost yum.repos.d]$ ps aux | grep httpd
root     36764  0.1  0.3 273844 10632 ?        Ss   11:17   0:00 /usr/sbin/httpd -DFOREGROUND
apache   36766  0.0  0.2 286060  8252 ?        S    11:17   0:00 /usr/sbin/httpd -DFOREGROUND
apache   36768  0.0  0.6 2523512 17772 ?       Sl   11:17   0:00 /usr/sbin/httpd -DFOREGROUND
apache   36769  0.0  0.5 2720184 15732 ?       Sl   11:17   0:00 /usr/sbin/httpd -DFOREGROUND
apache   36770  0.0  0.6 2589048 19812 ?       Sl   11:17   0:00 /usr/sbin/httpd -DFOREGROUND
zgh      37099  0.0  0.0  12108   940 pts/1    S+   11:18   0:00 grep --color=auto httpd
[zgh@localhost yum.repos.d]$
```

图 2-8　查看线程信息

如果要查看指定进程，则可以输入如下命令，如图 2-9 所示。

```
[zgh@localhost ~]$ ps -L 36764
```

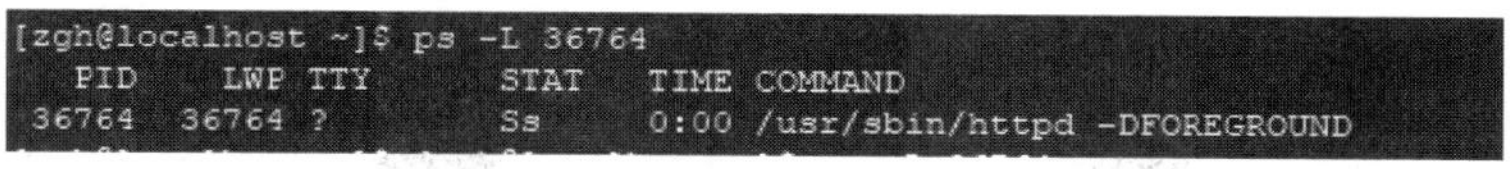

图 2-9　查看指定进程

进程的相关参数,如表 2-10～表 2-15 所示。

表 2-10　简单的进程选择

参　　数	注　　释
-d	选择除 session leader 以外的所有进程
-e	选择除 session leader 以外的所有进程
g	真正所有的进程,甚至是 session leader。此选项已经废弃
r	限制只选择正在运行的进程
X	此选项使得 ps 列出你拥有的所有进程,或当与 a 选项一起使用时列出所有进程
--deselect	选择除满足指定条件以外的所有进程。(否定选择)与-N 相同
a	这个选项使得 ps 列出使用该终端(tty)的所有进程,或当与 x 选项一起使用时列出所有进程
-a	选择除 session leader(参见 getsid(2))以外的进程和与该终端不相关的所有进程
T	选择与该终端相关的所有进程。与不带任何参数的 t 选项相同
-N	选择除满足指定条件以外的所有进程。(否定选择)与--deselect 相同
-A	选择所有进程,与-e 相同

　　ps 命令可以使用这些选项选择要显示的信息。输出可以因个性化设置而不同。ps 命令输出格式控制,如表 2-11 所示。

表 2-11　ps 命令输出格式控制

参　　数	注　　释
s	显示信号格式
u	显示面向用户的格式
v	显示虚拟内存格式
-y	不显示选项;显示 rss 的地址位。这个选项只能与-l 一起使用
-Z	显示安全上下文格式(如 SELinux 等)
--format format	用户定义的格式。与-o 和 o 相同
--context	显示安全上下文格式(SELinux)
-o format	用户定义的格式。format 作为单独的参数,是空格分隔或逗号分隔列表的格式,其提供了一个方法指定单独输出列。标题可以重命名(ps-o pid,ruser=RealUser-o comm=Command)。如果所有列标题为空(ps-o pid=-o comm=),那么此标题行将不会显示

参　数	注　释
o format	指定用户定义的格式,与-o 和--format 相同
-l	长格式,-y 选项通常对此选项有用
l	显示 BSD 长格式
-j	job 格式
j	BSD job 控制格式
-f	全格式的列表。此选项可以与很多其他 UNIX 风格的选项组合来添加额外的列。与-L 一起使用时,添加 NLWP(线程数量)和 LWP(线程 ID)列
-c	为-1选项显示不同的调度器信息
Z	添加安全性数据列,与-M 相同(SELinux)
X	寄存器的格式
-M	添加安全性数据列,与 Z 相同(SELinux)
O format	当作为一个格式化选项使用时,与-O 相同
-F	额外的全格式,参见-f 选项
-O format	类似于-o,但是预加载了一些默认列。与-o pid、format、state、tname、time、command 或-o pid、format、tname、time、cmd 相同,参见-o

表 2-12　ps 命令线程显示

参　数	注　释
-m	在进程之后显示线程
M	在进程之后显示线程
-T	显示线程,可能使用 SPID 列
-L	显示线程,可能使用 LWP 和 NLWP 列
H	显示线程,好像它们是进程

　　进程 FLAGS,在 F 列中显示这些值的总和,它是由 flag 输出说明符提供的,如表 2-13 所示。

表 2-13　ps 命令进程 FLAGS

参　数	注　释
4	使用超级用户特权
1	已经 fork 但没有 exec

表 2-14　进程状态代码

状 态 代 码	注　释
W	分页(从 2.6.x 内核开始已无效)
X	死亡(永远不会看到)

续表

状态代码	注　释
Z	已消亡的进程，已经终止但是它的父进程还没有回收
T	已停止，通过一个 job 控制信号或因为它正在被跟踪
S	可中断的睡眠(等待一个事件完成)
R	正在运行或可运行(在运行队列中)
D	不可中断的睡眠(通常为 I/O)

对于 BSD 格式，当使用 stat 关键字时，可能会显示其他的字符，如表 2-15 所示。

表 2-15　BSD 格式中 stat 关键字的显示情况

参　数	注　释
s	会话期首进程(session leader)
l	多线程(使用 CLONE_THREAD，像 NPTL pthreads)
+	在前台进程组中
<	高优先级(其他用户不能 nice)
N	低优先级(其他用户可以 nice)
L	在内存中锁定分页(用于实时或定制 I/O)

pstree 可以以树形结构显示运行的进程，从而方便我们观察进程间的父子关系。pstree 的部分输出如图 2-10 所示。

```
[zgh@localhost ~]$ pstree
```

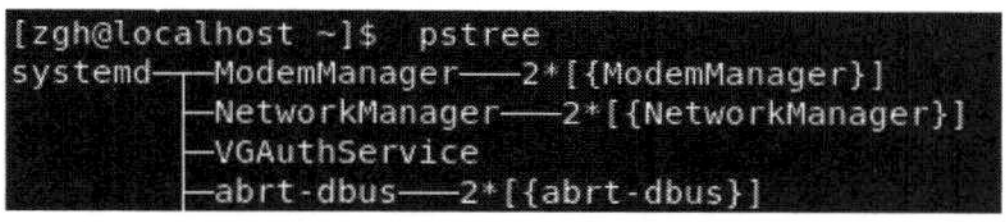

```
[zgh@localhost ~]$  pstree
systemd─┬─ModemManager───2*[{ModemManager}]
        ├─NetworkManager───2*[{NetworkManager}]
        ├─VGAuthService
        ├─abrt-dbus───2*[{abrt-dbus}]
```

图 2-10　查看进程树

添加-p 选项还能看到进程的 ID，如图 2-11 所示。

```
[zgh@localhost ~]$ pstree -p
```

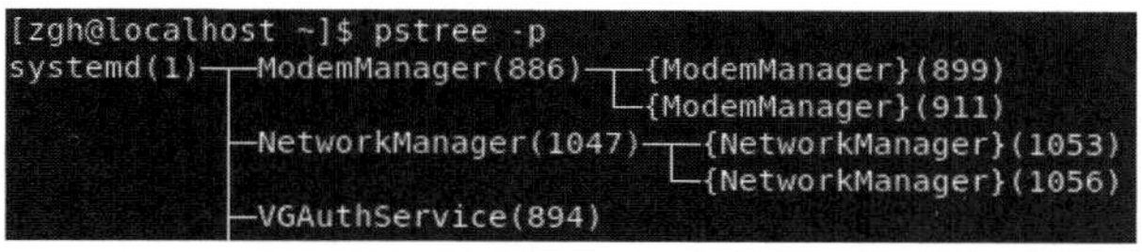

```
[zgh@localhost ~]$ pstree -p
systemd(1)─┬─ModemManager(886)─┬─{ModemManager}(899)
           │                   └─{ModemManager}(911)
           ├─NetworkManager(1047)─┬─{NetworkManager}(1053)
           │                      └─{NetworkManager}(1056)
           ├─VGAuthService(894)
```

图 2-11　查看进程树，并显示进程的 ID

2.3.4　free

free 命令可以显示系统中的空闲物理内存总量、已使用物理内存总量、swap 空间、内核使用的缓冲和缓存信息，如图 2-12 所示。共享内存(shared)表示/proc/meminfo 文件中的 MemShared(2.4 内核)或 Shmem(2.6 内核之后)。在 Red Hat Enterprise Linux 6 之前该字段为 0，Red Hat Enterprise Linux 7 中显示为/proc/meminfo 下的 Shmem 文件。free 命令输出示例如图 2-12 所示。

```
[zgh@localhost ~]$  free -m
```

图 2-12   free 命令输出示例

其中，free 命令相关字段和注释如表 2-16 所示。

表 2-16   free 命令相关字段和注释

参　　数	注　　释
total	系统总的可用物理内存大小
used	已被使用的物理内存大小
free	还有多少物理内存可用
shared	被共享使用的物理内存大小
buff/cache	被 buffer 和 cache 使用的物理内存大小
available	还可以被应用程序使用的物理内存大小

当使用 free 时，记得 Linux 内存架构和虚拟内存管理工作的方式。空闲内存使用受限，单纯 swap 的使用率统计并不一定反映出现内存瓶颈。

free 命令的参数如表 2-17 所示。

表 2-17   free 命令的参数

参　　数	注　　释
--tera	显示内存的总量，以 TB 为单位(Red Hat Enterprise Linux 8)
-h、--human	显示所有输出字段，自动缩放到最短 3 位数单位并显示单位(Red Hat Enterprise Linux 8)
-m、--mega	显示内存的总量，以 MB 为单位
-k、--kilo	显示内存的总量，以 KB 为单位，这是默认值
-b、--bytes	显示内存的总量，以字节为单位
B	bytes
T	teras
G	gigas
M	megas
K	kilos

如果没找到单位，但有 PB 的 RAM 或 swap，则数字在 TB 级别显示，如表 2-18 所示。

区域中使用的内存，使用-l 选项，可以看到每个内存区域中使用了多少内存。下面是 32 位和 64 位系统 free-ml 输出的例子，请注意 64 位系统不再使用高内存。

表 2-18　数字在 TB 级别显示

参　　数	注　　释
-s、--seconds seconds	延迟 seconds 连续显示结果。实际上可以指定任何浮点数的延迟，usleep(3) 用微秒解析 delay 时间
--si	使用 1000 而不是 1024(Red Hat Enterprise Linux 8)
-t、--total	显示一行显示列总计
--help	显示帮助信息(Red Hat Enterprise Linux 8)
-V、--version	显示版本信息
-o、--old	以旧格式显示输出，唯一的区别是这个选项禁用了详细的"调整缓冲区"行的显示
-l、--lohi	显示详细的低内存和高内存统计数据
-c	--count count，显示结果 count 次。需要与-s 选项一起使用

在 32 位系统上输入 free-ml 命令，输出结果如图 2-13 所示。

```
[zgh@localhost ~]$ free -ml
```

```
[zgh@localhost ~]$ free -ml
              total       used       free     shared  buff/cache  available
Mem:           1806       1003        511          8        291        639
Low:           1806       1294        511
High:             0          0          0
Swap:          2047        358       1689
```

图 2-13　32 位系统上 free-ml 命令的输出结果

在 64 位系统上输入 free-ml 命令，输出结果如图 2-14 所示。

```
[zgh@localhost ~]$ free -ml
```

```
[zgh@localhost ~]$ free -ml
              total       used       free     shared  buff/cache  available
Mem:           2779       1607        100         17       1072        898
Low:           2779       2679        100
High:             0          0          0
Swap:          3067          0       3067
```

图 2-14　64 位系统上 free-ml 命令的输出结果

使用/proc/buddyinfo 文件，还可以确定在每个区域中有多少内存块可用。每一列的数量意味着可用的分页数量。请记住伙伴系统(buddy system)如何分配分页(参考 1.2.2 节的内容)。这些信息告诉你内存是如何分片的，并给出建议，你可以放心地分配分页。通过下面的命令可以查看分页数量，如图 2-15 所示。

```
[zgh@localhost ~]$ cat /proc/buddyinfo
```

```
[zgh@localhost ~]$ cat /proc/buddyinfo
Node 0, zone      DMA     40    37    30    13     3     2     2     2     1     2     0
Node 0, zone    DMA32   5219 14365  7826  2957   984   266    81    42     8     4     1
```

图 2-15　查看分页数量

```
Node 0, zone    DMA      1    1    1    1    1    0    0    0    1    1    2
Node 0, zone    DMA32  479  277  155  114  315  128   42   16    6    5    2
Node 0, zone    Normal   3    1    2    1    1    1    2    0    0    0    0
```

其中,相关字段和注释如表 2-19 所示。

表 2-19　查看分页数量相关注释

参　　数	注　　释
Node	表示在 NUMA 环境下的节点号,这里只有一个节点 0
zone	表示每一个节点下的区域,一般有 DMA、Normal 和 HignMem 3 个区域
DMA、DMA32、Normal 以及后面的列	伙伴系统中每一个 order 对应的空闲页面块

例如,对于 zone DMA 的第二列(从 0 开始算起),空闲页面数为 $5*2^4$,可用内存为 $5*2^4*PAGE\_SIZE$。例如,第 0 列的可用分页数量为 $2020*2^0*4KB=8080KB$,第 1 列的可用分页数量为 $2001*2^1*4KB=16008KB$,后面以此类推进行计算。

2.3.5　mpstat

mpstat 命令用来报告在多处理器服务器上每个可用 CPU 的相关统计数据,如图 2-16 所示。从 CPU 0 开始,还会报告所有 CPU 的全局平均活动。mpstat 工具是 sysstat 软件包的一部分。

```
[zgh@localhost ~]$ mpstat 1 10
```

图 2-16　mpstat 输出示例

如图 2-16 所示,interval 参数指定每次报告之间的时间间隔,以秒为单位。值为 0 (或没有参数)表明报告自系统启动以来的处理器统计数据。count 参数如果不设置为 0, 则可以和 interval 参数结合使用。count 的值决定了间隔秒数生成报告的次数。如果只指定 interval 参数,没有 count 参数,那么 mpstat 命令将不断地生成报告。

其中，mpstat 命令的参数如表 2-20 所示。

表 2-20　mpstat 命令的参数

参　　数	注　　释
-P{cpu[,…]|ON|ALL}	指明报告统计数据的处理器编号。cpu 是处理器编号。注意，处理器 0 是第一个处理器。ON 表明报告每个在线处理器的统计数据，ALL 表明报告所有处理器的统计数据
-u	报告 CPU 使用率，详细如表 2-21 所示
-V	显示版本号，然后退出
-I{SUM|CPU|SCPU|ALL}	报告中断统计数据，详细如表 2-22 所示
-A	这个选项相当于指定-u-I ALL-P ALL

表 2-21　报告 CPU 使用率

参　　数	注　　释
%iowait	显示在系统未完成磁盘 I/O 请求期间，一个 CPU 或多个 CPU 空闲时间的百分比
%irq	显示一个 CPU 或多个 CPU 服务硬件中断花费时间的百分比
%soft	显示一个 CPU 或多个 CPU 服务软件中断花费时间的百分比
%steal	显示当 hypervisor 为另一个虚拟处理器服务的时候，一个虚拟 CPU 或多个虚拟 CPU 非主动等待所花费时间的百分比
%guest	显示一个 CPU 或多个 CPU 运行一个虚拟处理器所花费时间的百分比
%gnice	显示一个 CPU 或多个 CPU 运行一个 nice 的虚拟机所花费时间的百分比
%idle	显示一个 CPU 或多个 CPU 空闲时间的百分比，并且系统没有未完成的磁盘 I/O 请求。注意，在 SMP 机器上一个不具有任何活动的处理器是被禁用的(离线)处理器
%sys	显示在系统级别(内核)执行时发生的 CPU 使用率百分比。注意，这没有包括为硬件和软件中断服务所花费的时间
intr/s	显示在用户级别(应用程序)执行时发生的 CPU 使用率百分比
%usr	显示在用户级别(应用程序)执行时发生的 CPU 使用率百分比
CPU	处理器编号。all 表明统计数据为所有处理器之间计算的平均值

表 2-22　报告中断统计数据

参　　数	注　　释
CPU	显示一个 CPU 或多个 CPU 每秒接收的每个独特中断的数量
ALL	相当于指定以上所有关键字，所以显示所有中断统计信息
SUM	mpstat 命令报告每个处理器中断的总共数量。显示以下值： CPU,处理器编号。all 表明统计数据为所有处理器之间计算的平均值。 intr/s,一个 CPU 或多个 CPU 每秒接收中断的总数
SCPU	显示一个 CPU 或多个 CPU 每秒接收的每个独特软件中断的数量。此选项只能在 Linux 2.6.31 内核和之后的版本(RHEL 7)中使用

mpstat 工具可以显示每个系统或每个处理器整体 CPU 的统计信息。当使用采样模式时，mpstat 可以通过一个采样频率和一个采样计数创建统计信息。下面为通过 mpstat-P ALL 命令显示每个处理器的平均 CPU 使用率创建一个采样输出，如图 2-17 所示。

```
[zgh@localhost ~]$ mpstat -P ALL
```

```
[zgh@localhost ~]$ mpstat -P ALL
Linux 4.18.0-147.e18.x86_64 (localhost.localdomain)    06/03/2021    _x86_64_    (
CPU)

11:27:26 AM  CPU    %usr   %nice   %sys %iowait    %irq   %soft   %steal   %guest   %gnice
%idle
11:27:26 AM  all    1.53   0.04    1.30    0.14    0.13    0.07    0.00     0.00     0.00
96.80
11:27:26 AM    0    1.60   0.03    1.27    0.14    0.13    0.09    0.00     0.00     0.00
96.74
11:27:26 AM    1    1.61   0.03    1.35    0.15    0.14    0.09    0.00     0.00     0.00
96.63
11:27:26 AM    2    1.39   0.07    1.29    0.15    0.14    0.04    0.00     0.00     0.00
96.93
11:27:26 AM    3    1.51   0.04    1.28    0.13    0.11    0.04    0.00     0.00     0.00
96.89
```

图 2-17　mpstat 命令的输出示例

对于一个多处理器服务器上的 CPU0，间隔 1 秒钟显示 4 次统计信息条目，使用命令：

```
mpstat -P 0 1 4
```

下面是在机器上使用 mpstat 命令采集 CPU0 数据 4 次，如图 2-18 所示。

```
[zgh@localhost ~]$ mpstat -P 0 1 4
```

```
[zgh@localhost ~]$ mpstat -P 0 1 4
Linux 4.18.0-147.e18.x86_64 (localhost.localdomain)    06/03/2021    _x86_64_    (4 CPU)

11:28:43 AM  CPU    %usr   %nice   %sys %iowait    %irq   %soft   %steal   %guest   %gnice    %idle
11:28:44 AM    0    0.00   0.00    0.00    0.00    0.00    0.00    0.00     0.00     0.00   100.00

11:28:44 AM  CPU    %usr   %nice   %sys %iowait    %irq   %soft   %steal   %guest   %gnice    %idle
11:28:45 AM    0    0.00   0.00    0.00    0.00    0.00    0.00    0.00     0.00     0.00   100.00

11:28:45 AM  CPU    %usr   %nice   %sys %iowait    %irq   %soft   %steal   %guest   %gnice    %idle
11:28:46 AM    0    0.00   0.00    0.00    0.00    0.00    0.00    0.00     0.00     0.00   100.00

11:28:46 AM  CPU    %usr   %nice   %sys %iowait    %irq   %soft   %steal   %guest   %gnice    %idle
11:28:47 AM    0    0.00   0.00    0.00    0.00    0.00    0.00    0.00     0.00     0.00   100.00

Average:     CPU    %usr   %nice   %sys %iowait    %irq   %soft   %steal   %guest   %gnice    %idle
Average:       0    0.00   0.00    0.00    0.00    0.00    0.00    0.00     0.00     0.00   100.00
```

图 2-18　使用 mpstat 命令采集 CPU0 数据 4 次

2.3.6　vmstat

vmstat 用来报告关于进程、内存、分页、块 I/O、中断、CPU 活动的信息。vmstat 命令显示平均数据或实际样本。通过给 vmstat 命令提供一个采样频率和采样次数可启用采样模式。

注意：在采样模式中，要考虑在实际数据收集期间出现峰值的可能性。将采样频率设置为一个较低的值可以避开这样隐藏的峰值，如图 2-19 所示。

```
[zgh@localhost ~]$ vmstat 1
```

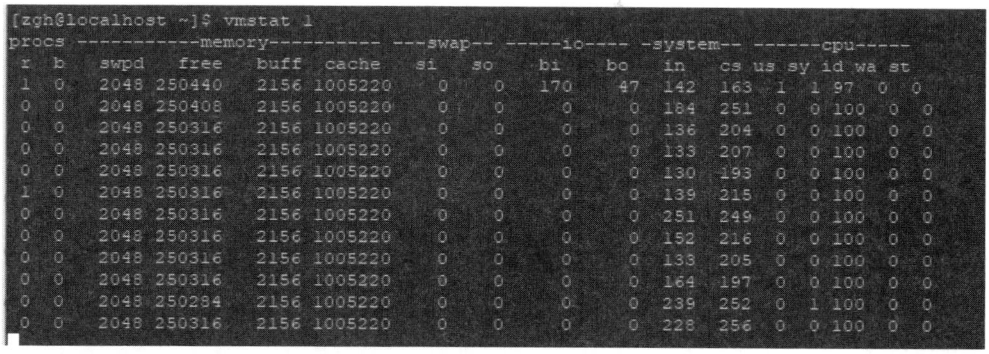

```
[zgh@localhost ~]$ vmstat 1
procs -----------memory---------- ---swap-- -----io---- -system-- ------cpu-----
 r  b   swpd   free   buff  cache   si   so    bi    bo   in   cs us sy id wa st
 1  0   2048 250440   2156 1005220    0    0   170    47  142  163  1  1 97  0  0
 0  0   2048 250408   2156 1005220    0    0     0     0  184  251  0  0 100  0  0
 0  0   2048 250316   2156 1005220    0    0     0     0  136  204  0  0 100  0  0
 0  0   2048 250316   2156 1005220    0    0     0     0  133  207  0  0 100  0  0
 0  0   2048 250316   2156 1005220    0    0     0     0  130  193  0  0 100  0  0
 1  0   2048 250316   2156 1005220    0    0     0     0  139  215  0  0 100  0  0
 0  0   2048 250316   2156 1005220    0    0     0     0  251  249  0  0 100  0  0
 0  0   2048 250316   2156 1005220    0    0     0     0  152  216  0  0 100  0  0
 0  0   2048 250316   2156 1005220    0    0     0     0  133  205  0  0 100  0  0
 0  0   2048 250316   2156 1005220    0    0     0     0  164  197  0  0 100  0  0
 0  0   2048 250284   2156 1005220    0    0     0     0  239  252  0  1 100  0  0
 0  0   2048 250316   2156 1005220    0    0     0     0  228  256  0  0 100  0  0
```

图 2-19　vmstat 命令的输出结果

注意：第一行产生的报告是自上次重启之后的平均值，因此应该考虑排除它。可以使用 delay 给出采样周期的长度报告更多的信息。进程和内存的报告是瞬时的。

虚拟内存模式中显示的字段如表 2-23 所示。

表 2-23　虚拟内存模式中显示的字段

字　段	参　数	注　释
swap	si	从磁盘换入的内存数量(每秒)
	so	交换到磁盘的内存数量(每秒)
Procs	r	可运行进程的数量(正在运行或等待运行时间)
	b	不可中断睡眠状态进程的数量
io	bi	从块设备接收到的块(每秒块数)
	bo	发送到块设备的块(每秒块数)
system	in	每秒中断的数量，包含时钟中断
	cs	每秒上下文切换的数量
cpu(CPU 总时间的百分比)	us	运行非内核代码花费的时间(用户时间，包括 nice 时间)
	sy	运行内核代码花费的时间(系统时间)
	id	空闲花费的时间。在 Linux 2.5.41 内核之前，包含 I/O 等待时间
	wa	I/O 等待花费的时间。在 Linux 2.5.41 内核之前，包含空闲时间
	st	虚拟机偷走的时间。在 Linux 2.6.11 内核之前，是未知的

续表

字　　段	参　　数	注　　释
memory	swpd	虚拟内存使用的数量
	free	用作空闲内存的数量
	buff	用作缓冲区的内存数量
	cache	用作缓存的内存数量
	inact	非活跃内存的数量（使用-a 选项）
	active	活跃内存的数量（使用-a 选项）

vmstat 磁盘模式的输出如图 2-20 所示。

```
[zgh@localhost ～]$ vmstat -d 1 1
```

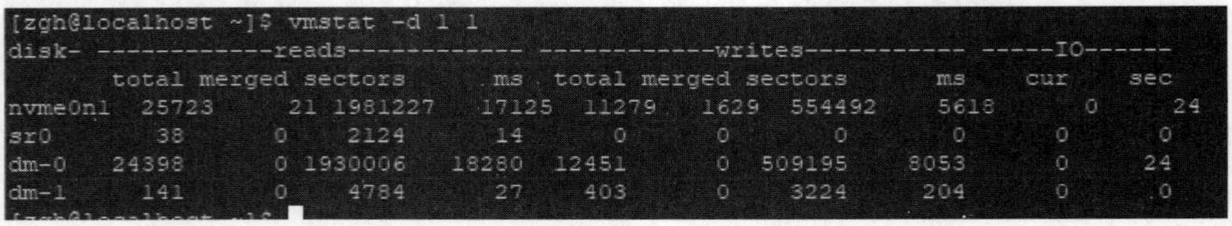

```
[zgh@localhost ~]$ vmstat -d 1 1
disk- ------------reads------------ ------------writes----------- -----IO------
       total merged sectors     ms total merged sectors     ms  cur    sec
nvme0n1 25723     21 1981227  17125 11279   1629  554492    5618    0     24
sr0        38      0    2124     14     0      0       0       0    0      0
dm-0    24398      0 1930006  18280 12451      0  509195    8053    0     24
dm-1      141      0    4784     27   403      0    3224     204    0      0
[zgh@localhost ~]$
```

图 2-20　vmstat 磁盘模式的输出

磁盘模式中显示的字段如表 2-24 所示。

表 2-24　磁盘模式中显示的字段

字　　段	参　　数	注　　释
IO	cur	正在进行的 I/O
	sec	I/O 花费的秒数
writes	total	成功完成写入的总量
	merged	合并后分组的写（导致一个 I/O）
	sectors	成功写入的扇区
	ms	写入所花费的毫秒
reads	total	成功完成读取的总量
	merged	合并后分组的读（导致一个 I/O）
	sectors	成功读取的扇区
	ms	读取所花费的毫秒

vmstat 分区模式的输出如图 2-21 所示。

```
[zgh@localhost ～]$ vmstat -p /dev/nvme0n1p1 1 10
```

```
[root@localhost zgh]# vmstat -p /dev/nvme0n1p1 1 10
nvme0n1p1         reads        read sectors        writes    requested writes
                  1054             31157               50              42073
                  1054             31157               50              42073
                  1054             31157               50              42073
                  1054             31157               50              42073
                  1054             31157               50              42073
                  1054             31157               50              42073
                  1054             31157               50              42073
                  1054             31157               50              42073
                  1054             31157               50              42073
                  1054             31157               50              42073
```

图 2-21　vmstat 分区模式的输出

磁盘分区模式中显示的字段如表 2-25 所示。

表 2-25　磁盘分区模式中显示的字段

参　　数	注　　释
read sectors	分区总共读取的扇区
writes	发给这个分区写的总数
requested writes	对分区执行写请求的总数
reads	发给这个分区读的总数

使用-m 选项可以看到 SLAB 模式的输出，如图 2-22 所示。

```
[zgh@localhost ~]$ vmstat -m 1 1
```

```
[root@localhost zgh]# vmstat -m 1 1
Cache                    Num    Total    Size    Pages
isofs_inode_cache        230      230     704       46
fuse_request              40       40     400       40
fuse_inode                39       39     832       39
nf_conntrack             204      204     320       51
AF_VSOCK                  40       40    1600       20
rpc_inode_cache           46       46     704       46
kvm_async_pf               0        0     168       48
kvm_vcpu                   0        0   17088        1
kvm_mmu_page_header        0        0     152       53
x86_fpu                    0        0    4160        7
xfs_dqtrx                  0        0     528       62
xfs_dquot                  0        0     504       65
xfs_rui_item               0        0     696       47
xfs_rud_item             828      828     176       46
xfs_inode              28394    30784    1024       32
xfs_efd_item             666      666     440       37
xfs_buf_item             360      360     272       60
xfs_trans                490      490     232       70
xfs_log_ticket           440      440     184       44
scsi_sense_cache        1152     1152     128       60
kcopyd_job                 0        0    3312        9
```

图 2-22　vmstat SLAB 模式的输出

SLAB 模式中显示的字段如表 2-26 所示。
vmstat 支持的选项如表 2-27 所示。

表 2-26 SLAB 模式中显示的字段

参　　数	注　　释
pages	至少一个活动对象的分页数量
num	当前活动对象的数量
total	可用对象的总数
size	每个对象的大小
cache	缓存名称

表 2-27 vmstat 支持的选项

参　　数	注　　释
-h、--help	显示帮助并退出
-V、--version	显示版本信息并退出
-S、--unit character	在 1000(k)、1024(K)、1000000(m) 或 1048576(M) 字节之间切换输出。注意,不会改变 swap(si/so) 或块(bi/bo) 字段
count	更新的次数。没有 count,当定义 delay 的时候,默认是无限的
-a、--active	显示活跃和非活跃内存,在 Linux 2.5.41 内核之后支持
-f、--forks	显示自启动开始到目前的 fork 数量,包含 fork、vfork、clone 系统调用,相当于创建任务的总数。每个进程由一个或多个任务表示,这取决于线程的使用。这个显示不会重复
-d、--disk	报告磁盘统计数据(在 Linux 2.5.70 内核之后支持)
-D、--disk-sum	报告关于磁盘活动的一些汇总统计数据
-p、--partition devic	有关分区的详细统计信息(在 Linux 2.5.70 内核之后支持)
delay	在更新之间延迟的秒数。如果没有指定 delay,只报告一行自启动开始到目前的平均值

注意:vmstat 不需要特殊的权限。这些报告的目的是帮助确定系统瓶颈。Linux vmstat 不将本身作为一个正在运行的进程。目前所有 Linux 块都为 1024B。旧版内核可能报告块为 512B、2048B、4096B。从 procps 3.1.9 开始,vmstat 可以让用户选择单位(k、K、m、M)。默认模式中,默认为 K(1024B)。vmstat 使用 slabinfo 1.1。

2.3.7　iostat

iostat 报告 CPU 统计数据,并观察有关设备的平均传输速率的活跃时间,其用来监控系统 I/O 设备负载。iostat 命令生成的报告可以用来更改系统配置,进行详细的 I/O 瓶颈和性能调整,以在物理磁盘之间更好地平衡 I/O 负载。iostat 工具是 sysstat 软件包的一部分,输出示例如图 2-23 所示。

```
[root@localhost zgh]# iostat 1 2
```

通过 iostat 命令生成的第一部分报告提供了有关系统自启动以后的统计数据,除非使用-y 选项(这种情况下,省略第一份报告)。随后每次的报告涵盖自上一次报告以后的

图 2-23　iostat 输出示例

时间。每次 iostat 命令运行会报告所有的统计数据。报告由一个 CPU 标题行后面跟一排 CPU 统计数据组成。在多处理器系统上,使用系统范围内所有处理器的平均值计算 CPU 统计数据。设备标题行后面跟着一行配置每个设备的统计数据。

如图 2-23 所示,interval 参数指定在每次报告之间以秒为单位的时间量。count 参数可以与 interval 参数一起指定。如果指定了 count 参数,则 count 值决定了在 interval 秒产生的报告数。如果指定了 interval 参数而没有指定 count 参数,则 iostat 命令将不断地生成报告。

iostat 命令生成两种类型的报告:CPU 使用率报告和设备使用率报告。

1. CPU 使用率报告

通过 iostat 命令生成的第一部分报告是 CPU 使用率报告。对于多处理器系统,它是所有处理器总数的 CPU 全局平均值。CPU 使用率报告格式如表 2-28 所示。

表 2-28　CPU 使用率报告格式

参　　数	注　　释
%idle	显示一个 CPU 或多个 CPU 空闲时间的百分比,并且系统没有未完成的磁盘 I/O 请求
%user	显示当在用户级别(应用程序)执行时发生的 CPU 使用率百分比
%nice	显示在拥有 nice 优先级用户级别执行时发生的 CPU 使用率百分比
%system	显示当在系统级别(内核)执行时发生的 CPU 使用率百分比
%iowait	显示在系统未完成磁盘 I/O 请求期间,一个 CPU 或多个 CPU 空闲时间的百分比
%steal	显示当 hypervisor 为另一个虚拟处理器服务的时候,一个虚拟 CPU 或多个虚拟 CPU 非自愿等待所花费时间的百分比
%idle	显示一个 CPU 或多个 CPU 空闲时间的百分比,并且系统没有未完成的磁盘 I/O 请求

2. 设备使用率报告

通过 iostat 命令生成的第二部分报告是设备使用率报告。设备报告提供了基于每个物理设备或每个分区上的统计数据。可以在命令行输入块设备和分区来显示统计数据。如果没有输入设备或分区,那么显示系统使用的每个设备统计数据,并提供内核对其维护的统计数据。如果在命令行上使用 ALL 选项,那么显示的统计数据为系统定义的每

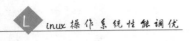

个设备的统计数据,包括那些从未使用过的统计数据。传输速率默认显示的块大小为
1KB。该报告可以显示以下字段,这取决于所使用的标记,如表 2-29 所示。

表 2-29　设备使用率报告相关字段

参　　数	注　　释
Blk_wrtn/s	指出设备写入的数据量,以每秒块的数量表示。块相当于扇区,因此其大小为 512B
Blk_read	总共读取的块数
Blk_wrtn	总共写入的块数
Blk_wrtn/s	指出设备写入的数据量,以每秒块的数量表示。块相当于扇区,因此其大小为 512B
Blk_read/s	指出从设备读取的数据量,以每秒块的数量表示。块相当于扇区,因此其大小为 512B
tps	指出每秒发到设备的传输数量。传输是一个到设备的 I/O 请求。到设备的多个逻辑请求可以组合成一个单个的 I/O 请求。传输具有不确定的大小
Device	该列给出在/dev 目录中列出的设备(或分区)名称

iostat 可以使用很多选项。从性能角度来看,最有用的一个选项是-x,它显示扩展统
计信息,如图 2-24 所示。

[root@localhost zgh]# iostat -x 1 2

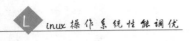

图 2-24　iostat 显示扩展统计信息

其中,使用 iostat 显示扩展统计信息,如表 2-30 所示。

表 2-30　使用 iostat 显示扩展统计信息

参　　数	注　　释
rsec/s	每秒从设备读取的扇区的数量
wsec/s	每秒写入设备的扇区的数量
avgrq-sz	发到设备的请求的平均大小(以扇区为单位)
avgqu-sz	发到设备的请求的平均队列长度

续表

参　　数	注　　释
await	发到设备的 I/O 请求到被服务的平均时间(以毫秒为单位)。这包括请求在队列中花费的时间和服务请求花费的时间
svctm	发到设备的 I/O 请求的平均服务时间(以毫秒为单位)
%util	在 I/O 请求发到设备期间 CPU 时间的百分比(设备的带宽使用率)。当这个值接近 100%的时候,设备饱和
w/s	设备每秒完成的写请求的数量(合并之后)
r/s	设备每秒完成的读请求的数量(合并之后)
wrqm/s	设备请求队列中,每秒合并的写请求数量
rrqm/s	设备请求队列中,每秒合并的读请求数量

当定制到一个磁盘子系统的访问模式时,它可能有助于计算平均 I/O 大小。下面的例子是使用 iostat-d 和-x 标志的输出,这里只显示关于磁盘子系统的信息。

使用 iostat-x-d 分析平均 I/O 大小示例,如图 2-25 所示。

```
[root@localhost zgh]# iostat -d -x /dev/nvme0n1p2 1
```

```
[root@localhost zgh]# iostat -d -x /dev/nvme0n1p2 1
Linux 4.18.0-147.el8.x86_64 (localhost.localdomain)     06/03/2021     _x86_64_        (4 CPU)

Device            r/s     w/s     rkB/s     wkB/s   rrqm/s   wrqm/s  %rrqm  %wrqm r_await w_await
aqu-sz rareq-sz wareq-sz  svctm  %util
nvme0n1p2       12.74    5.86    503.42    132.87     0.01     0.84   0.09  12.58    0.69    0.50
  0.01    39.51    22.67   0.69   1.28

Device            r/s     w/s     rkB/s     wkB/s   rrqm/s   wrqm/s  %rrqm  %wrqm r_await w_await
aqu-sz rareq-sz wareq-sz  svctm  %util
nvme0n1p2        0.00    0.00      0.00      0.00     0.00     0.00   0.00   0.00    0.00    0.00
  0.00     0.00     0.00   0.00   0.00

Device            r/s     w/s     rkB/s     wkB/s   rrqm/s   wrqm/s  %rrqm  %wrqm r_await w_await
aqu-sz rareq-sz wareq-sz  svctm  %util
nvme0n1p2        0.00    0.00      0.00      0.00     0.00     0.00   0.00   0.00    0.00    0.00
  0.00     0.00     0.00   0.00   0.00

Device            r/s     w/s     rkB/s     wkB/s   rrqm/s   wrqm/s  %rrqm  %wrqm r_await w_await
aqu-sz rareq-sz wareq-sz  svctm  %util
nvme0n1p2        0.00    0.00      0.00      0.00     0.00     0.00   0.00   0.00    0.00    0.00
  0.00     0.00     0.00   0.00   0.00

Device            r/s     w/s     rkB/s     wkB/s   rrqm/s   wrqm/s  %rrqm  %wrqm r_await w_await
aqu-sz rareq-sz wareq-sz  svctm  %util
nvme0n1p2        0.00    2.00      0.00      1.50     0.00     0.00   0.00   0.00    0.00    0.00
  0.00     0.00     0.75   1.00   0.20
```

图 2-25　分析平均 I/O 大小

注意:当文件系统使用默认的 async 模式时,iostat 中显示的只有平均请求大小是正确的。即使通过应用程序执行不同大小的写请求,Linux 的 I/O 层将尽可能地合并它们并因此改变平均 I/O 大小。

iostat 支持的选项如表 2-31 所示。

表 2-31 iostat 支持的选项

参　　数	注　　释
-d	显示设备使用率报告
-m	显示每秒统计数据,以 MB 为单位
-k	显示每秒统计数据,以 KB 为单位
-j { ID ∣ LABEL ∣ PATH ∣ UUID ∣...} [device[...]∣all]	显示持久设备名称。选项 ID、LABEL 等指定持久名称的类型。这些选项没有限制,唯一的前提是具有持久名称的目录为/dev/disk。另外,在选择的持久名称类型中可以指定多个设备。持久设备的名称通常很长,启用-h 选项可隐含它
-h	使设备使用率报告更容易被人阅读
-g group_name{device [...]∣all}	显示一组设备的统计数据。iostat 命令报告列表中每个单独设备的统计数据,然后显示与组名相同的一组全局统计数据,并提出列表中的所有设备。all 意味着系统定义的所有块设备将被包含在组中
-V	显示版本号并退出
-x	显示扩展的统计数据
-y	如果在给定 interval 显示多条记录,就省略第一次自系统启动以来统计数据的报告
-z	告诉 iostat 在采样期间省略任何不活跃设备的输出
-t	为显示的每个报告打印时间
-T	这个选项必须与-g 选项一起使用,表示只有该组的全局统计数据被显示,而不是组中各个设备的统计数据
-p [{ device [,...] ∣ all}]	显示系统使用的块设备和它所有分区的统计数据。如果在命令行输入设备名称,那么它和它所有分区的统计数据都会显示。all 选项表明显示系统定义的所有块设备和分区的统计数据,包括那些从未使用过的。如果在此选项前使用-j 选项,则在命令行上输入的设备可以选择指定持久名称类型
-N	对于任何映射设备,显示已注册设备的映射名称,用于查看 LVM2 统计数据
-c	显示 CPU 使用率报告

2.3.8　netstat、ss

　　netstat 是最流行的工具之一。如果在网络上工作,你应该熟悉这个工具。它显示许多网络相关的信息,如 socket 的使用、路由、接口、协议及网络统计信息等。netstat 的基本选项如表 2-32 所示。

表 2-32 netstat 的基本选项

选　　项	注　　释
--statistics,-s	显示每个协议的统计数据总结
--interfaces=iface,-I=iface,-i	显示所有网络接口的表,或指定接口的表

续表

选　　项	注　　释
--masquerade,-M	显示伪装的连接列表
--groups,-g	显示 IPv4 和 IPv 6 组播组成员信息
--route,-r	显示内核的路由表。netstat-r 与 route -e 可以生成相同的输出
（none）	默认情况下，netstat 显示打开的 socket 列表。如果没有指定任何地址，那么所有配置地址的活跃 socket 都将显示

注意：这个程序已经被废弃了。替换 netstat 的是 ss，替换 netstat -r 的是 ip route，替换 netstat -i 的是 ip-s link，替换 netstat -g 的是 ip maddr。

socket 信息的部分输出示例（使用 netstat 命令显示 socket 信息）如图 2-26 和图 2-27 所示。

```
[root@localhost zgh]# netstat -n
```

```
[root@localhost zgh]# netstat -n
Active Internet connections (w/o servers)
Proto Recv-Q Send-Q Local Address           Foreign Address         State
tcp        0    240 192.168.3.5:22          192.168.3.8:51441       ESTABLISHED
Active UNIX domain sockets (w/o servers)
```

图 2-26　socket 信息的部分输出示例（1）

```
Proto RefCnt Flags       Type       State         I-Node   Path
unix  3      [ ]         DGRAM                     589      /run/systemd/notify
unix  2      [ ]         DGRAM                     591      /run/systemd/cgroups-agent
unix  25     [ ]         DGRAM                     602      /run/systemd/journal/dev-log
unix  2      [ ]         DGRAM                     30814    /var/run/chrony/chronyd.sock
unix  8      [ ]         DGRAM                     614      /run/systemd/journal/socket
unix  2      [ ]         DGRAM                     55185    /run/user/1000/systemd/notify
unix  2      [ ]         DGRAM                     47783    /run/user/42/systemd/notify
unix  3      [ ]         STREAM     CONNECTED      57970    /run/systemd/journal/stdout
unix  3      [ ]         STREAM     CONNECTED      62114    /run/dbus/system_bus_socket
unix  3      [ ]         STREAM     CONNECTED      60493
unix  3      [ ]         STREAM     CONNECTED      60181
unix  3      [ ]         STREAM     CONNECTED      58458    /run/user/1000/bus
unix  3      [ ]         STREAM     CONNECTED      54719    @/tmp/dbus-jDUp4awm
unix  3      [ ]         STREAM     CONNECTED      53347
```

图 2-27　socket 信息的部分输出示例（2）

其中，第一部分 Active Internet connections 的字段和注释，如表 2-33 所示。

表 2-33　Active Internet connections 的字段和注释

字　　段	参　　数	注　　释
Recv-Q	Established	连接这个 socket 的用户程序非复制的字节数
	Listening	从 Linux 2.6.18 内核开始该列包含当前的 syn_backlog
Send-Q	Established	远程主机没有确认的字节数
	Listening	从 Linux 2.6.18 内核开始该列包含 syn_backlog 的最大值

续表

字　段	参　数	注　释
State		socket 的状态。因为 raw 模式没有状态,通常没有状态用于 UDP 和 UDPLite,所以这列可能保留为空
	UNKNOWN	socket 的状态是未知
	SYN_SENT	socket 积极尝试建立一个连接
	SYN_RECV	从网络接收到一个连接请求
	FIN_WAIT1	socket 已关闭,并且连接关闭
	FIN_WAIT2	连接已关闭,并且 socket 等待远程端关闭
	TIME_WAIT	连接关闭之后 socket 等待处理的仍是在网中的数据包
	CLOSE	socket 没有被使用
	CLOSE_WAIT	远程端已经关闭,等待 socket 关闭
	LAST_ACK	远程端已经关闭,并且 socket 已经关闭。等待确认
	LISTEN	socket 监听进来的连接。在输出中不包含这样的 socket,除非指定--listening(-l)或-all(-a)选项
	CLOSING	两端 socket 已经关闭,但是仍然没有发送所有数据
	ESTABLISHED	socket 是一个已经建立的连接
Local Address		socket 本地端的地址和端口号。除非指定-numeric(-n)选项,否则 socket 地址将被解析为规范主机名(FQDN),端口号被翻译成规范服务名称
Foreign Address		socket 远程端的地址和端口号,类似 Local Address
Proto		socket 使用的协议(tcp、udp、udpl、raw)

第二部分 Active UNIX domain Sockets 的字段和注释,如表 2-34 所示。

表 2-34　Active UNIX domain Sockets 的字段和注释

字　段	参　数	注　释
Path		附加到 socket 的相应进程的路径名称
I-Node		socket 的 i-node 号码
Proto		socket 使用的协议(通常是 UNIX)
RefCnt		引用计数(例如通过这个 socket 附加进程)
Flags		显示的 flags 有 SO_ACCEPTION(ACC)、SO_WAITDATA(W)或 SO_NOSPACE(N)。如果其相应的进程正在等待一个连接请求,则 SO_ACCEPTION 用于未连接的套接字
Type	SOCK_DGRAM	socket 用于数据报(无连接)模式
	SOCK_STREAM	这是一个流(连接)socket
	SOCK_RAW	socket 用作 raw socket

续表

字　段	参　数	注　释
Type	SOCK_RDM	这一列提供可靠传递的消息
	SOCK_SEQPACKET	这是一个连续数据包的 socket
	SOCK_PACKET	raw 接口访问 socket
	UNKNOWN	"谁知道未来会带给我们什么",就填写在这里
State	FREE	这个 socket 没有被分配
	LISTENING	这个 socket 监听连接请求。在输出中不包含这样的 socket,除非指定 listening(-l)或-all(-a)选项
	CONNECTING	这个 socket 是关于建立一个连接的 socket
	CONNECTED	这个 socket 是已经连接的 socket
	DISCONNECTING	这个 socket 是断开连接的 socket
	(empty)	这个 socket 没有连接到另一个 socket
	UNKNOWN	这个状态应该永远不会发生

使用 netstat 显示路由表信息示例,如图 2-28 所示。

[root@localhost zgh]# netstat -r -n

```
[root@localhost zgh]# netstat -r -n
Kernel IP routing table
Destination     Gateway         Genmask         Flags   MSS Window  irtt Iface
0.0.0.0         192.168.3.1     0.0.0.0         UG        0 0          0 ens160
192.168.3.0     0.0.0.0         255.255.255.0   U         0 0          0 ens160
192.168.122.0   0.0.0.0         255.255.255.0   U         0 0          0 virbr0
```

图 2-28　netstat 显示路由表信息

netstat 支持的选项如表 2-35 所示。

表 2-35　netstat 支持的选项

选　项	注　释
--numeric-ports	显示数字形式的端口号,但是不要影响主机或用户名的解析
--numeric-users	显示数字形式的用户 ID,但是不要影响主机或端口名称的解析
--protocol=family、-A	为显示出来的连接指定地址家族(也许可以更好地描述低等级的协议)。地址家族的列表使用逗号分隔各家族,如 inet、inet6、unix、ipx、ax25、netrom、econet、ddp。使用--inet|-4、--inet6|-6、--unix|-x、--ipx、--ax25、--netrom、--ddp 选项具有相同的影响。地址家族 inet(IPv4)包括 raw、udp、udplite、tcp 协议 socket
--numeric-hosts	显示数字形式的主机地址,但是不要影响端口或用户名的解析
--numeric、-n	显示数字形式的地址,取代尝试确定符号代码形式的主机、端口、用户名

续表

选　项	注　释
--wide、-W	通过不截断 IP 地址使用一样宽的输出。这个选项现在不再打断已存在的脚本
-c、--continuous	这将使得 netstat 每秒连续地显示所选择的信息
-e、--extend	显示额外的信息
-o、--timers	包括网络定时器的相关信息
-p、--program	显示附属于每个 socket 的进程的 PID 和名称
-l、--listening	显示仅监听的 sockets(默认配置)
-a、--all	显示监听和非监听(TCP 意味着已经建立连接)的 socket。与--interface 选项一起,显示未启动的接口
-F	显示 FIB(Forwarding Information Base,转发信息库,也称信息表)中的路由信息(默认配置)
-C	显示路由缓存中的路由信息
--verbose、-v	通过详细信息告诉用户发生了什么事,特别是显示关于未配置地址的一些有用的信息

　　第三部分 delay,netstat 将周期地显示每次 delay 秒的统计数据。

　　ss 是另一个探讨 socket 的实用程序,被用于显示 socket 统计数据。它显示的信息与 netstat 相似。ss 可以比其他工具显示更多的 TCP 信息和状态信息,如图 2-29 所示。

```
[root@localhost zgh]# ss
```

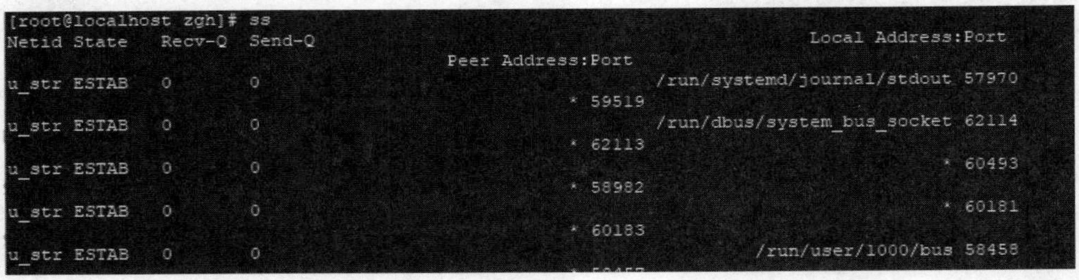

图 2-29　使用 ss 显示 TCP 信息和状态信息

　　ss 参数(当没有使用参数的时候,ss 显示打开的已建立连接的非监听 TCP socket 列表),如表 2-36 所示。

表 2-36　ss 命令的参数

参　数	注　释
-a、--all	显示监听和非监听(对于 TCP,这意味着已经建立的连接)的 socket
-l、--listening	只显示监听的 socket(默认情况下被省略)

续表

参　　数	注　　释
-o、--options	显示定时器信息
-e、--extended	显示详细的 socket 信息
-m、--memory	显示 socket 的内存使用情况
-p、--processes	显示进程使用的 socket
-i、--info	显示内部 TCP 信息
-s、--summary	显示汇总统计数据。此选项从各种源得到汇总,不解析 socket 列表,当 socket 数量巨大时作用明显
-r、--resolve	试图解析数字形式的地址/端口
-n、--numeric	不要试图解析服务名称
-V、--version	输出版本信息
-h、--help	显示选项的信息
-b、--bpf	显示 socket BPF 过滤器(只允许管理员得到这些信息)
-4、--ipv4	只显示 IPv4 socket(别名-f inet)
-6、--ipv6	只显示 IPv6 socket(别名-f inet6)
-0、--packet	显示 PACKET socket(别名-f link)
-t、--tcp	显示 TCP socket
-u、--udp	显示 UDP socket
-A QUERY、--query = QUERY、--socket=QUERY	以逗号分隔 socket 表转储的列表。要理解以下标识符:all、inet、tcp、udp、raw、unix、packet、netlink、unix_dgram、unix_stream、packet_raw、packet_dgram
-f FAMILY、--family=FAMILY	显示 FAMILY 类型的 socket。目前支持以下家族:unix、inet、inet6、link、netlink
-D FILE、--diag=FILE	如果 FILE 用于 stdout,则不显示任何信息,在应用过滤器之后只转储有关 TCP socket 的 raw 信息到 FILE
-x、--unix	显示 UNIX 域 socket(别名-f unix)
-F FILE、--filter=FILE	如果 FILE 用于 stdin,则从 FILE 读取过滤器信息。FILE 的每一行像单一命令行选项被解释 FILTER：= [state TCP-STATE][EXPRESSION]
-d、--dccp	显示 DCCP socket
-w、--raw	显示 RAW socket

可查看官方文档了解有关过滤器的详细信息(Debian 软件包是 iproute-doc),如图 2-30 所示。

```
[root@localhost zgh]# ss -t -a
```

```
[root@localhost zgh]# ss -t -a
State      Recv-Q   Send-Q          Local Address:Port         Peer Address:Port
LISTEN     0        128              0.0.0.0:sunrpc             0.0.0.0:*
LISTEN     0        32               192.168.122.1:domain       0.0.0.0:*
LISTEN     0        128              0.0.0.0:ssh                0.0.0.0:*
LISTEN     0        5                127.0.0.1:ipp              0.0.0.0:*
ESTAB      0        64               192.168.3.5:ssh            192.168.3.8:51441
LISTEN     0        128              [::]:sunrpc                [::]:*
LISTEN     0        128              *:http                     *:*
LISTEN     0        128              [::]:ssh                   [::]:*
LISTEN     0        5                [::1]:ipp                  [::]:*
```

图 2-30   显示所有 TCP socket

显示所有 UDP socket，如图 2-31 所示。

```
[root@localhost zgh]# ss -u -a
```

```
[root@localhost zgh]#  ss -u -a
State      Recv-Q   Send-Q          Local Address:Port         Peer Address:Port
UNCONN     0        0                0.0.0.0:44211              0.0.0.0:*
UNCONN     0        0                0.0.0.0:mdns               0.0.0.0:*
UNCONN     0        0                192.168.122.1:domain       0.0.0.0:*
UNCONN     0        0                0.0.0.0%virbr0:bootps      0.0.0.0:*
UNCONN     0        0                192.168.3.5%ens160:bootpc  0.0.0.0:*
UNCONN     0        0                0.0.0.0:sunrpc             0.0.0.0:*
UNCONN     0        0                127.0.0.1:323              0.0.0.0:*
UNCONN     0        0                [::]:mdns                  :[::]:*
UNCONN     0        0                [::]:48726                 [::]:*
UNCONN     0        0                [::]:sunrpc                [::]:*
UNCONN     0        0                [::1]:323                  [::]:*
[root@localhost zgh]#
```

图 2-31   显示所有 UDP socket

显示已经建立的 ssh 连接，如图 2-32 所示。

```
[root@localhost zgh]# ss -o state established sport =: 22
```

```
[root@localhost zgh]# ss -o state established sport = :22
Netid    Recv-Q    Send-Q          Local Address:Port         Peer Address:Port
tcp      0         64               192.168.3.5:ssh            192.168.3.8:51441
         timer:(on,213ms,0)
```

图 2-32   显示已经建立的 ssh 连接

列出源端口是 22 并且目标地址是 192.168.3.8 的已建立连接的 tcp socket，或是目标地址是 192.168.3.5 的已建立连接的 tcp socket，如图 2-33 所示。

```
[root@localhost zgh]# ss -o state established '( sport =: 22 dst 192.168.3.8 )'
or dst 192.168.3.5
```

```
[root@localhost zgh]# ss -o state established '( sport = :22 dst 192.168.3.8 )' or dst 192.168.3.5
Netid    Recv-Q    Send-Q          Local Address:Port         Peer Address:Port
tcp      0         64               192.168.3.5:ssh            192.168.3.8:51441
         timer:(on,235ms,0)
```

图 2-33   列出源端口已建立连接的 tcp socket

2.3.9 sar

sar 命令用于收集、报告、保存系统活动信息。sar 工具是 sysstat 软件包的一部分。sar 命令的选项，如表 2-37 所示

表 2-37 sar 命令的选项

选项/参数	注 释
-f	指定文件，提取之前保存在文件中的记录并写入标准输出，如图 2-35 所示
-B	报告分页统计数据，显示下面的值，如图 2-37 所示
-b	报告 I/O 和传输速率的统计数据，显示下面的值，如图 2-38 所示
-d	报告每个块设备的活动，如图 2-39 所示
-I{int[,...]|SUM|ALL|XALL}	报告一个特定中断的统计数据。注意，中断统计数据的收集依赖于 sadc-S　INT 选项，如图 2-40 所示
-m{keyword[,...]|ALL}	报告电源管理统计信息。注意，统计数据的收集依赖于 sadc-S POWER 选项。可能的 keyword 有 CPU、FAN、FREQ、IN、TEMP、USB 等，如图 2-41 所示
-n{keyword[,...]|ALL}	报告网络设备的统计数据，如图 2-42 所示
-q	报告队列长度和平均负载，显示下面的值，如图 2-43 所示
-R	报告内存统计数据，显示下面的值，如图 2-44 所示
-r	报告内存使用率的统计数据，显示下面的值，如图 2-45 所示
-S	报告 swap 空间的使用率统计数据，显示下面的值，如图 2-46 所示
-u[ALL]	报告 CPU 使用率，如图 2-47 所示
-v	报告 i-node 状态、文件状态和其他内核表，如图 2-48 所示
-W	报告交换的统计数据，如图 2-49 所示
-w	报告任务创建和系统切换活动统计数据，如图 2-49 所示
-A	相当于指定了-bBdHqrRSuvwWy-I SUM-I XALL-m ALL-n ALL-u ALL-P ALL
-C	当从一个文件读取数据的时候，告诉 sar 显示由 sadc 插入的注释
-e[hh:mm:ss]	设备报告的结束时间。默认的结束时间是 18:00:00。时间必须指定为 24 小时制。当从文件读取数据或写入数据到文件(-f 或-o 选项)时，这个选项很有用
-f[filename]	从 filename(由-o filename 选项创建)中提取记录。filename 参数的默认值是当前每日数据文件。-f 选项与-o 选项是互斥的

选项/参数	注　　释
-H	报告 hugepages 使用率统计数据（RHEL7 中支持），显示下面的值： Kbhugfree，尚未分配的 hugepage 内存量，以 KB 为单位； Kbhugused，已经分配的 hugepage 内存量，以 KB 为单位； ％hugused，已经分配的总 hugepage 内存的百分比
-h	显示简短的帮助消息，然后退出
-i interval	通过 interval 参数选择尽可能接近秒数的数据记录
-j { ID ｜ LABEL ｜ PATH ｜ UUID｜...}	显示持久设备名称。与-d 选项一起使用这个选项。选项 ID、LABEL 等，指定持久名称的类型。这些选项没有限制，唯一的前提是目录，请求的持久名称要出现在/dev/disk 中。如果持久名称没有找到设备，则该设备名称会友好地显示（参见下面的-p 选项）
-o[filename]	保存读数到二进制形式的文件中。每个读数都是一个单独的记录。以当前每天数据文件（/var/log/sa/sadd）作为参数当作文件名的默认值。-o 选项与-f 选项是互斥的。来自内核的所有可用数据将被保存在文件中（实际上，sar 调用的是 sadc-S all，参考 sadc(8)）
-P{cpu[,...]|all}	报告指定的一个处理器或多个处理器的每个处理器统计数据。指定 all 选项报告每个单独处理器的数据和所有处理器的全局报告。注意，起始处理器是处理器 0
-p	友好地显示设备名称。-p 结合-d 选项一起使用。默认名称显示为 dev m-n，m 表示设备的主设备号，n 表示设备的从设备号。使用这个选项显示的设备名称会出现在/dev 目录中。由/etc/sysconfig/sysstat.ioconf 控制名称映射
-s[hh：mm：ss]	设置数据的起始时间，这将导致 sar 命令按照标记的时间提取记录，或是下面指定的时间。默认起始时间是 08：00：00。必须指定为 24 小时制。这个选项只能用于从文件中读取数据（-f 选项）
-t	当从每天的数据文件读取数据的时候，在数据文件创建者最初的本地时间中指出 sar 应该显示的时间戳。没有这个选项，sar 命令将在用户区域时间显示时间戳
-V	显示版本号，然后退出

提示：建议如果可以，在所有系统上运行 sar。如果发生性能问题，在非常小的开销和无须额外开销情况下，可以拥有非常详细的信息。

要做到这一点不难，其实系统已经为我们准备好了自动化作业/etc/crontab/sysstat。请记住，在系统上安装 sysstat 之后自动设置每天运行 sar 的默认自动化作业。

使用 cron 开启自动化记录报告的示例，如图 2-34 所示。

```
[root@localhost zgh]# cat /etc/cron.d/sysstat
```

```
[root@localhost zgh]# cat /etc/cron.d/sysstat
*/10 * * * * root /usr/lib64/sa/sa1 -S DISK 1 1
53 23 * * * root /usr/lib64/sa/sa2 -A
```

图 2-34　开启自动化记录报告

　　sa1 命令用来将二进制数据收集和存储到/var/log/sa/sadd 文件,dd 参数表示当前日期。

　　sa2 命令将每日报告写入/var/log/sa/sardd 文件,dd 参数表示当前日期。

　　例如,/var/log/sa/sa03 表示本月 03 日的系统活动报告。检查你的结果,选择每月工作日和所要求的性能数据。

　　sar 命令可以通过-f 选项指定该文件,提取之前保存在文件中的记录并写入标准输出。

　　例如,从/var/log/sa/sa03 中提取磁盘信息,如图 2-35 所示。

```
[root@localhost zgh]# sar -f  /var/log/sa/sa03 -d
```

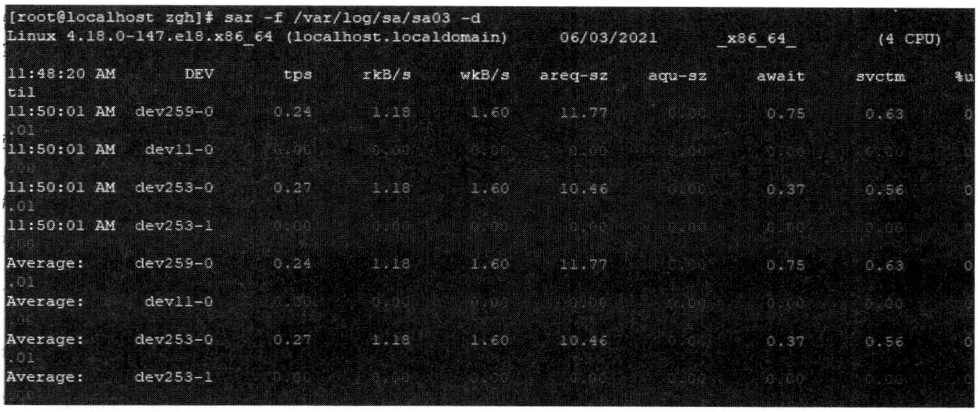

图 2-35　提取磁盘信息

　　如图 2-35 所示,sar 命令将系统中选定的累计活动计数器的内容写到标准输出。基于 count 和 interval 参数的值统计系统,在特定的 interval(以秒为单位)间隔写入信息指定次数。如果 interval 参数设置为 0,sar 命令将显示自系统启动以来的平均统计数据。如果指定了 interval 参数而没有指定 count 参数,报告将不断地产生。通过-o filename 除了可以将收集到的数据显示在屏幕上,也可以将其保存到指定文件中。如果省略文件名,sar 将使用/var/log/sa/sadd 文件存储每日系统标准活动数据。dd 参数表示当前日期。默认情况下,来自内核的所有可用数据都将保存到数据文件中,如图 2-36 所示。

　　可以使用选项选择相关特定系统活动信息。若不指定任何选项,则仅显示 CPU 活动;若指定-A 选项,则可以选定所有可能的活动。

　　sar 命令默认监控系统的主要资源(CPU 使用率)。如果 CPU 使用率接近 100%(user+nice+system),则采样到的工作负载是 CPU 绑定型的。

　　如果想得到多个样本和多份报告,则可以很方便地为 sar 命令指定一个输出文件。通常以后台进程的方式运行 sar 命令,语法如下:

```
sar -o datafile interval count >/dev/null 2>&1 &
```

　　所有捕获的数据为二进制形式并被存储在文件(datafile)中。使用-f 选项可以通过

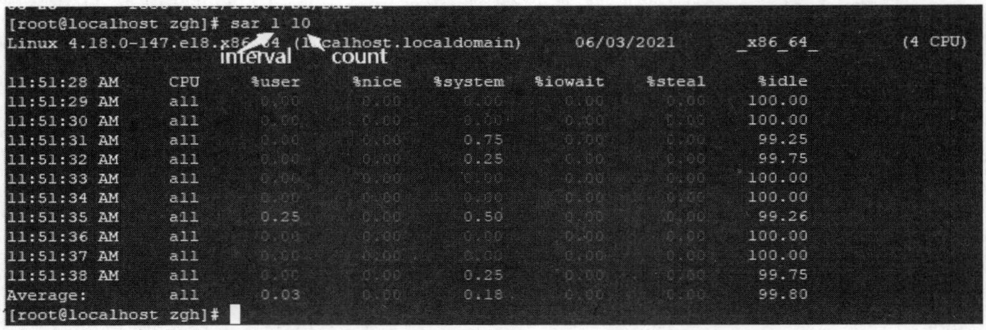

图 2-36 sar 命令输出示例

sar 命令使数据有选择性地显示。设置 interval 和 count 参数,选择间隔 interval 秒记录 count 次。如果没有设置 count 参数,则文件中存储的所有记录都将被选中。这种收集数据的方式有助于描述一段时间内的系统使用情况并确定高峰使用时间。

注意:通过 sar 命令得到的值是报告的本地活动。

通过不同的选项,sar 命令可以捕获广泛的系统信息,如:

-B,报告分页统计数据,显示下面的值,如图 2-37 所示。

```
[root@localhost zgh]# sar -B 1 2
```

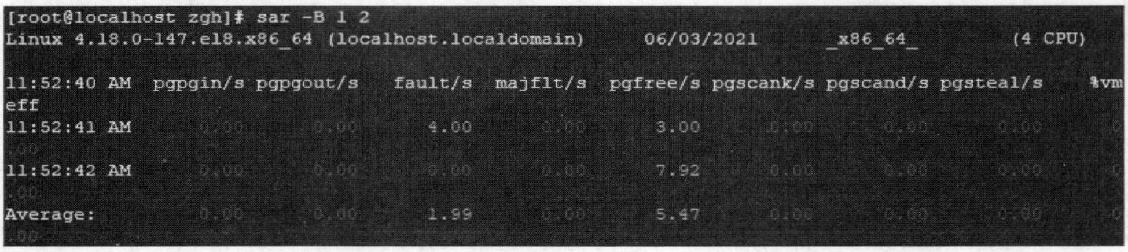

图 2-37 报告分页统计数据

其中,报告分页统计数据的相关字段和注释,如表 2-38 所示。

表 2-38 报告分页统计数据的相关字段和注释

选项/参数		注　　释
pgpgin/s		每秒系统从磁盘置入分页的总量(KB)
pgpgout/s		每秒系统移出分页到磁盘的总量(KB)
fault/s		每秒系统产生分页错误(主要(major)+次要(minor))的数量。这不是生成 I/O 的分页错误的计数,因为没有 I/O 也可以解析一些分页错误
	majflt/s	每秒系统产生主要错误的数量,需要从磁盘加载一个内存分页
	pgfree/s	每秒系统放置在空闲列表上的分页数量
	pgscank/s	每秒 kswapd 守护进程扫描的分页数量

续表

选项/参数		注　　释
fault/s	pgscand/s	每秒直接扫描的分页数量
	pgsteal/s	每秒系统从缓存回收的分页数量，以满足内存需求
	%vmeff	pgsteal/pgscan 计算，这是分页回收率的一个度量。如果接近 100%，那么几乎每个分页都可以在 inactive 列表的底部获得。如果它变得太低（例如，小于 20%），那么虚拟内存就有一些问题。如果在 interval 时间内没有分页被扫描，则此字段为 0

-b，报告 I/O 和传输速率的统计数据，显示下面的值，如图 2-38 所示。其中，相关字段和注释，如表 2-39 所示。

```
[root@localhost zgh]#sar -b 1
```

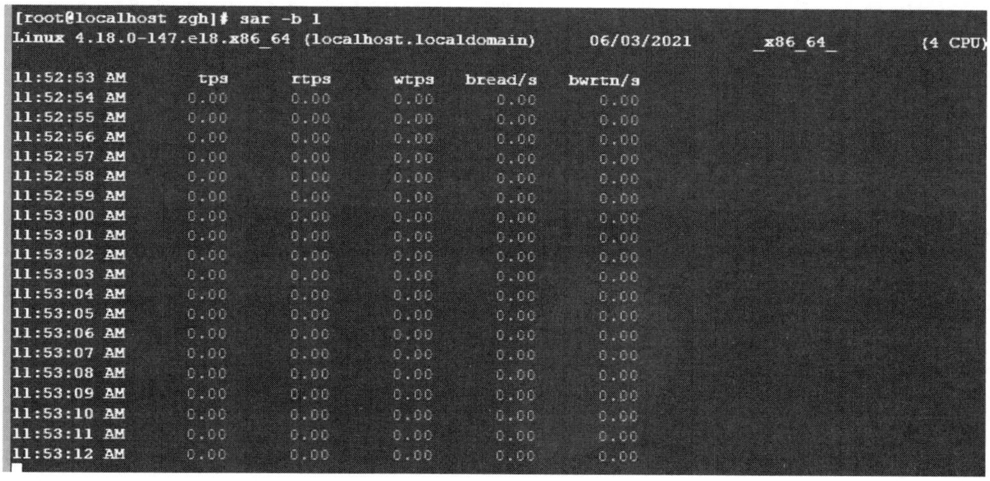

```
[root@localhost zgh]# sar -b 1
Linux 4.18.0-147.el8.x86_64 (localhost.localdomain)      06/03/2021      _x86_64_      (4 CPU)

11:52:53 AM       tps      rtps      wtps   bread/s   bwrtn/s
11:52:54 AM      0.00      0.00      0.00      0.00      0.00
11:52:55 AM      0.00      0.00      0.00      0.00      0.00
11:52:56 AM      0.00      0.00      0.00      0.00      0.00
11:52:57 AM      0.00      0.00      0.00      0.00      0.00
11:52:58 AM      0.00      0.00      0.00      0.00      0.00
11:52:59 AM      0.00      0.00      0.00      0.00      0.00
11:53:00 AM      0.00      0.00      0.00      0.00      0.00
11:53:01 AM      0.00      0.00      0.00      0.00      0.00
11:53:02 AM      0.00      0.00      0.00      0.00      0.00
11:53:03 AM      0.00      0.00      0.00      0.00      0.00
11:53:04 AM      0.00      0.00      0.00      0.00      0.00
11:53:05 AM      0.00      0.00      0.00      0.00      0.00
11:53:06 AM      0.00      0.00      0.00      0.00      0.00
11:53:07 AM      0.00      0.00      0.00      0.00      0.00
11:53:08 AM      0.00      0.00      0.00      0.00      0.00
11:53:09 AM      0.00      0.00      0.00      0.00      0.00
11:53:10 AM      0.00      0.00      0.00      0.00      0.00
11:53:11 AM      0.00      0.00      0.00      0.00      0.00
11:53:12 AM      0.00      0.00      0.00      0.00      0.00
```

图 2-38　报告 I/O 和传输速率的统计数据

表 2-39　报告 I/O 和传输速率的统计数据的相关字段和注释

选项/参数	注　　释
tps	每秒发到物理设备的传输总数。一个传输就是到物理设备的一个 I/O 请求。发送到设备的多个逻辑请求可以合并成单个 I/O 请求。传输是大小不确定的
rtps	每秒发到物理设备的读请求总数
wtps	每秒发到物理设备的写请求总数
bread/s	每秒从设备读取数据的总量，以块为单位。块相当于扇区，因此具有 512B 的大小
bwrtn/s	每秒写到设备的数据总量，以块为单位

-d，报告每个块设备的活动。当显示数据的时候，通常使用的设备规范是 dev m-n（在 DEV 列）。m 是设备的主设备号，n 是它的次设备号。如果使用-p 选项，则设备的名

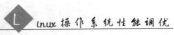

字也可以漂亮地显示；如果使用-j 选项，则可以显示持久的设备名称。注意，磁盘活动依赖于 sadc 的-S DISK 和-S XDISK 选项来收集，显示下面的值，如图 2-39 所示。其中，相关字段和注释，如表 2-40 所示。

```
[root@localhost zgh]# sar -d 1
```

```
[root@localhost zgh]# sar -d 1
Linux 4.18.0-147.el8.x86_64 (localhost.localdomain)    06/03/2021    _x86_64_    (4 CPU)

11:53:25 AM       DEV       tps     rkB/s     wkB/s    areq-sz    aqu-sz     await     svctm     %util
11:53:26 AM   dev259-0      0.00      0.00      0.00       0.00      0.00      0.00      0.00      0.00
11:53:26 AM    dev11-0      0.00      0.00      0.00       0.00      0.00      0.00      0.00      0.00
11:53:26 AM   dev253-0      0.00      0.00      0.00       0.00      0.00      0.00      0.00      0.00
11:53:26 AM   dev253-1      0.00      0.00      0.00       0.00      0.00      0.00      0.00      0.00

11:53:26 AM       DEV       tps     rkB/s     wkB/s    areq-sz    aqu-sz     await     svctm     %util
11:53:27 AM   dev259-0      0.00      0.00      0.00       0.00      0.00      0.00      0.00      0.00
11:53:27 AM    dev11-0      0.00      0.00      0.00       0.00      0.00      0.00      0.00      0.00
11:53:27 AM   dev253-0      0.00      0.00      0.00       0.00      0.00      0.00      0.00      0.00
11:53:27 AM   dev253-1      0.00      0.00      0.00       0.00      0.00      0.00      0.00      0.00
```

图 2-39　报告每个块设备的活动

表 2-40　报告每个块设备的活动的相关字段和注释

选项/参数	注　释
tps	指出每秒发到设备的传输量。发到设备的多个逻辑请求可以合并成单个 I/O 请求，传输是大小不确定的
rd_sec/s	从设备读取的扇区数量。扇区的大小为 512B
wr_sec/s	写到设备的扇区数量。扇区的大小为 512B
avgrq-sz	发到设备的请求的平均大小（以扇区为单位）
avgqu-sz	发到设备的请求的平均队列长度
await	发到设备的 I/O 请求到被服务的平均时间（以毫秒为单位）。这包括请求在队列中花费的时间和服务请求花费的时间
svctm	发到设备的 I/O 请求的平均服务时间（以毫秒为单位）
%util	在 I/O 请求发到设备期间 CPU 时间的百分比（设备的带宽使用率）。当这个值接近 100% 的时候设备饱和

-I{int[,...]|SUM|ALL|XALL}，报告一个特定中断的统计数据。注意，中断统计数据的收集依赖于 sadc"-S INT"选项，如图 2-40 所示。其中，相关字段和注释，如表 2-41 所示。

```
[root@localhost zgh]# sar -I SUM 1
```

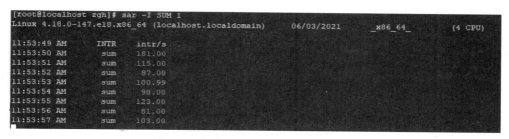

图 2-40 报告一个特定中断的统计数据

表 2-41 报告一个特定中断的统计数据的相关字段和注释

选项/参数	注 释
Int	中断号。在命令行上指定多个-I int 参数将被认为是多个独立的中断
SUM	表示显示每秒接收到的中断总数
ALL	表示统计数据来自报告的前 16 个中断
XALL	表示统计数据来自所有中断,包括潜在的 APIC 中断源都会被报告

-m{keyword[,...]|ALL},报告电源管理统计信息。注意,统计数据的收集依赖于 sadc-S POWER 选项。可能的 keyword 有 CPU、FAN、FREQ、IN、TEMP、USB 等,如图 2-41 所示。其中,相关字段和注释,如表 2-42 所示。

```
[root@localhost zgh]# sar -m 1
```

```
[root@zyg ~]# sar -m 1
Linux 2.6.32-71.el6.x86_64 (zyg.power.com)      10/14/14        _x
86_64_           (16 CPU)
17:08:10        CPU        MHz
17:08:11        all     2393.96
17:08:12        all     2393.96
17:08:13        all     2393.96
17:08:14        all     2393.96
17:08:15        all     2393.96
17:08:16        all     2393.96
17:08:17        all     2393.96
17:08:18        all     2393.96
17:08:19        all     2393.96
17:08:20        all     2393.96
```

图 2-41 报告电源管理统计信息

表 2-42 报告电源管理统计信息的相关字段和注释

选项/参数	注 释	
CPU	报告有关 CPU 的统计数据,显示下面的值:	
	MHz	瞬时的 CPU 时钟频率,以 MHz 为单位

选项/参数		注　释
FAN		报告有关风扇速度的统计数据,显示下面的值:
	rpm	风扇速度,以每分钟转数为单位
	drpm	这个字段用来计算当前风扇数(rpm)与下限(fan_min)之间的差异
	DEVICE	传感器设备名称
FREQ		报告 CPU 时钟频率的统计数据,显示下面的值:
	wghMHz	CPU 时钟频率的加权平均值,以 MHz 为单位。注意,必须将 cpufreq-stats 驱动程序编译到内存中,此选项才能工作
IN		报告有关电压输入的统计数据,显示下面的值:
	inV	电压输入表示为伏特
	%in	相对的输入值。100%意味着输入电压达到上限(in_max),0%意味着输入电压达到下限(in_min)
	DEVICE	传感器设备名称
TEMP		报告有关设备温度的统计数据,显示下面的值:
	degC	degC 使用摄氏度表示设备的温度
	%temp	相对的设备温度。100%意味着温度已达到上限(temp_max)
	DEVICE	传感器设备名称
USB		sar 命令生成当前插入系统所有 USB 的快照。在报告的末尾,sar 将显示所有这些 USB 设备的汇总信息。具体显示下面的值:
	BUS	根集线器 USB 设备的数量
	Idvendor	供应商 ID 号(通过 USB 组织分配)
	Idprod	产品 ID 号码(由制造商分配)
	Maxpower	设备的最大功耗(以 mA 为单位)
	Manufact	制造商名称
	Product	产品名称

　　-n{keyword[,…]|ALL},报告网络统计数据。可能的 keyword 值有 DEV、EDEV、NFS、NFSD、SOCK、IP、EIP、ICMP、EICMP、TCP、ETCP、UDP、SOCK6、IP6、EIP6、ICMP6、EICMP6、UDP6 等。

　　DEV,报告网络设备的统计数据,显示下面的值,如图 2-42 所示。其中,相关字段和注释,如表 2-43 所示。

```
[root@localhost zgh]# sar -n DEV 1
```

　　EDEV,报告来自网络设备的故障统计数据,显示下面的值,其中,相关字段和注释,如表 2-44 所示。

表 2-43　报告网络设备的统计数据的相关字段和注释

选项/参数	注　　释
rxmcst/s	每秒接收的多播数据包的数量
txkB/s	每秒传输的总数,单位为 KB
rxcmp/s	每秒接收的压缩数据包的数量
txcmp/s	每秒传输的压缩数据包的数量
rxkB/s	每秒接收的总数,单位为 KB
txpck/s	每秒传输的数据包总数
rxpck/s	每秒接收数据包的总数
IFACE	报告统计报告的网络接口名称

```
[root@localhost zgh]# sar -n DEV 1
Linux 4.18.0-147.el8.x86_64 (localhost.localdomain)        06/03/2021      _x86_64_        (4 CPU)

11:55:37 AM        IFACE     rxpck/s     txpck/s      rxkB/s      txkB/s     rxcmp/s     txcmp/s    rxmcst/s     %ifu
til
11:55:38 AM virbr0-nic        0.00        0.00        0.00        0.00        0.00        0.00        0.00
.00
11:55:38 AM      ens160        3.00        1.00        0.34        0.19        0.00        0.00        0.00
.00
11:55:38 AM       virbr0       0.00        0.00        0.00        0.00        0.00        0.00        0.00
.00
11:55:38 AM           lo       0.00        0.00        0.00        0.00        0.00        0.00        0.00
.00

11:55:38 AM        IFACE     rxpck/s     txpck/s      rxkB/s      txkB/s     rxcmp/s     txcmp/s    rxmcst/s     %ifu
til
11:55:39 AM virbr0-nic        0.00        0.00        0.00        0.00        0.00        0.00        0.00
.00
11:55:39 AM      ens160        4.00        4.00        0.38        1.37        0.00        0.00        0.00
.00
11:55:39 AM       virbr0       0.00        0.00        0.00        0.00        0.00        0.00        0.00
.00
11:55:39 AM           lo       0.00        0.00        0.00        0.00        0.00        0.00        0.00
.00

11:55:39 AM        IFACE     rxpck/s     txpck/s      rxkB/s      txkB/s     rxcmp/s     txcmp/s    rxmcst/s     %ifu
til
11:55:40 AM virbr0-nic        0.00        0.00        0.00        0.00        0.00        0.00        0.00
.00
11:55:40 AM      ens160        2.00        1.00        0.12        1.04        0.00        0.00        0.00
.00
11:55:40 AM       virbr0       0.00        0.00        0.00        0.00        0.00        0.00        0.00
.00
11:55:40 AM           lo       0.00        0.00        0.00        0.00        0.00        0.00        0.00
.00
```

图 2-42　报告网络设备的统计数据

表 2-44　报告来自网络设备的故障统计数据的相关字段和注释

选项/参数	注　　释
txdrop/s	因为 Linux 缓冲区空间不足,每秒丢弃传输数据包的数量
txcarr/s	当传输数据时每秒发生载波错误的数量
rxfram/s	每秒在接收数据包上发生帧同步错误的数量
rxfifo/s	每秒在接收数据包上发生 FIFO 溢出错误的数量
txfifo/s	每秒在传输数据包上发生 FIFO 溢出错误的数量
rxdrop/s	因为 Linux 缓冲区空间不足,每秒丢弃接收数据包的数量
coll/s	当传输数据包时每秒发生冲突的数量
txerr/s	当传输数据包时每秒发生错误的总数

选项/参数	注　　释
rxerr/s	每秒接收坏数据包的数量
IFACE	报告统计数据的网络接口名称

NFS,报告有关 NFS 客户端活动的统计数据,显示下面的值,其中,相关字段和注释,如表 2-45 所示。

表 2-45　报告有关 NFS 客户端活动的统计数据的相关字段和注释

选项/参数	注　　释
retrans/s	每秒需要重传的 RPC 请求的数量(例如,因为服务器超时)
read/s	每秒产生'read'RPC 调用的数量
write/s	每秒产生'write'RPC 调用的数量
access/s	每秒产生'access'RPC 调用的数量
getatt/s	每秒产生'getattr'RPC 调用的数量
call/s	每秒产生 RPC 请求的数量

NFSD,报告有关 NFS 服务器活动的统计数据,显示下面的值,其中,相关字段和注释,如表 2-46 所示。

表 2-46　报告有关 NFS 服务器活动的统计数据的相关字段和注释

选项/参数	注　　释
tcp/s	每秒接收 TCP 数据包的数量
hit/s	每秒回复缓存命中的数量
miss/s	每秒回复缓存未命中的数量
sread/s	每秒接收'read'RPC 调用的数量
swrite/s	每秒接收'write'RPC 调用的数量
saccess/s	每秒接收'access'RPC 调用的数量
sgetatt/s	每秒接收'getattr'RPC 调用的数量
udp/s	每秒接收 UDP 数据包的数量
packet/s	每秒接收网络数据包的数量
badcall/s	每秒接收错误 RPC 请求的数量
scall/s	每秒接收 RPC 请求的数量

SOCK,报告使用中的 socket 统计数据(IPv4),显示下面的值和相关字段的注释,如表 2-47 所示。

表 2-47　报告使用中的 socket 统计数据(IPv4)的相关字段和注释

选项/参数	注　　释
ip-frag	当前队列中 IP 分片的数量
tcp-tw	处于 TIME_WAIT 状态的 TCP socket 的数量
Rawsck	当前使用中的 RAW socket 数量

续表

选项/参数	注　　释
Udpsck	当前使用中的 UDP socket 数量
Tcpsck	当前使用中的 TCP socket 数量
Totsck	系统使用的 socket 总数

IP,报告有关 IPv4 网络流量的统计数据。注意,IPv4 统计数据的收集依赖于 sadc"-S SNMP"选项,显示下面的值(方括号中的是正式 SNMP 名称)和相关字段参数的注释,如表 2-48 所示。

表 2-48　报告有关 IPv4 网络流量的统计数据的相关字段和注释

选项/参数	注　　释
asmok/s	每秒成功重组实体的 IP 数据报数量[ipReasmOKs]
fragok/s	每秒对实体已经成功分片的 IP 数据报数量[ipFragOKs]
fragcrt/s	每秒生成的 IP 数据报分片的数量,作为实体分片的一个结果[ipFragCreates]
asmrq/s	每秒接收的需要重组实体的 IP 分片数量[ipReasmReqds]
orq/s	每秒提供的本地 IP 用户协议(包括 ICMP)到传输请求 IP[ipOutRequests]的 IP 数据报总数。注意,这个计数器不包含 fwddgm/s 计算的任何数据报
idel/s	每秒成功传递到 IP 用户协议的输入数据报的总数(包括 ICMP)[ipInDelivers]
fwddgm/s	每秒输入数据报的数量,这并不是它们最终的 IP 目的地,其结果是试图找到一个路由转发它们到最终的目的地[ipForwDatagrams]
irec/s	每秒从接口接收到的输入数据报的总数,包括错误接收[ipInReceives]

EIP,报告有关 IPv4 网络错误的统计数据。注意,IPv4 统计数据依赖于 sadc"-S SNMP"选项的收集,显示下面的值(方括号中的是正式 SNMP 名称)和相关字段参数的注释,如表 2-49 所示。

表 2-49　报告有关 IPv4 网络错误的统计数据的相关字段和注释

选项/参数	注　　释
idisc/s	每秒输入 IP 数据报的数量,虽然没有遇到阻止它继续被处理的问题,但是被丢弃(例如,缓冲区空间不足)[ipInDiscards]。注意,这个计数器不包括在等待重组时丢弃的任何数据包
odisc/s	每秒输出 IP 数据报的数量,虽然没有遇到阻止它传输到目的地的问题,但是被丢弃(例如,缓冲区空间不足)[ipOutDiscards]。注意,这个计数器包含在 fwddgm/s 中
onort/s	每秒丢弃 IP 数据报的数量,因为没有发现传输它到目的地的路由[ipOutNoRoutes]。注意,这个计数器包含在 fwddgm/s 中遇到的 'no-route' 标准计算的任何数据报。注意,这包含了因为所有的默认路由下线,主机不能路由的任何数据报

选项/参数	注　　释
asmf/s	通过 IP 重组算法每秒检测到的故障数量(无论任何原因,如超时、错误等)[ipReasmFails]。注意,这并不一定是被丢弃的 IP 分片的计数,因为一些算法在接收它们时,合并它们可能丢失分片的数量
fragf/s	每秒丢弃 IP 数据报的数量,因为实体需要分片但是不能完成,例如,因为设置了它的 Don't Fragment 标志[ipFragFails]
iukwnpr/s	因为未知或不支持的协议每秒成功接收但是被丢弃的本地地址的数据报数量
iadrerr/s	每秒丢弃输入数据报的数量,因为这个实体接收的 IP 报头目标地址字段的 IP 地址不是一个有效的地址。这个计数包含无效的地址(例如 0.0.0.0)和不支持的地址类(例如,E 类)。如果实体不是 IP 路由器而且不转发数据报,则这个计数器包括因为目标地址不是本地地址丢弃的数据报[ipInAddrErrors]
ihdrerr/s	由于 IP 报头错误,每秒丢弃输入数据报的数量,包括错误的 checksum、版本号不匹配、其他格式错误、超过了生存时间、在处理它的 IP 选项时发现错误,等等[ipInHdrErrors]

ICMP,报告有关 ICMPv4 网络流量的统计数据。注意,ICMPv4 统计数据的收集依赖于 sadc"-S SNMP"选项。显示下面的值和相关字段参数的注释,如表 2-50 所示。

表 2-50　报告有关 **ICMPv4** 网络流量的统计数据的相关字段和注释

选项/参数	注　　释
itmr/s	每秒接收 ICMP Timestamp Reply 消息的数量[icmpInTimestampReps]
otm/s	每秒发送 ICMP Timestamp(request)消息的数量[icmpOutTimestamps]
otmr/s	每秒发送 ICMP Timestamp Reply 消息的数量[icmpOutTimestampReps]
iadrmk/s	每秒接收 ICMP Address Mask Request 消息的数量[icmpInAddrMasks]
iadrmkr/s	每秒接收 ICMP Address Mask Reply 消息的数量[icmpInAddrMaskReps]
oadrmk/s	每秒发送 ICMP Address Mask Request 消息的数量[icmpOutAddrMasks]
itm/s	每秒接收 ICMP Timestamp(request)消息的数量[icmpInTimestamps]
oechr/s	每秒发送 ICMP Echo Reply 消息的数量[icmpOutEchoReps]
oech/s	每秒发送 ICMP Echo(request)消息的数量[icmpOutEchos]
iechr/s	每秒接收 ICMP Echo Reply 消息的数量[icmpInEchoReps]
iech/s	每秒接收 ICMP Echo(request)消息的数量[icmpInEchos]
omsg/s	实体每秒尝试发送 ICMP 消息的总数[icmpOutMsgs]。注意,这个计数器包括所有由 oerr/s 计算得来的数据
imsg/s	实体每秒接收 ICMP 消息的总数[icmpInMsgs]。注意,这个计数器包括所有由 ierr/s 计算得来的数据

EICMP,报告有关 ICMPv4 错误消息的统计数据。注意,ICMPv4 统计数据的收集依赖于 sadc"-S SNMP"选项。显示下面的值(方括号中的是正式 SNMP 名称)和相关字

段参数的注释，如表 2-51 所示。

表 2-51 报告有关 **ICMPv4** 错误消息的统计数据的相关字段和注释

选项/参数	注 释
odstunr/s	每秒发送的 ICMP 目的地不可达的数量[icmpOutDestUnreachs]
itmex/s	每秒接收的 ICMP 超时消息的数量[icmpInTimeExcds]
otmex/s	每秒发送的 ICMP 超时消息的数量[icmpOutTimeExcds]
iparmpb/s	每秒接收的 ICMP 参数错误消息的数量[icmpInParmProbs]
oparmpb/s	每秒发送的 ICMP 参数错误消息的数量[icmpOutParmProbs]
isrcq/s	每秒接收的 ICMP 源抑制消息的数量[icmpInSrcQuenchs]
osrcq/s	每秒发送的 ICMP 源抑制消息的数量[icmpOutSrcQuenchs]
iredir/s	每秒接收的 ICMP 重定向消息的数量[icmpInRedirects]
oredir/s	每秒发送的 ICMP 重定向消息的数量[icmpOutRedirects]
idstunr/s	每秒接收的 ICMP 目的地不可达的数量[icmpInDestUnreachs]
oerr/s	实体每秒由于 ICMP 内发现错误而没有发送(比如缓冲区不足)的 ICMP 消息的数量[icmpOutErrors]
ierr/s	实体每秒接收的被确定为特定 ICMP 错误的 ICMP 消息数量(错误 ICMP 校验和、错误长度,等等)[icmpInErrors]

TCP,报告有关 TCPv4 网络流量的统计数据。注意,TCPv4 统计数据的收集依赖于 sadc"-S SNMP"选项。显示下面的值(方括号中的是正式 SNMP 名称)和相关字段参数的注释,如表 2-52 所示。

表 2-52 报告有关 **TCPv4** 网络流量的统计数据的相关字段和注释

选项/参数	注 释
oseg/s	每秒发送分段的总数,包括当前连接但不包括只包含重发的字节[tcpOutSegs]
iseg/s	每秒接收分段的总数,包括错误的接收[tcpInSegs]。这个计数包括在当前已经建立连接上接收的分段
passive/s	每秒 TCP 连接从 LISTEN 状态直接转换到 SYN-RCVD 状态的次数[tcpPassiveOpens]
active/s	每秒 TCP 连接从 CLOSED 状态直接转换到 SYN-SENT 状态的次数[tcpActiveOpens]

ETCP,报告 TCPv4 网络错误的统计数据。注意,TCPv4 统计数据的收集依赖于 sadc"-S SNMP"选项。显示下面的值(方括号中的是正式 SNMP 名称)和相关字段参数的注释,如表 2-53 所示。

UDP,报告有关 UDPv4 网络流量的统计数据。注意,UCPv4 统计数据的收集依赖于 sadc"-S SNMP"选项。显示下面的值(方括号中的是正式 SNMP 名称)和相关字段参数的注释,如表 2-54 所示。

表 2-53　报告 TCPv4 网络错误的统计数据的相关字段和注释

选项/参数	注　　释
orsts/s	每秒发送的包含 RST 标志的 TCP 分段数量[tcpOutRsts]
retrans/s	每秒重发的分段总数，即传输 TCP 分段包含了一个或多个之前发送的字节[tcpRetransSegs] isegerr/s，每秒接收错误分段（例如，错误的 TCP 校验和）的总数[tcpInErrs]
estres/s	每秒 TCP 连接从 ESTABLISHED 状态或 CLOSE-WAIT 状态直接转换到 CLOSED 状态的次数[tcpEstabResets]
atmptf/s	每秒 TCP 连接从 SYN-SENT 状态或 SYN-RCVD 状态直接转换到 CLOSED 状态的次数，加上每秒 TCP 连接从 SYN-RCVD 状态直接转换到 LISTEN 状态的次数[tcpAttemptFails]

表 2-54　报告有关 UDPv4 网络流量的统计数据的相关字段和注释

选项/参数	注　　释
noport/s	每秒接收的 UDP 数据报文的总数，但是目标地址属于任何应用程序[udpNoPorts]
idgmerr/s	每秒接收的不能转发的 UDP 数据报文的数量，原因是缺少应用程序的目标端口[udpInErrors]
odgm/s	每秒实体发送的 UPD 数据报文的总数[udpOutDatagrams]
idgm/s	每秒转发到 UDP 用户的 UDP 数据报文的总数[udpInDatagrams]

-q，报告队列长度和平均负载，显示下面的值，如图 2-43 所示。其中，相关字段参数的注释，如表 2-55 所示。

```
[root@localhost zgh]# sar -q 1
```

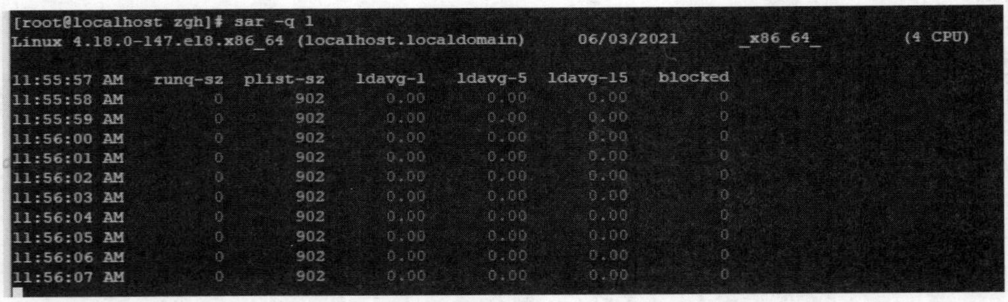

图 2-43　报告队列长度和平均负载

表 2-55　报告队列长度和平均负载的相关字段参数的注释

选项/参数	注　　释
ldavg-15	过去 15 分钟之内的系统平均负载
ldavg-5	过去 5 分钟之内的系统平均负载

续表

选项/参数	注　释
ldavg-1	最后一分钟的系统平均负载。平均负载的计算是在指定时间间隔,运行或可运行(R 状态)任务的平均数量和不可中断睡眠状态(D 状态)中任务的数量
plist-sz	在任务列表中任务的数量
runq-sz	运行队列的长度(等待运行时间的任务的数量)

　　-R,报告内存统计数据,显示下面的值,如图 2-44 所示。其中,相关字段参数的注释如表 2-56 所示。

```
[root@localhost zgh]# sar -R 1
```

```
[root@zyg ~]# sar -R 1
Linux 2.6.32-71.el6.x86_64 (zyg.power.com)        10/14/14        _x
86_64_        (16 CPU)
22:07:15        frmpg/s        bufpg/s        campg/s
22:07:16        -320.41        0.00        207.14
22:07:17        -596.97        0.00        628.28
22:07:18        -496.00        2.00        413.00
22:07:19        -822.45        0.00        836.73
22:07:20        32.69        1.92        5.77
22:07:21        -463.74        0.00        457.14
22:07:22        -366.36        0.00        376.36
22:07:23        -814.14        2.02        832.32
22:07:24        30.69        0.00        3.96
22:07:25        -245.54        0.00        202.97
22:07:26        -372.16        2.06        429.90
```

图 2-44　报告内存统计数据

表 2-56　报告内存统计数据的相关字段参数的注释

选项/参数	注　释
campg/s	每秒系统使用额外内存作为缓存的数量。负值意味着在缓存中有较少的分页
bufpg/s	每秒系统使用额外内存作为缓冲区的数量。负值意味着系统使用较少的分页作为缓冲区
frmpg/s	每秒系统释放内存分页的数量。负值表示系统分配分页的数量。注意,根据机器的架构,分页的大小有 4KB 或 8KB

　　-r,报告内存使用率的统计数据,显示下面的值,如图 2-45 所示。其中,相关字段参数的注释,如表 2-57 所示。

```
[root@localhost zgh]# sar -r 1 5
```

```
[root@localhost zgh]# sar -r 1 5
Linux 4.18.0-147.el8.x86_64 (localhost.localdomain)     06/03/2021      _x86_64_      (4 CPU)

11:56:35 AM kbmemfree    kbavail kbmemused  %memused  kbbuffers   kbcached   kbcommit  %commit   kbact
ive   kbinact    kbdirty
11:56:36 AM    265748    985324   2580712     90.66       2164     870096    6509944   108.71    1173
272    658156
11:56:37 AM    265748    985324   2580712     90.66       2164     870096    6509944   108.71    1173
272    658156
11:56:38 AM    265764    985340   2580696     90.66       2164     870096    6509944   108.71    1173
392    658156
11:56:39 AM    265764    985340   2580696     90.66       2164     870096    6509944   108.71    1173
392    658156
11:56:40 AM    265764    985340   2580696     90.66       2164     870096    6509944   108.71    1173
392    658156
Average:       265758    985334   2580702     90.66       2164     870096    6509944   108.71    1173
344    658156
```

图 2-45 报告内存使用率的统计数据

表 2-57 报告内存使用率的统计数据相关字段参数的注释

选项/参数	注 释
kbactive	活跃内存的数量,以 KB 为单位(最近使用的内存,通常不会被回收,除非绝对必要)
kbinact	非活跃内存的数量,以 KB 为单位(内存最近很少使用。它更符合回收条件)
kbdirty	等待写回到磁盘的内存数量,以 KB 为单位
%commit	相对于总内存的数量(RAM+swap)当前工作负载所需要的内存百分比。这个数字可能大于 100%,因为内核通常会过量使用内存
kbcommit	当前工作负载所有需要的内存数量,以 KB 为单位。这是需要多少 RAM/swap 的估计,保证永远不会内存不足
kbcached	内核已用作缓存的内存数量,以 KB 为单位
kbbuffers	内核已用作缓冲区的内存数量,以 KB 为单位
%memused	已使用内存的百分比
kbmemused	已使用的内存数量,以 KB 为单位。这并没有考虑到内存本身所使用的内存
kbmemfree	可用的空闲内存数量,以 KB 为单位

-S,报告 swap 空间的使用率统计数据,显示下面的值,如图 2-46 所示。其中,相关字段参数的注释,如表 2-58 所示。

```
[root@localhost zgh]# LANG=C sar -S 1
```

```
[root@localhost zgh]# LANG=C sar -S 1
Linux 4.18.0-147.el8.x86_64 (localhost.localdomain)     06/03/21       _x86_64_      (4 CPU)

11:57:04    kbswpfree  kbswpused  %swpused  kbswpcad   %swpcad
11:57:05    3139580       2048      0.07       356      17.38
11:57:06    3139580       2048      0.07       356      17.38
11:57:07    3139580       2048      0.07       356      17.38
11:57:08    3139580       2048      0.07       356      17.38
11:57:09    3139580       2048      0.07       356      17.38
11:57:10    3139580       2048      0.07       356      17.38
11:57:11    3139580       2048      0.07       356      17.38
```

图 2-46 报告 swap 空间的使用率统计数据

表 2-58　报告 swap 空间的使用率统计数据的相关字段参数的注释

选项/参数	注　　释
%swpused	已使用 swap 空间的百分比
kbswpused	已使用 swap 空间的数量,以 KB 为单位
kbswpcad	缓存的 swap 内存数量,以 KB 为单位。内存换出一次再换入回来,但是仍在 swap 区域中(因为已经在 swap 区域,因此内存不再需要换出,这样节省 I/O)
%swpcad	相对于已使用 swap 空间的数量,已缓存的 swap 内存的百分比
kbswpfree	空闲 swap 空间的数量,以 KB 为单位

　　-u[ALL],报告 CPU 使用率。ALL 表示显示所有 CPU 的字段。注意,在 SMP 机器上一个不具有任何活动(每个字段都是 0.00)的处理器是禁用的(离线)处理器。报告可以显示下面的字段,如图 2-47 所示。其中,相关字段参数的注释,如表 2-59 所示。

```
[root@localhost zgh]# sar -u ALL  1
```

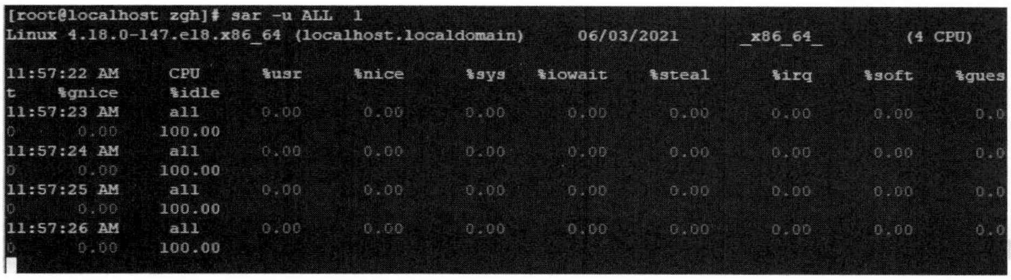

图 2-47　报告 CPU 使用率

表 2-59　报告 CPU 使用率的相关字段参数的注释

选项/参数	注　　释
%soft	一个 CPU 或多个 CPU 服务软件中断花费时间的百分比
%guest	一个 CPU 或多个 CPU 运行一个虚拟处理器所花费时间的百分比
%idle	一个 CPU 或多个 CPU 空闲时间的百分比
%gnice	一个 CPU 或多个 CPU 运行一个 nice 的虚拟机所花费时间的百分比
%irq	一个 CPU 或多个 CPU 服务硬件中断花费时间的百分比
%steal	当 hypervisor 为另一个虚拟处理器服务的时候,一个虚拟 CPU 或多个虚拟 CPU 非主动等待所花费时间的百分比
%iowait	在系统未完成磁盘 I/O 请求期间,一个 CPU 或多个 CPU 空闲时间的百分比
%sys	在系统级别(内核)执行时发生的 CPU 使用率百分比。注意,这个字段没有包含服务硬件和软件中断所花费的时间
%nice	在用户级别(拥有 nice 优先级)执行时发生的 CPU 使用率百分比
%usr	在用户级别(应用程序)执行时发生的 CPU 使用率百分比。注意,这个字段没有包含运行虚拟处理器所花费的时间

-v,报告 inode 状态、文件状态和其他内核表,如图 2-48 所示。其中,相关字段参数的注释,如表 2-60 所示。

```
[root@localhost zgh]# sar -v  1
```

```
[root@localhost zgh]# sar -v  1
Linux 4.18.0-147.el8.x86_64 (localhost.localdomain)      06/03/2021      _x86_64_      (4 CPU)

11:57:36 AM dentunusd    file-nr   inode-nr    pty-nr
11:57:37 AM    64102      13568      85800         2
11:57:38 AM    64102      13568      85800         2
11:57:39 AM    64102      13568      85800         2
11:57:40 AM    64102      13568      85800         2
11:57:41 AM    64102      13568      85800         2
11:57:42 AM    64102      13568      85800         2
```

图 2-48   报告 inode 状态、文件状态和其他内核表

表 2-60   报告 inode 状态、文件状态和其他内核表的相关字段参数的注释

选项/参数	注　　释
pty-nr	系统使用的伪终端的数量
inode-nr	系统使用的 inode 处理程序的数量
file-nr	系统使用的文件处理程序的数量
dentunusd	在目录缓存中未使用的缓存条目的数量

-W,报告交换的统计数据,如图 2-49 所示。其中,相关字段参数的注释,如表 2-61 所示。

```
[root@localhost zgh]# sar -W  1
```

```
[root@localhost zgh]# sar -W  1
Linux 4.18.0-147.el8.x86_64 (localhost.localdomain)      06/03/2021      _x86_64_      (4 CPU)

11:57:52 AM  pswpin/s pswpout/s
11:57:53 AM     0.00      0.00
11:57:54 AM     0.00      0.00
11:57:55 AM     0.00      0.00
11:57:56 AM     0.00      0.00
11:57:57 AM     0.00      0.00
11:57:58 AM     0.00      0.00
```

图 2-49   报告交换的统计数据

表 2-61   报告交换的统计数据的相关字段参数的注释

选项/参数	注　　释
pswpout/s	每秒系统取出的 swap 分页的总数
pswpin/s	每秒系统进来的 swap 分页的总数

-w,报告任务创建和系统切换活动的统计数据,如图 2-50 所示。其中,相关字段参数的注释,如表 2-62 所示。

```
[root@localhost zgh]# sar -w 1 5
```

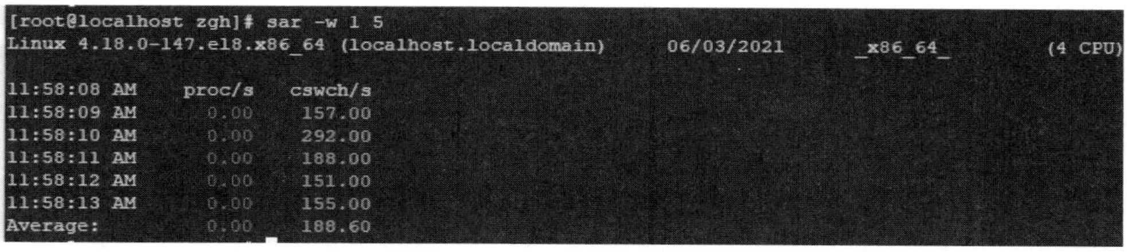

图 2-50 报告任务创建和系统切换活动统计数据

表 2-62 报告任务创建和系统切换活动的统计数据的相关字段参数的注释

选项/参数	注 释
cswch/s	每秒上下文切换的总数
proc/s	每秒创建任务的总数

2.3.10 numastat

numastat 为进程和操作系统显示每个 NUMA(Non-Uniform Memory Architecture)节点的内存统计信息。

NUMA 架构在企业级数据中心已经成为主流。然而,在对 NUMA 系统进行性能调优过程中出现了新的挑战。比如,直到 NUMA 系统出现之前,对于内存的位置我们仍不感兴趣。幸运的是,企业级 Linux 发行版提供了一个工具来监控 NUMA 架构的行为。numastat 命令提供关于本地对比远程内存使用比例和所有节点的整体内存配置。在 numa_miss 列中显示本地内存分配失败情况,在 numa_foreign 列中显示远程内存的分配(较慢的内存)情况。远程内存的分配将增加系统延迟且可能降低整体性能。将进程绑定到一个节点,在本地 RAM 中进行内存映射,将最有可能提高性能,如图 2-51 所示。

```
[root@localhost zgh]# numastat
```

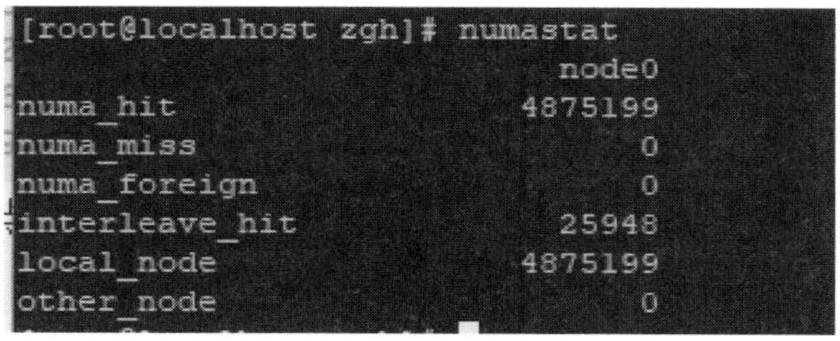

图 2-51 显示每个 NUMA 节点的内存统计信息

numastat 在没有命令选项或参数的时候,显示每个节点 NUMA 在内核内存分配器中命中和未命中的系统统计数据。其中,显示结果的字段参数和注释,如表 2-63 所示。

表 2-63   numastat 命令的相关字段和注释

选项/参数	注 释
local_node	当一个进程在节点上运行的时候,在这个节点上分配的内存
other_node	当一个进程运行在其他节点上的时候,在这个节点上分配的内存
interleave_hit	预期的在这个节点上成功交错分配的内存
numa_foreign	为这个节点准备内存,但是其实际被分配到不同的节点上。每个 numa_foreign 在另一个节点有一个 numa_miss
numa_miss	在这个节点上分配内存,然而进程使用了不同的节点。每个 numa_miss 在另一个节点上有一个 numa_foreign
numa_hit	预期的内存在这个节点上成功分配

numastat 命令的选项,如表 2-64 所示。

表 2-64   numastat 命令的选项

选项/参数	注 释
-z	跳过显示为 0 值的行和列。这可以被用来在许多 NUMA 节点的系统上大大减少 0 数据的数量。注意,当使用了此选项的显示包含 0 的行和列时,这可能意味着行和列至少一个实际上为非 0,但是四舍五入为 0 显示
-V	显示 numastat 版本信息并退出
-v	更为详细的报告。尤其是,当显示多进程详细信息时将显示每个进程的详细信息。通常情况下,当显示多进程每个节点信息的时候,仅显示总行数
-s[<node>]	在显示之前以降序排序表数据,首先列出最大内存消费者。若没有指定<node>,则以总列数排序;若指定了<node>,则以<node>列进程排序
-por<PID>or<pattern>	为指定的 PID 或模式显示每个节点的内存分配信息。若-p 参数仅是数字,则它被认为是数字形式的 PID;若参数是字符而不是数字,则它被认为是在命令行使用搜一个文本片段模式搜索进程。例如,numastat-p qemu 将在命令行中试图找到并显示包含 qemu 的进程
-n	显示原始 numastat 统计数据信息。将显示与默认 numastat 行为相同的信息,但是内存以 MB 为单位,其与原始 numastat 行为相比还会有格式和布局的变化
-m	显示类似 meminfo 系统范围的内存使用信息。此选项生成每个节点内存使用信息的分类,类似于/proc/meminfo
-c	基于数据内容动态收缩列的宽度,最小化表的显示宽度。使用此选项,内存量将被四舍五入为接近 MB(而不是通常显示的两位小数)。使用这个选项使得列宽和列间间距有点不可预测,然而这对更密集显示在许多 NUMA 节点的系统上非常有帮助

2.3.11   pmap

pmap 命令用来报告一个进程或多个进程的内存映射。可以使用这个工具确定系统是如何为服务器上的进程分配内存的。有关更详细的信息,可通过使用 pmap -d 选项得到,如图 2-52 所示。

[root@localhost zgh]# pmap -d 36769

图 2-52　pmap 报告一个进程或多个进程的内存映射

底部是一些最重要的信息，如表 2-65 所示。

表 2-65　pmap 输出的重要信息

选项/参数	注　释
shared	进程共享给其他进程的地址空间数量
writable/private	进程私有地址空间的数量
Mapped	进程中用于映射到文件的内存总量

下面是 pmap 命令 EXTENDED 格式的输出，如图 2-53 所示。

[root@localhost zgh]# pmap -x 36769

EXTENDED 和 DEVICE 格式的字段，如表 2-66 所示。

表 2-66　EXTENDED 和 DEVICE 格式的字段

选项/参数	注　释
Device	设备名称（主设备号：次设备号）
Mapping	支持映射的文件，'[anon]'为分配的内存，'[stack]'为程序栈，Offset 为文件的偏移量
Mode	映射的权限。读（read）、写（write）、执行（execute）、共享（shared）和私有（private-copy on write）
Dirty	脏数据分页（包括共享和私有），以 KB 为单位
RSS	驻留集大小，以 KB 为单位
Kbytes	映射大小，以 KB 为单位
Address	映射的起始地址

```
[root@localhost zgh]# pmap -x 36769
36769:   /usr/sbin/httpd -DFOREGROUND
Address            Kbytes     RSS   Dirty Mode  Mapping
00005569d03ff000      536     452       0 r-x-- httpd
00005569d0685000       12      12      12 r---- httpd
00005569d0688000        8       8       8 rw--- httpd
00005569d068a000       12       8       8 rw--- [ anon ]
00005569d0a8c000     1028    1008    1008 rw--- [ anon ]
00005569d0b8d000      436     220     220 rw--- [ anon ]
00007f1d08000000      132       4       4 rw--- [ anon ]
00007f1d08021000    65404       0       0 ----- [ anon ]
00007f1d0c000000      132       4       4 rw--- [ anon ]
00007f1d0c021000    65404       0       0 ----- [ anon ]
00007f1d10000000      132       4       4 rw--- [ anon ]
00007f1d10021000    65404       0       0 ----- [ anon ]
00007f1d18000000      132       4       4 rw--- [ anon ]
00007f1d18021000    65404       0       0 ----- [ anon ]
00007f1d1c000000      132       4       4 rw--- [ anon ]
00007f1d1c021000    65404       0       0 ----- [ anon ]
00007f1d20000000      132       4       4 rw--- [ anon ]
00007f1d20021000    65404       0       0 ----- [ anon ]
00007f1d28000000      132       4       4 rw--- [ anon ]
00007f1d28021000    65404       0       0 ----- [ anon ]
00007f1d2d7fb000        4       0       0 ----- [ anon ]
```

图 2-53　pmap 命令 EXTENDED 格式的输出

也可以查看地址空间存储的信息。当分别在 32 位和 64 位系统上运行 pmap 命令时,会发现信息有所不同,如图 2-54 所示。

```
[root@localhost zgh]# pmap -d 6127
```

```
[root@localhost zgh]# pmap -d 6127
6127:   /usr/sbin/gdm
Address           Kbytes Mode  Offset           Device    Mapping
000055707caa6000     396 r-x-- 0000000000000000 0fd:00000 gdm
000055707cd09000      24 r---- 0000000000063000 0fd:00000 gdm
000055707cd0f000       4 rw--- 0000000000069000 0fd:00000 gdm
000055707cdd0000     660 rw--- 0000000000000000 000:00000 [ anon ]
00007f7bdc000000     132 rw--- 0000000000000000 000:00000 [ anon ]
00007f7bdc021000   65404 ----- 0000000000000000 000:00000 [ anon ]
00007f7be0000000     132 rw--- 0000000000000000 000:00000 [ anon ]
00007f7be0021000   65404 ----- 0000000000000000 000:00000 [ anon ]
00007f7be4000000     132 rw--- 0000000000000000 000:00000 [ anon ]
00007f7be4021000   65404 ----- 0000000000000000 000:00000 [ anon ]
00007f7be8248000       4 ----- 0000000000000000 000:00000 [ anon ]
00007f7be8249000    8192 rw--- 0000000000000000 000:00000 [ anon ]
00007f7be8a49000       4 ----- 0000000000000000 000:00000 [ anon ]
00007f7be8a4a000    8192 rw--- 0000000000000000 000:00000 [ anon ]
00007f7be924a000       4 ----- 0000000000000000 000:00000 [ anon ]
00007f7be924b000    8192 rw--- 0000000000000000 000:00000 [ anon ]
00007f7be9a4b000    6260 r--s- 0000000000000000 0fd:00000 group (deleted)
00007f7bea068000    8212 r--s- 0000000000000000 0fd:00000 passwd (deleted)
00007f7bea86d000      32 r-x-- 0000000000000000 0fd:00000 libnss_sss.so.2
00007f7bea875000    2044 ----- 0000000000008000 0fd:00000 libnss_sss.so.2
00007f7beaa74000       4 r---- 0000000000007000 0fd:00000 libnss_sss.so.2
00007f7beaa75000       4 rw--- 0000000000008000 0fd:00000 libnss_sss.so.2
00007f7beaa76000    2528 r---- 0000000000000000 0fd:00000 LC_COLLATE
```

图 2-54　使用 pmap 命令查看地址空间存储的信息

pmap 命令选项,如表 2-67 所示。

表 2-67　pmap 命令选项

选项/参数	注　　释
-h,--help	显示帮助文本并退出
-X	显示比-x 选项更详细的信息。警告:格式的变化依据/proc/PID/smaps(RHEL7)。-XX,显示内核提供的所有信息
-A,--range low,high	通过低(low)地址范围和高(high)地址范围将结果限制到给定范围。注意,低和高参数是由逗号分隔的字符串
-V,--version	显示版本信息并退出
-q,--quiet	不显示页眉或页脚行
-d,--device	显示设备格式
-x,--extended	显示扩展格式

2.3.12　iptraf

iptraf(Red Hat Enterprise Linux 8 是 iptraf-ng)是一个基于 ncurses 的 IP 局域网监控程序,它可以生成各种网络统计数据,包括 TCP 信息、UDP 计数、ICMP 和 OSPF 信息、以太网负载信息、节点状态、IP 校验和错误,等等。iptraf 工具是由 iptraf 软件包提供的。如图 2-55 所示为运行 iptraf 命令时没有任何命令行选项的情况,程序以交互模式启

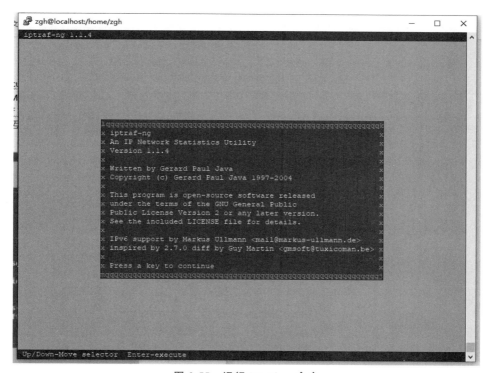

图 2-55　运行 iptraf-ng 命令

动,通过主菜单访问各种设备。

iptraf 提供了类似图 2-56 的报告,其中,相关选项及注释,如表 2-68 所示。

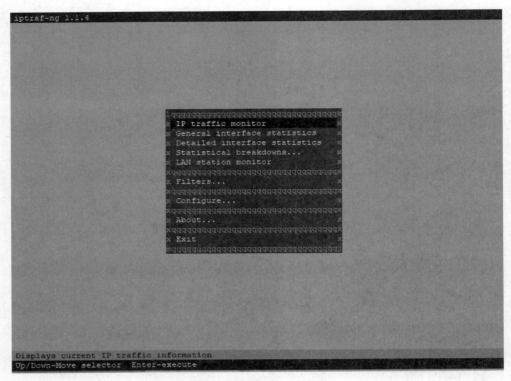

图 2-56　iptraf 的功能菜单

表 2-68　iptraf 命令的相关选项及注释

选项/参数	注　　释
IP traffic monitor	网络流量按 TCP 连接统计
General interface statistics	IP 流量按网络接口统计
Detailed interface statistics	网络流量按协议统计
Statistical breakdowns	网络流量按 TCP/UDP 端口和软件包大小统计
LAN station monitor	网络流量按数据链路层地址统计

2 个 iptraf 生成的报告,如图 2-57 和图 2-58 所示。

Iptraf-ng 支持的选项,如表 2-69 所示。

表 2-69　Iptraf-ng 支持的选项

选项/参数	注　　释
-h	显示命令汇总信息
-f	清除所有锁和计数器,导致 iptraf 的这个实例认为它是第一个运行。这只用于从异常终止或系统崩溃恢复回来

选项/参数	注　　释
-L logfile	允许指定一个备用日志文件的名称。默认日志文件的名称是基于选择的接口(详细的接口统计数据、TCP/UDP 服务统计数据和数据包大小分类)或设备(ip 流量监控和 LAN 站点监控)的实例。如果没有指定路径,则日志文件被放置在/var/log/iptraf
-B	重定向标准输出到/dev/null,关闭标准输入,在后台运行程序。这个选项要与上面的选项一起使用
-i iface	在指定接口或所有接口(如果指定-i all)立即启动 IP 流量监控
-g	立即启动一般接口数据统计
-d iface	允许在指出的接口(iface)上立即启动详细的统计
-s iface	允许在指定接口上立即监控 TCP 和 UDP 流量
-z iface	在指定接口上显示数据包大小的计数
-l iface	在指定接口或所有接口(如果指定-i all)启动局域网站点监控
-t timeout	告诉 iptraf 在指定的 timeout 分钟内运行指定的设备。这个选项要与上面的选项一起使用

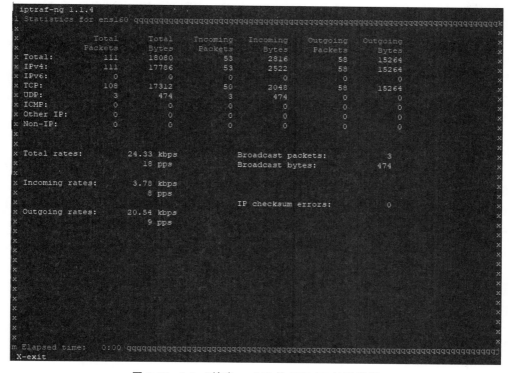

图 2-57　iptraf 输出 ens160 的 TCP/IP 统计数据

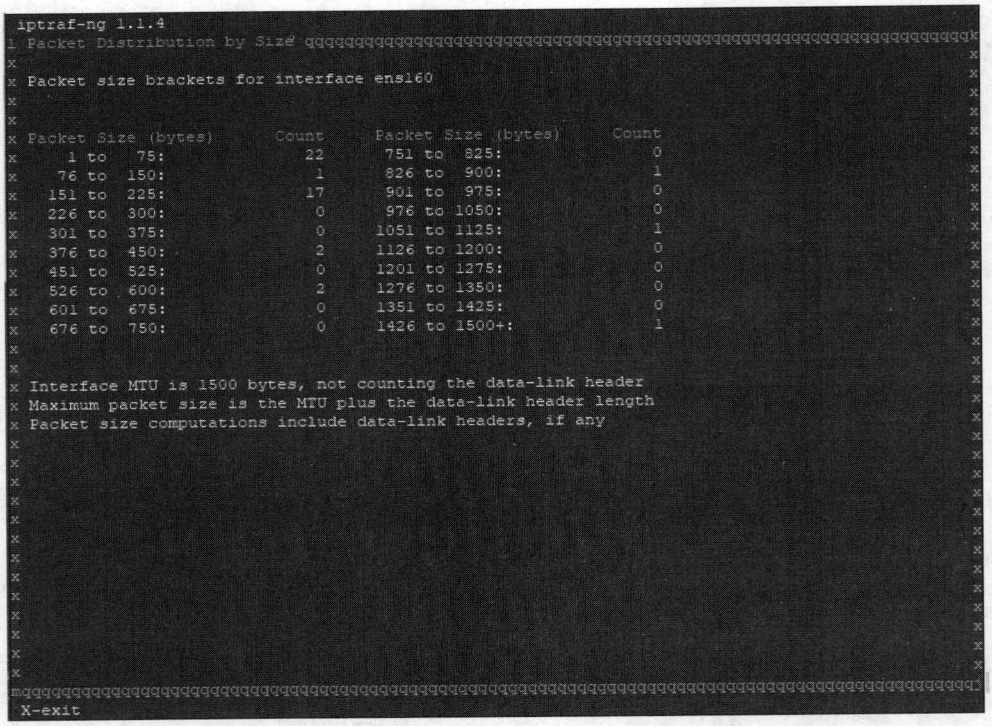

图 2-58　iptraf 输出 ens160 的 TCP/IP 数据包大小的流量统计数据

2.3.13　strace 和 ltrace

1. strace

strace 用来跟踪系统调用和信号。strace 是一个很有用的诊断、指导和调试的工具。系统管理员可以很方便地使用它诊断和解决程序出现的问题,因为可以在不需要重新编译的情况下跟踪它们。最简单的情况就是使用 strace 运行指定的命令,直到命令结束。它拦截并记录进程执行的系统调用和进程接收的信号。每个系统调用的名称、参数和返回值都将被显示在标准错误输出中或可以通过-o 选项指定到文件。

跟踪的每一行包含系统调用的名称,其次是括号中的参数,还有返回值。下面是 cat 命令的跟踪例子,如图 2-59 所示。

```
[root@localhost zgh]# strace cat /tmp/file1
```

此命令还可以报告执行一个命令每个系统调用在内核中消耗时间的统计,通常使用-c 选项,如图 2-60 所示。

```
[root@localhost zgh]# strace -c cat /tmp/file1
```

strace 支持的选项,如表 2-70 所示。

```
[root@localhost zgh]# strace cat /tmp/file1
execve("/usr/bin/cat", ["cat", "/tmp/file1"], 0x7ffc18028888 /* 28 vars */) = 0
brk(NULL)                               = 0x5609d5390000
arch_prctl(0x3001 /* ARCH_??? */, 0x7ffde4ce5460) = -1 EINVAL (Invalid argument)
access("/etc/ld.so.preload", R_OK)      = -1 ENOENT (No such file or directory)
openat(AT_FDCWD, "/etc/ld.so.cache", O_RDONLY|O_CLOEXEC) = 3
fstat(3, {st_mode=S_IFREG|0644, st_size=67347, ...}) = 0
mmap(NULL, 67347, PROT_READ, MAP_PRIVATE, 3, 0) = 0x7fbc5743e000
close(3)                                = 0
openat(AT_FDCWD, "/lib64/libc.so.6", O_RDONLY|O_CLOEXEC) = 3
read(3, "\177ELF\2\1\1\3\0\0\0\0\0\0\0\0\3\0>\0\1\0\0\0\2009\2\0\0\0\0\0\0"..., 832) = 832
fstat(3, {st_mode=S_IFREG|0755, st_size=5993088, ...}) = 0
mmap(NULL, 8192, PROT_READ|PROT_WRITE, MAP_PRIVATE|MAP_ANONYMOUS, -1, 0) = 0x7fbc5743c000
mmap(NULL, 3942432, PROT_READ|PROT_EXEC, MAP_PRIVATE|MAP_DENYWRITE, 3, 0) = 0x7fbc56e64000
mprotect(0x7fbc5701d000, 2097152, PROT_NONE) = 0
mmap(0x7fbc5721d000, 24576, PROT_READ|PROT_WRITE, MAP_PRIVATE|MAP_FIXED|MAP_DENYWRITE, 3, 0x1b9000) = 0x7fbc5721d000
mmap(0x7fbc57223000, 14368, PROT_READ|PROT_WRITE, MAP_PRIVATE|MAP_FIXED|MAP_ANONYMOUS, -1, 0) = 0x7fbc57223000
close(3)                                = 0
arch_prctl(ARCH_SET_FS, 0x7fbc5743d540) = 0
mprotect(0x7fbc5721d000, 16384, PROT_READ) = 0
mprotect(0x5609d46ed000, 4096, PROT_READ) = 0
mprotect(0x7fbc5744f000, 4096, PROT_READ) = 0
munmap(0x7fbc5743e000, 67347)           = 0
brk(NULL)                               = 0x5609d5390000
brk(0x5609d53b1000)                     = 0x5609d53b1000
brk(NULL)                               = 0x5609d53b1000
openat(AT_FDCWD, "/usr/lib/locale/locale-archive", O_RDONLY|O_CLOEXEC) = -1 ENOENT (No such file or directory)
```

图 2-59　strace 跟踪系统调用和信号

```
[root@localhost zgh]# strace -c cat /tmp/file1
cat: /tmp/file1: No such file or directory
% time     seconds  usecs/call     calls    errors syscall
------ ----------- ----------- --------- --------- ----------------
 44.37    0.002092          56        37        20 openat
 19.60    0.000924          48        19           close
 16.63    0.000784          43        18           mmap
 13.15    0.000620          34        18           fstat
  6.26    0.000295          73         4           write
  0.00    0.000000           0         3           read
  0.00    0.000000           0         4           mprotect
  0.00    0.000000           0         1           munmap
  0.00    0.000000           0         4           brk
  0.00    0.000000           0         1         1 access
  0.00    0.000000           0         1           execve
  0.00    0.000000           0         2         1 arch_prctl
------ ----------- ----------- --------- --------- ----------------
100.00    0.004715                   112        22 total
```

图 2-60　strace 系统调用在内核中消耗时间的统计

表 2-70　strace 支持的选项

选项/参数	注　　释
-f	跟踪当前进程使用 fork() 系统调用创建的子进程。在非 Linux 的平台上,只要知道进程的 pid,就可以附加新的进程(通过父进程中 fork() 的返回值)。这意味着,这样的子进程在运行期间可能在某段时间是不受控制的(特别是在 vfork() 的情况下),直到再次调度父进程完成它的 fork/vfork() 调用。在 Linux 上子进程从它没有延迟的第一条指令开始跟踪。如果父进程决定 wait() 当前被跟踪的子进程,它将被挂起,直到相应的子进程终止或者由于信号导致它被终止(由子进程当前信号配置决定)
-D	不适用于 SVR4 和 FreeBSD,以分离的子进程方式运行跟踪进程,而不是作为跟踪进程的父进程。通过保持跟踪调用进程的子进程,减少 strace 明显的影响
-d	在标准错误输出显示 strace 自身的调试输出
-c	对每个系统调用的时间、调用次数和错误进行统计,并在退出程序之前报告汇总信息。在 Linux 系统上,它将试图显示系统时间(在内核态运行所花费的时间)独立的墙上时间。如果-c 与-f 或-F 一起使用,只会显示所有跟踪进程的累计总数
-ff	如果指定了-o filename 选项,则每个进程跟踪将被写入 filename.pid,pid 是每个进程数字形式的进程 id。该选项与-c 是不兼容的,因为不是每个进程的统计都被保留
-F	此选项现在已经废弃了,它与-f 具有相同的功能
-h	显示帮助信息
-l	在系统调用的时候显示指令指针
-q	禁止有关添加、移除等信息。当重定向输出到一个文件时将自动发生,并且命令将直接运行而不是添加
-r	显示在进入每个系统调用时的相对时间戳。它记录了在连续系统调用开始期间的时间差
-t	在跟踪的每一行之前添加时间显示
-tt	如果指定 2 次,显示的时间将包括微秒显示
-ttt	如果指定 3 次,显示的时间将包括微秒,并且时间将以秒显示
-T	显示系统调用所花费的时间。该选项记录了每个系统调用开始和结束之间的时间差
-v	显示环境的详细信息、状态、terios、调用,等等。在调用中这些结构很常见,因此默认行为是显示结构成员的合理子集。使用此选项可以得到所有的细节
-V	显示 strace 的版本号
-a column	在一个特定列(默认列 40)中对齐返回值
-xx	以十六进制字符串的格式显示所有字符串
-x	以十六进制字符串的格式显示所有非 ASCII 的字符串
-E var	在传递给命令之前,从环境变量的继承列表中移除 var
-E var=val	以 var=val 列出的环境变量运行命令
-u username	使用指定用户 ID、组 ID、用户的附属组运行命令。当以 root 身份运行时才有意义,能够正确执行 setuid 或 setgid 的二进制文件。此选项用于没有有效特权而执行 setuid 和 setgid 的程序

选项/参数	注　　释
-e trace=set	只跟踪特定集合的系统调用。-c 选项有助于帮助确定跟踪哪些有用的系统调用。例如,trace=open,close,read,write 意味着只跟踪这 4 个系统调用。如果只监控一个系统调用子集,在推论有关用户/内核边界的时候要注意。默认 trace=all
-e trace=file	跟踪所有将文件名称作为参数的系统调用。可以认为是-e trace=open,stat,chmod,unlink,…的缩写,这有助于看到进程引用了什么文件。此外,使用缩写将确保不会在列表中不小心忘记包含某个调用,如 lstat
-e trace=process	跟踪涉及进程管理的所有系统调用。这对于观察一个进程的 fork、wait,exec 步骤是很有用的
-e trace=network	跟踪所有网络相关的系统调用
-e trace=signal	跟踪所有信号相关的系统调用
-e trace=ipc	跟踪所有 IPC 相关的系统调用
-e trace=desc	跟踪所有描述符相关的系统调用
-e abbrev=set	显示每个大型架构的成员的缩写输出。默认为 abbrev=all。-v 选项具有 abbrev=none 的效果
-e verbose=set	对特定系统调用集合解除参照结构。默认为 verbose=all
-e raw=set	对特定系统调用集合显示原始的未解码的参数。此选项会使所有参数以十六进制显示结果。如果不信任解码,或是想知道一个参数实际的数字值,这是相当有用的
-e signal=set	只跟踪特定信号的子集。默认为 signal=all。例如,signal=！SIGIO(或是 signal=！io)导致不会跟踪 SIGIO 信号
-e read=set	列出特定集合中从文件描述符中读取的所有数据的完整十六进制和 ASCII 输出。例如,查看文件描述符 3 和 5 上所有的输入活动,使用-e read=3,5。注意,这与正常的 read()系统调用跟踪不相关,这是通过-e trace=read 选项控制的
-e write=set	列出特定集合中写入文件描述符中所有数据的完整十六进制和 ASCII 输出。例如,查看文件描述符 3 和 5 上所有的输出活动,使用-e write=3,5。注意,这与正常的 write()系统调用跟踪不相关,这是通过-e trace=write 选项控制的
-o filename	将跟踪输出写入文件 filename 中,而不是 stderr。如果使用-ff 选项,将使用 filename.pid。如果参数以'|'或'！'开始,那么剩余的参数将被视为一个命令,并且所有输出将通过管道传递给它。这对于通过管道将调试输到一个程序是很方便的,不会影响执行程序的重定向
-O overhead	设置跟踪系统调用的开销,overhead 为微秒。当使用-c 选项计时系统调用的时候,可以用来覆盖默认猜测的单纯测量所花费的时间
-p pid	使用进程 ID 指定一个进程,并开始跟踪。通过键盘中断信号(Ctrl＋C)可以在任何时候终止跟踪。可以使用多个-p 选项,最多指定 32 个进程
-s strsize	指定显示的最大字符串大小(默认值为 32)。注意,文件名不被视为字符串,并且总是完整显示
-S sortby	通过-c 选项指定特定的标准对显示的输出进行排序。可以使用的值有 time、calls、name、nothing(默认为 time)
-e expr	可以通过一个合格的表达式设定跟踪事件

-e expr，可以通过一个合格的表达式设定跟踪事件，或是如何跟踪它们。表达式的格式为

```
[qualifier=][!]value1[,value2]...
```

qualifier 可以是 trace、abbrev、verbose、raw、signal、read、write 中之一，value 是 qualifier 相关的符号或数字。默认 qualifier 为 trace。使用感叹号可以标记不像匹配值的集合。例如，-eopen 的字面意思是-e trace=open，转换过来的意思是只跟踪 open 系统调用。相比之下，-etrace=！openy 意味着跟踪除 open 以外的所有系统调用。此外，特殊值 all 和 none 有明显的含义。

注意：有些 shell 调用历史命令会使用感叹号，甚至内部引用参数。如果这样，必须在感叹号前加上一个反斜杠进行转义。

2. ltrace

ltrace 是一个库调用跟踪程序，其可以通过 ltrace 简单运行指定命令直到它退出。它截取和记录执行进程所进行的动态库调用，以及进程接收的信号。它也可以截取和显示程序执行的系统调用。它的使用与 strace 非常类似。ltrace 显示调用函数的参数和系统调用。要确定每个函数有什么样的参数，需要函数原型的外部声明。这些都被存储在被称为原型库的文件中，这些文件的语法细节参考 ltrace.conf(5)。参见 PROTOTYPE LIBRARY DISCOVERY 章节学习 ltrace 如何找到原型库。

ltrace 的输出与 strace 的输出十分类似，只不过跟踪的是库调用。下面是 ltrace 跟踪 cat 命令的示例，如图 2-61 所示。

```
[root@localhost zgh]# ltrace cat /tmp/file1
```

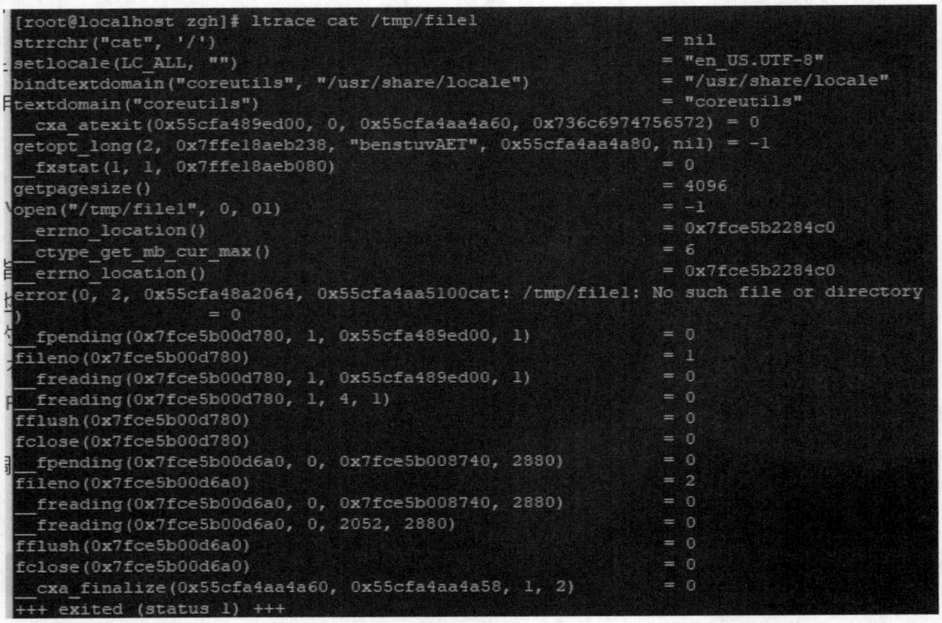

```
[root@localhost zgh]# ltrace cat /tmp/file1
strrchr("cat", '/')                                        = nil
setlocale(LC_ALL, "")                                      = "en_US.UTF-8"
bindtextdomain("coreutils", "/usr/share/locale")           = "/usr/share/locale"
textdomain("coreutils")                                    = "coreutils"
__cxa_atexit(0x55cfa489ed00, 0, 0x55cfa4aa4a60, 0x736c6974756572) = 0
getopt_long(2, 0x7ffe18aeb238, "benstuvAET", 0x55cfa4aa4a80, nil) = -1
__fxstat(1, 1, 0x7ffe18aeb080)                             = 0
getpagesize()                                              = 4096
open("/tmp/file1", 0, 01)                                  = -1
__errno_location()                                         = 0x7fce5b2284c0
__ctype_get_mb_cur_max()                                   = 6
__errno_location()                                         = 0x7fce5b2284c0
error(0, 2, 0x55cfa48a2064, 0x55cfa4aa5100cat: /tmp/file1: No such file or directory
)                = 0
__fpending(0x7fce5b00d780, 1, 0x55cfa489ed00, 1)           = 0
fileno(0x7fce5b00d780)                                     = 1
__freading(0x7fce5b00d780, 1, 0x55cfa489ed00, 1)           = 0
__freading(0x7fce5b00d780, 1, 4, 1)                        = 0
fflush(0x7fce5b00d780)                                     = 0
fclose(0x7fce5b00d780)                                     = 0
__fpending(0x7fce5b00d6a0, 0, 0x7fce5b008740, 2880)        = 0
fileno(0x7fce5b00d6a0)                                     = 2
__freading(0x7fce5b00d6a0, 0, 0x7fce5b008740, 2880)        = 0
__freading(0x7fce5b00d6a0, 0, 2052, 2880)                  = 0
fflush(0x7fce5b00d6a0)                                     = 0
fclose(0x7fce5b00d6a0)                                     = 0
__cxa_finalize(0x55cfa4aa4a60, 0x55cfa4aa4a58, 1, 2)       = 0
+++ exited (status 1) +++
```

图 2-61　ltrace 库调用跟踪程序

同样，ltrace 命令也可以使用-c 选项跟踪报告执行每个库调用在内核中消耗时间的统计，如图 2-62 所示。

```
[root@localhost zgh]# ltrace -c cat /tmp/file1
```

```
[root@localhost zgh]# ltrace -c cat /tmp/file1
cat: /tmp/file1: No such file or directory
% time     seconds  usecs/call     calls      function
------ ----------- ----------- --------- --------------------
 67.27    0.014159       14159         1 setlocale
  8.38    0.001763        1763         1 error
  4.46    0.000939         234         4 __freading
  3.25    0.000684         342         2 fclose
  1.72    0.000362         181         2 fflush
  1.67    0.000351         175         2 __fpending
  1.54    0.000325         162         2 __errno_location
  1.51    0.000318         159         2 fileno
  1.47    0.000309         309         1 open
  1.38    0.000290         290         1 __fxstat
  0.92    0.000194         194         1 __cxa_finalize
  0.91    0.000192         192         1 strrchr
  0.87    0.000184         184         1 bindtextdomain
  0.82    0.000172         172         1 textdomain
  0.78    0.000165         165         1 exit_group
  0.77    0.000163         163         1 __cxa_atexit
  0.77    0.000163         163         1 __ctype_get_mb_cur_max
  0.77    0.000162         162         1 getpagesize
  0.73    0.000153         153         1 getopt_long
------ ----------- ----------- --------- --------------------
100.00    0.021048                    27 total
```

图 2-62　执行每个库调用在内核中消耗时间的统计

其中，ltrace 命令的选项字段和注释，如表 2-71 所示。

表 2-71　ltrace 命令的选项字段和注释

选项/参数	注　　　释
-f	当前跟踪的进程由于 fork(2)或 clone(2)系统调用的原因创建的跟踪子进程。新进程立即连接
-e filter	通过修改限定的表达式跟踪库调用。filter 表达式的格式在 FILTER EXPRESSIONS 章节描述。如果命令行出现一个以上的-e 选项，那么跟踪匹配到的任何库调用。如果没有给出-e 选项，@MAIN 被认为是默认的
-D,--debug mask	显示 ltrace 本身的调试输出。mask 内部是一个数字，它不是真的很好的定义。mask 为 77 显示所有调试消息，这通常就是你所需要的
-C,--demangle	解码(demangle)低级别的符号名称到用户级别名称。此外，移除系统所使用的任何初始下画线前缀，使得 C++ 函数名称具有可读性
-c	计算每个库调用的时间和次数，并在程序退出时报告汇总信息
-b,--no-signals	禁用跟踪进程接收信号的显示

选项/参数	注　释
-A maxelts	在使用省略号(...)抑制其余内容之前,显示数组元素的最大数量,在这里也可以限制递归结构扩展的数量
-S	显示系统调用及库调用
-s strsize	指定显示的最大字符串大小(默认为 32)
-r	显示跟踪的每一行相对的时间戳。这个记录是在连续行的开始之间的时间差
-p pid	附加到进程的进程 ID(pid)并开始跟踪。这个选项可以传递到执行命令一起使用。可以通过传递一个以上的-p 选项附加到几个进程
-n,--indent nr	将每个调用嵌套的级别通过 nr 空格缩进跟踪输出。使用这个选项使得程序流程可视化易于遵循。这个缩进是无益的,永远不会返回函数,例如,服务函数在 C++ 运行时抛出异常。 -o,--output filename,写跟踪输出到文件 filename,而不是到 stderr
-L	当没有指定-e 选项的时候,不要采取@MAIN 默认操作
-l,--library library_pattern	只显示实现函数匹配 library_pattern 的库调用。此选项的几个实例用来指定多个 library_pattern。library_pattern 的语法在 FILTER EXPRESSIONS 中描述
-i	显示库调用时的指令指针
-h,--help	显示 ltrace 选项的汇总信息并退出
-F pathlist	包含以冒号分隔的路径列表。如果路径指的是一个目录,那么在搜索时目录被认为是原型库(参见 PROTOTYPE LIBRARY DISCOVERY 章节)。如果路径指的是一个文件,则该文件将被隐式地导入所有已加载的原型库中
-t	为 trace 的每一行加上一天时间的前缀
-tt	如果指定 2 次,显示的时间将包含微秒
-ttt	如果指定 3 次,显示的时间将包含微秒,主要部分将显示为秒数
-T	显示每次调用中花费的时间。这个记录是每个调用在开始和结束之间的时间差
-u username	运行命令的用户 ID、组 ID 和用户的补充组。当以 root 身份运行时,此选项才有用,其使得 setuid 和 setgid 二进制文件能够正确执行
-w,--wherenr	显示每个跟踪函数 nr 堆栈帧的回溯。启用此选项,只有在编译时启用 libunwind 支持
-x filter	限定表达式的修改以符号表为入口点跟踪。表达式的格式在 FILTER EXPRESSIONS 章节中描述。如果命令行上出现一个以上的-x 选项,则跟踪匹配到的任何符号。如果没有给出-x 选项,则没有入口点被跟踪
-a,--align column	在一个特定 column 中对齐返回值(默认列是屏幕宽度的 5/8)
-V,--version	显示 ltrace 的版本号并退出

2.3.14　gnuplot

　　gnuplot 是一个可移植的命令行绘图工具,其可以工作在 Linux、OS/2、MS

Windows、OSX、VMS 和许多其他平台上,支持交互模式,也支持脚本。其源代码是有版权的,但是可以自由地发布。它最初被创建是为了让科学家和学生可以交互式地生成可视化数学函数和数据,gnuplot 支持许多不同类型的二维平面和三维立体图形。自 1986 年由 Colin Kelley 和 Thomas Williams 开发以来,gnuplot 一直都在被提供支持并积极发展。

访问 http://www.gnuplot.vt.edu/screenshots/index.html♯demos 可以看到如图 2-63 所示的很多 gnuplot 的演示图,从中也许可以找到制图的灵感。

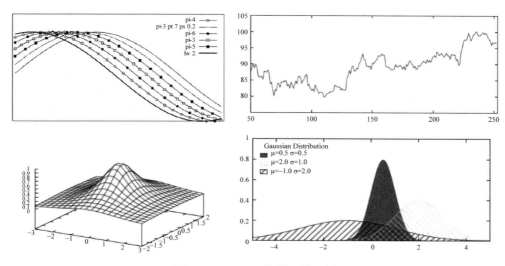

图 2-63   gnuplot 绘图工具示例

gnuplot 功能强大,这里只介绍如何使用 gnuplot 将监控工具(如 sar)所收集的数据绘制成图形,以满足我们日常工作的需要。如果想了解更多 gnuplot 的使用详情,请在 http://www.gnuplot.info 下载最新的文档。

简单来说,gnuplot 在绘制平面图时,实际上是通过坐标点描绘的,其通过某种方式将坐标点连接在一起就绘制出了我们想要的平面图。而坐标点是通过不同轴上的数据交汇在一起组成的。那数据从何而来呢?回想一下前面介绍的监控工具 mpstat、vmstat、iostat、sar,等等,下面以 sar 为例介绍,如图 2-64 所示。

```
[root@localhost zgh]# sar -u 1
```

从这里可以发现 sar 命令在运行的时候,CPU 的各项数据是随时间变化而变化的。假设将时间设置为平面图的 x 轴,%user 对应时间的数值设置在 y 轴,那么我们想要的坐标点就出来了,再通过某种方式将这些坐标点连接在一起,就可以得到随时间变化的 CPU 各项性能指标了。

注意:sar 还给我们创造了非常便利的条件,就是 sar 在安装之后所提供的自动化任务,可以在系统运行时自动收集数据。使用下面的命令可以直接从中提取我们想要的数据,如图 2-65 所示。

```
[root@localhost zgh]#  sar -u 1
Linux 4.18.0-147.el8.x86_64 (localhost.localdomain)     06/03/2021      _x86_64_        (4 CPU)

12:17:03 PM     CPU     %user     %nice   %system   %iowait    %steal     %idle
12:17:04 PM     all      0.00      0.00      0.00      0.00      0.00    100.00
12:17:05 PM     all      0.00      0.00      0.00      0.00      0.00    100.00
12:17:06 PM     all      0.25      0.00      0.25      0.00      0.00     99.50
12:17:07 PM     all      0.00      0.00      0.00      0.00      0.00    100.00
12:17:08 PM     all      0.00      0.00      0.00      0.00      0.00    100.00
12:17:09 PM     all      0.00      0.00      0.25      0.00      0.00     99.75
12:17:10 PM     all      0.00      0.00      0.00      0.00      0.00    100.00
```

图 2-64　监控工具 sar

```
[root@localhost zgh]# ls /var/log/sa
```

```
[root@localhost zgh]# ls /var/log/sa
sa03
[root@localhost zgh]# sar -f /var/log/sa/sa03
Linux 4.18.0-147.el8.x86_64 (localhost.localdomain)     06/03/2021      _x86_64_        (4 CPU)

11:48:20 AM     CPU     %user     %nice   %system   %iowait    %steal     %idle
11:50:01 AM     all      0.03      0.00      0.12      0.00      0.00     99.85
12:00:01 PM     all      0.13      0.00      0.17      0.00      0.00     99.70
12:10:01 PM     all      0.19      0.00      0.19      0.00      0.00     99.62
Average:        all      0.15      0.00      0.18      0.00      0.00     99.67
```

图 2-65　在系统运行时自动收集数据

安装 Linux rpm 软件包可以在发行版中找到。例如，在 Red Hat Enterprise Linux 系统中，如果已经配置好 yum，则可以使用 yum 直接安装。

此外，在 http://sourceforge.net/projects/gnuplot/files/gnuplot/可以下载最新版本的源码包。

安装 gnuplot 可执行如下命令：

```
[root@localhost zgh]# yum install gnuplot
```

安装好 gnuplot 后，可以通过以下两种方法操作 gnuplot。

一种方法是使用 gnuplot 的交互模式，如图 2-66 所示。

```
[root@localhost zgh]# gnuplot
```

```
[root@localhost zgh]# gnuplot

        G N U P L O T
        Version 5.2 patchlevel 4    last modified 2018-06-01

        Copyright (C) 1986-1993, 1998, 2004, 2007-2018
        Thomas Williams, Colin Kelley and many others

        gnuplot home:     http://www.gnuplot.info
        faq, bugs, etc:   type "help FAQ"
        immediate help:   type "help"  (plot window: hit 'h')

Terminal type is now 'qt'
gnuplot>
```

图 2-66　gnuplot 的交互模式

第二种方法是将 gnuplot 的指令写入一个文件中，然后使用 gnuplot 执行该文件，这种方法是笔者个人比较推荐的方式，因为这样便于调试与修改。下面的示例中采用的都是此方法。

接下来介绍工作中最常用到的 3 个示例。

示例一：线型趋势图。这种平面图能够让我们最直观地看到数据的走势。这里以 sar 收集到的 CPU 数据为例，如图 2-67 所示。

```
[root@localhost zgh]# LANG=C sar -f /var/log/sa/sa10
```

```
[root@localhost zgh]# LANG=C sar -f /var/log/sa/sa03
Linux 4.18.0-147.el8.x86_64 (localhost.localdomain)     06/03/21        _x86_64_        (4 CPU)

11:48:20        CPU     %user     %nice   %system   %iowait    %steal     %idle
11:50:01        all      0.03      0.00      0.12      0.00      0.00     99.85
12:00:01        all      0.13      0.00      0.17      0.00      0.00     99.70
12:10:01        all      0.19      0.00      0.19      0.00      0.00     99.62
Average:        all      0.15      0.00      0.18      0.00      0.00     99.67
```

图 2-67　sar 收集到的 CPU 数据

sar 文件中的数据我们并不能直接使用，需要对文件内容进行格式化。首先要将文件中的时间转换为 24 小时制。因为 12 小时制在绘图时有可能出现问题，例如，我们使用上午 08：00 到下午 18：00 之间的数据，有可能出现 08：00 在 18：00 之后，因为 12 小时制的 18：00 为 06：00。在 sar 命令前添加 LANG＝C 使 sar 命令输出的时间为 24 小时制。

使用输出重定向将 sar 命令输出保存到文件中：

```
[root@localhost zgh]# LANG=C sar -f /var/log/sa/sa10 >/tmp/cpu.txt
```

之后再次对/tmp/cpu.txt 进行格式化，将文件中的空行和与数据无关的字符行删除，如图 2-68 所示。

```
[root@localhost zgh]# cat /tmp/cpu.txt
```

```
[root@localhost zgh]# cat /tmp/cpu.txt
Linux 4.18.0-147.el8.x86_64 (localhost.localdomain)     06/03/21        _x86_64_        (4 CPU)

11:48:20        CPU     %user     %nice   %system   %iowait    %steal     %idle
11:50:01        all      0.03      0.00      0.12      0.00      0.00     99.85
12:00:01        all      0.13      0.00      0.17      0.00      0.00     99.70
12:10:01        all      0.19      0.00      0.19      0.00      0.00     99.62
Average:        all      0.15      0.00      0.18      0.00      0.00     99.67
[root@localhost zgh]#
```

图 2-68　删除空行和与数据无关的字符行效果

在此数据文件中，第一列的时间选作 x 轴，y 轴选择了第三列（%user）、第五列（%system）、第六列（%iowait）。我们的平面图中要显示%user、%system、%iowait 的变化趋势。

对数据文件格式化好之后，在/tmp 下编写一个 gnuplot 的指令文件 cpu.gnuplot，内容如下。

```
set termimal png size 800,600          #设置终端格式为 png 大小 800×600
set output "/tmp/cpu.png"              #设置平面图保存位置
set xdata time                         #设置 x 轴数据为时间
set timefmt "%H:%M:%S"                 #设置时间格式为"小时：分钟：秒"
set xlabel 'TIME'                      #设置 x 轴标签为'TIME'
set ylabel 'CPU'                       #设置 y 轴标签为'CPU'
plot '/tmp/cpu.txt' using 1:3 title '%us' with lines , /tmp/cpu.txt' using 1:5
title '%sy' with lines, /tmp/cpu.txt' using 1:6 title '%wa' with lines
```

♯使用/tmp/cpu.txt 中的第一列和第三列绘制坐标点并在绘制之后用线将点连接起来，指定此线的标题为"％us"。此后使用第一列和第五列绘制"％sy"，使用第一列和第六列绘制"％wa"。

编辑好指令文件之后，使用 gnuplot 命令执行此文件：

```
[root@localhost zgh]# gnuplot /tmp/cpu.gnuplot
```

执行之后，在/tmp 目录下得到如图 2-69 所示的平面图 cpu.png。

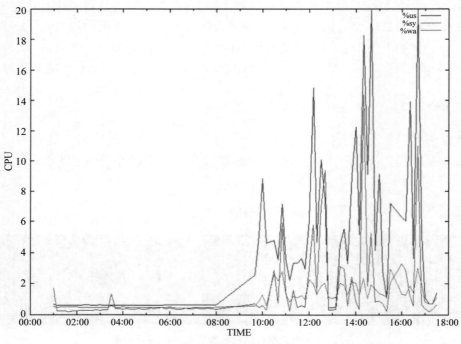

图 2-69　CPU 变化曲线图

接下来还可以对平面图进行一些优化调整，当然这不一定是必需的，看个人喜好。编辑/tmp/gnuplot 文件，添加下列内容。

```
set xdata time
set timefmt "%H:%M:%S"
set xlabel 'TIME'
```

```
set ylabel 'CPU'
set yrange [0: 30]                      #设置 y 轴范围为 0 到 30
set ytics 5                             #设置 y 轴刻度间隔为 5
set xrange ["08: 00: 00": "18: 00: 00"] #设置 x 轴范围为 8 点到 18 点
set xtics "01: 00: 00"                  #设置 x 轴刻度间隔为 1 小时
set termimal png size 800,600
set output "/tmp/cpu.png"
plot '/tmp/cpu.txt' using 1: 3 title '%us' with lines , /tmp/cpu.txt' using 1: 5
title '%sy' with lines, /tmp/cpu.txt' using 1: 6 title '%wa' with lines
```

执行此指令文件后,得到如图 2-70 所示的图形。

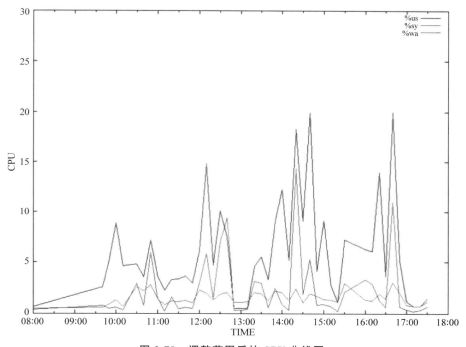

图 2-70　调整范围后的 CPU 曲线图

如果需要,还可以对 gnuplot 描绘出的曲线做出不同的设定,如表 2-72 所示。

表 2-72　gnuplot 描绘

选项/参数	注　　释
线型(linetype)	在此类型中主要设置线条的颜色,具体对应表 2-73
点型(pointtype)	此类型用于设置点的形状,可分为 14 种,具体对应表 2-74
线条宽度(linewidth)、点大小(pointsize)	两者都可以设置为整数或小数
样式(style)	gnuplot 从数据文件中得到坐标值,然后以样式绘制
点(points)	将每一个点使用符号描绘

选项/参数	注　　释
线点（linespoints）	同时具有线和点的功能
线（Lines）	将相邻的点以线连接

表 2-73　线型

n	0	1	2	3	4	5	6
线型	黑色	红色	绿色	蓝色	粉红色	浅蓝	黄色

表 2-74　点型

n	0	1	2	3	4	5	6	7	8	9	10	11	12	13
点型	无	＋	X	*	□	■	○	●	△	▲	▽	▼	◇	◆

接下来对之前的曲线分别作不同的修改。

```
set xdata time
set timefmt "%H: %M: %S"
set xlabel 'TIME'
set ylabel 'CPU'
set yrange [0: 30]
set ytics 5
set xrange ["08: 00: 00": "18: 00: 00"]
set xtics "01: 00: 00"
set terminal png size 800,600
set output "/tmp/cpu.png"
plot '/tmp/cpu.txt' using 1: 3 title '%us' with lines lt 3 lw 2 , /tmp/cpu.txt
' using
1: 5 title '%sy' with ponits pt 1 ps 1.5, /tmp/cpu.txt' using 1: 6 title '%wa'
with linespoints lt 1 lw 2 pt 2 ps 1.5
```

```
'/tmp/cpu.txt' using 1: 3 title '%us' with lines lt 3 lw 2
```

坐标点使用线进行连接，线色为蓝色，线宽为 2：

```
'/tmp/cpu.txt' using 1: 5 title '%sy' with points pt 1 ps 1.5
```

坐标点使用＋表示，点大小为 1.5：

```
'/tmp/cpu.txt' using 1: 6 title '%wa' with linespoints lt 1 lw 2 pt 2 ps 1.5
```

坐标点使用线点表示，线色为红色，线宽为 2，点用×表示，点大小为 1.5。

执行后效果如图 2-71 所示。

示例二：柱状趋势图

首先，从 sa10 中提取 8 点到 18 点之间的 CPU 数据，并保存到/tmp/cpu.txt。记得

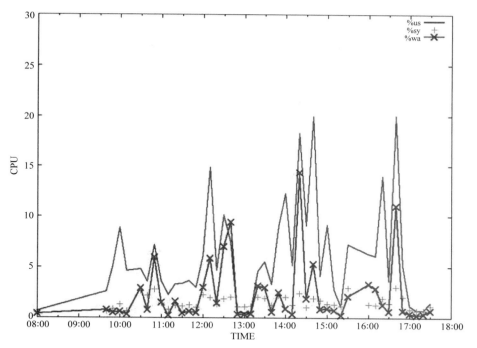

图 2-71 使用不同的曲线设定

对/tmp/cpu.txt 进行格式化,删除空行和与数据无关的字符行。

```
[root@localhost zgh]# LANG=C sar -f /var/log/sa/sa10 -s 08:00:00 -e 18:00:00
>/tmp/cpu.txt
```

编辑/tmp/gnuplot 文件,添加下列内容。

```
set terminal png size 1280,600
set output "/tmp/cpu-us.png"
set grid
set yrange [0:30]
set ytics 10
set xtics rotate by 90
set style data histograms
set style fill solid 1.00 border -1
plot '/tmp/cpu.txt'using 3: xtic(1) title "%us"
set grid                              #告诉 gnuplot 在图形上加上网格
```

set xtics rotate by 90。对于 x 轴坐标,不使用时间,而是使用组名称。xtic 让gnuplot 沿着 x 轴放置 tic 和数据标签(第一列)。有时候标签包含许多字符,或者 xtic 的时间格式在图形上的 tic 之间放不下,这时就会看到标签相互重叠。为了避免这个问题,把标签旋转 90°,让它们垂直显示。

set style data histograms。告诉 gnuplot 使用柱状图绘制所有数据。

set style fill solid 1.00 border-1。使用默认颜色填充立方体,使用−1选项删除底部边框线。

plot'/tmp/cpu.txt'using 3：xtic(1)title"％us"。3：xtic(1)第三列中的数据使用第一列(x轴数据)作为参考。

使用 gnuplot 执行/tmp/gnuplot 可以得到如图 2-72 所示的柱状图。

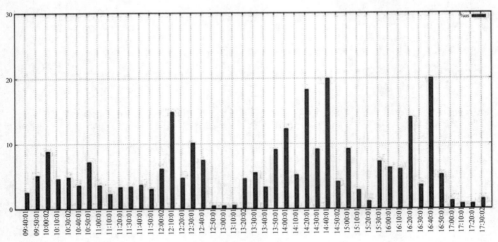

图 2-72 ％us 的柱状图

示例三:多柱状趋势图

多柱状图有两种非常有用的用法:将多种数据的变化并排放在一起显示;将不同时期的数据并排放在一起,可以看到数据的对比。例如,2013 年和 2014 年 1～12 月每月 CPU 使用率的对比图。

下面的示例是将多种数据的变化并排放在一起显示。

编辑/tmp/gnuplot 文件,添加下列内容:

```
set terminal png size 1280,600
set output "/tmp/cpu.png"
set yrange [0: 30]
set ytics 10
set xtics rotate by 90
set style data histograms
set style fill solid 1.00 border -1
plot '/tmp/cpu.txt'using 3: xtic(1) title "%us", '/tmp/cpu.txt'using 5: xtic(1)
title "%sy", '/tmp/cpu.txt'using 6: xtic(1) title "%wa"
```

'/tmp/cpu.txt' using 3：xtic(1) title "％us" 3：xtic(1)第三列中的数据使用第一列(x轴数据)作为参考。

'/tmp/cpu.txt' using 5：xtic(1) title "％sy" 5：xtic(1)第五列中的数据使用第一列(x轴数据)作为参考。

'/tmp/cpu.txt' using 6：xtic(1) title "％wa" 6：xtic(1)第六列中的数据使用第一列

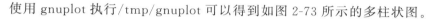

（x 轴数据）作为参考。

使用 gnuplot 执行/tmp/gnuplot 可以得到如图 2-73 所示的多柱状图。

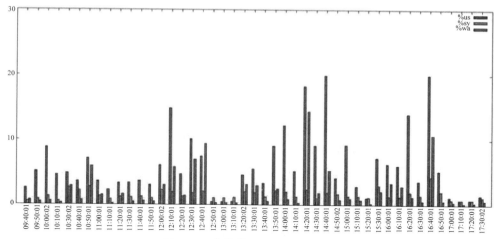

图 2-73　多柱状图展示 CPU 状态

下面对/tmp/gnuplot 文件的内容做一些小小的调整：

```
set terminal png size 1280,600
set output "/tmp/cpu.png"
set yrange [0: 30]
set ytics 10
set boxwidth 2 absolute
set xtics rotate by 90
set style data histograms
set style histogram clustered gap 3
#set style fill solid 1.00 border -1
set style fill pattern 1 border -1
plot '/tmp/cpu.txt'using 3: xtic(1) title "%us", '/tmp/cpu.txt'using 5: xtic(1)
title "%sy", '/tmp/cpu.txt'using 6: xtic(1) title "%wa"
```

set style histogram clustered gap 3。设置柱状图参数，clustered 模式将几组数据并排画在一起，gap 3 表示各簇数据之间空白的宽度等于数据柱宽度的 3 倍。

set style fill pattern 1 border-1。使用斜线区分立方体。

使用 gnuplot 执行/tmp/gnuplot 可以得到如图 2-74 所示的多柱状图。

参照以上 3 个示例，可以根据自己的需求调整。希望大家可以根据自己数据的特点绘制出让自己满意的漂亮的平面图。

2.3.15　Gnome System Monitor

虽然没有强大的 KDE System Guard（下面介绍 ksysguard），但 Gnome 具有一个关于图形的性能分析工具。Gnome System Monitor 可以以可视化图形的方式显示性能相

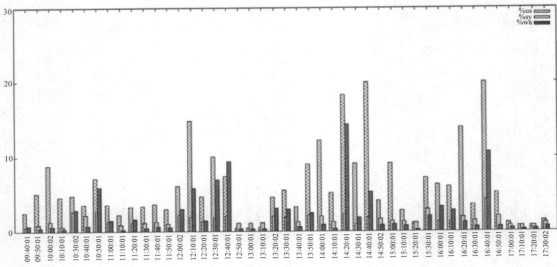

图 2-74　使用不同方式区分立方体

关的系统资源可能的峰值和瓶颈。注意，所有统计系统的产生都是实时的。长期性能分析应该使用不同的工具实现。

　　System Monitor 程序能够显示基本系统信息并监控系统进程、系统资源使用、文件系统。也可以使用 System Monitor 修改系统的行为。

　　可通过图 2-75 开启 System Monitor。

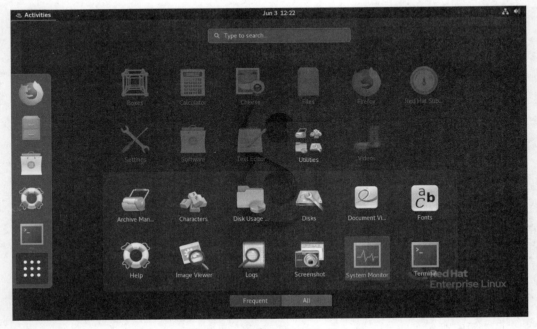

图 2-75　开启 System Monitor

1. 系统菜单

选择 Applications→System Tools→System Monitor 菜单命令。

2. 命令行

执行：gnome-system-monitor。

运行 System Monitor。System Monitor 窗口包含 3 个选项卡，如图 2-76 所示。

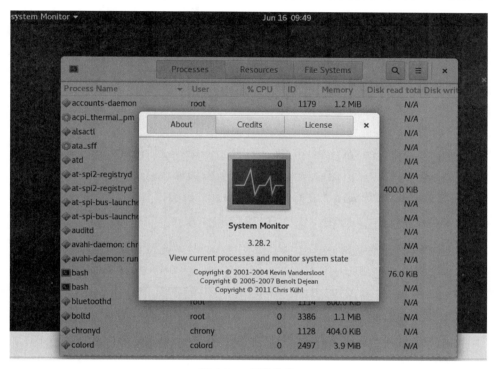

图 2-76　系统信息

Processes 选项卡，如图 2-77 所示，显示活跃的进程，进程是如何相互关联的。其提供了有关个别进程的详细信息，让你能够控制活跃的进程。要显示进程列表，可选择 Processes 选项卡。

在 Processes 选项卡中，进程被组织为一个表。表的行显示有关进程的信息，列表示进程的信息字段，比如，进程拥有者的名称，进程当前所使用的内存数量，等等。从左到右，Processes 选项卡默认显示以下列：①进程名称；②用户；③％CPU；④ID；⑤内存；⑥总磁盘读。

1）对进程列表排序

要对进程列表排序，须执行以下步骤：

（1）选择 Processes 选项卡显示进程列表。

（2）默认情况下，按照字母顺序以名称排列进程。要以相反的字母顺序列出进程，单

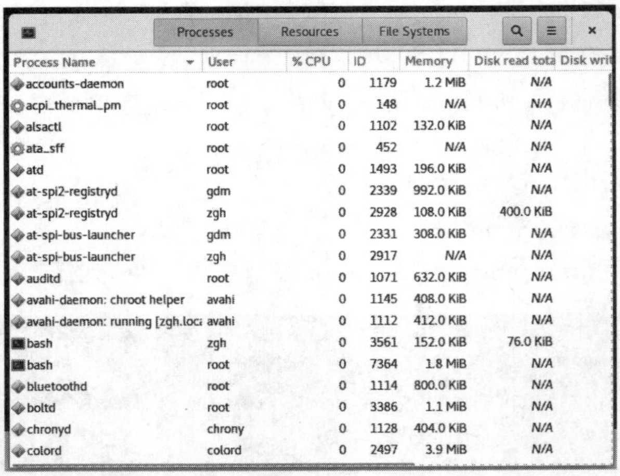

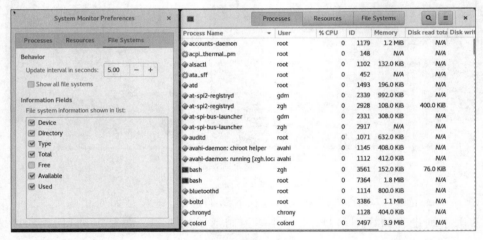

图 2-77   Processes 选项卡

击 Process Name 列标题。

（3）单击任何列标题，可以通过列的信息以字母或数字的顺序排列进程。

（4）再次单击列标题，以相反的字母或相反的数字排序数据。

如图 2-78 所示，可以从几个方面修改进程列表的内容。

图 2-78   进程选项

2）显示所有进程

要在进程列表中显示所有进程，须执行以下步骤：

（1）选择 Processes 选项卡显示进程列表。

（2）选择 View→ALL Processes 菜单命令。

3）仅显示当前用户拥有的进程

要仅显示当前用户拥有的进程，须执行以下步骤：

（1）选择 Processes 选项卡显示进程列表。

（2）选择 View→My Processes 菜单命令。

4）仅显示活跃进程

要在进程列表中仅显示活跃进程，须执行以下步骤：

（1）选择 Processes 选项卡显示进程列表。

（2）选择 View→Active Processes 菜单命令。

5）显示进程依赖关系

要在进程列表中显示进程依赖关系，须执行以下步骤：

（1）选择 Processes 选项卡显示进程列表。

（2）如图 2-79 所示，选择 View→Dependencies 菜单命令。

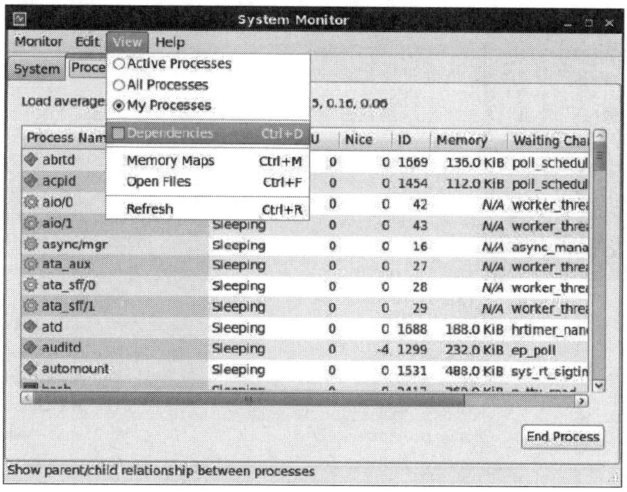

图 2-79　选择显示进程依赖关系

如果选择了 Dependencies 菜单项，则会如图 2-80 所示列出进程。

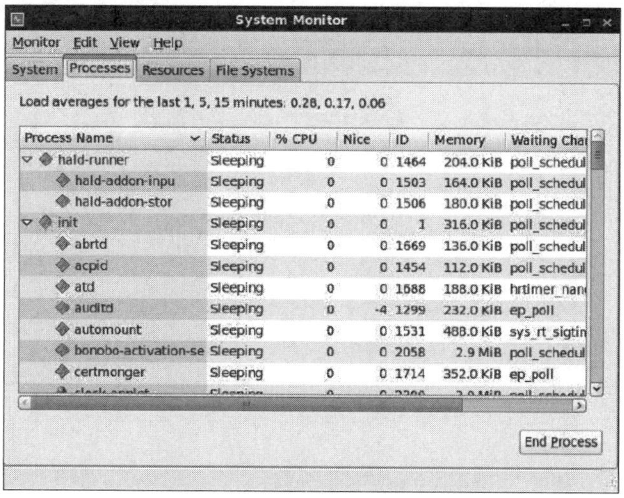

图 2-80　进程依赖关系

父进程由进程名称左边的菱形符号表示。单击菱形符号显示或隐藏相关联的子进程。子进程与它的父进程一起缩进列出。

如果没有选择 Dependencies 菜单项，则①父进程与子进程无法区分；②以字母顺序列出所有进程。

6）显示进程打开的文件

要查看进程打开的文件，须执行以下步骤：

（1）选择 Processes 选项卡显示进程列表，并在进程列表中选择要查看的进程。

（2）如图 2-81 所示，选择 View→Open Files 菜单命令。

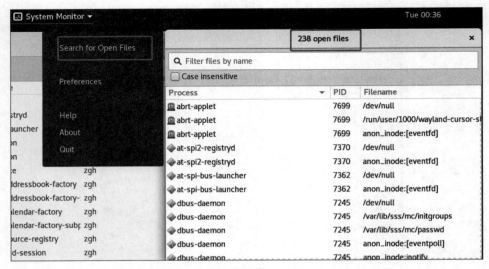

图 2-81　进程打开的文件

有关如何在进程列表中更改显示的列，参见图 2-82。

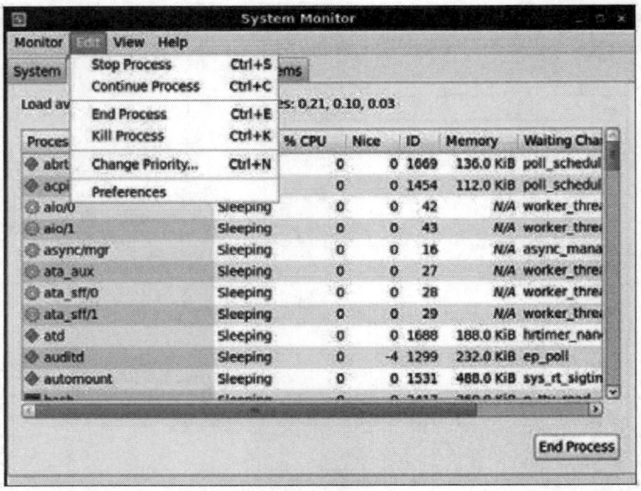

图 2-82　编辑菜单

7）显示一个进程的内存映射

要显示一个进程的内存映射,须执行以下步骤:

(1) 选择 Processes 选项卡显示进程列表。

(2) 在进程列表中选择进程。

(3) 如图 2-83 所示,选择 View→Memory Maps 菜单命令。

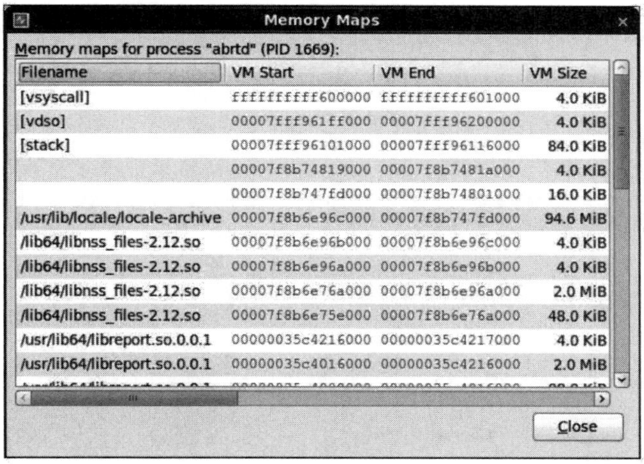

图 2-83　进程内存映射

在 Memory Maps 对话框中以表格形式显示信息。进程的名称被显示在内存映射表之上。从左到右,Memory Maps 对话框显示以下各列,如表 2-75 所示。

表 2-75　Memory Maps 对话框选项及注释

选项/参数	注　　释
Filename	进程当前所使用的共享库的位置。如果该字段为空,则在这一行中的内存信息描述的内存由内存映射表之上显示的进程名称所拥有
VM Start	内存段的起始地址
VM End	内存段的结束地址
VM Size	内存段的大小

Flags 列下的值描述了进程拥有的不同类型的内存段访问,如表 2-76 所示。

表 2-76　Flags 列的内存段访问类型

选项/参数	注　　释
Inode	内存中所加载的共享库位置所在设备上的 inode
Device	共享库文件名所在的设备的主要和次要设备号
VM Offset	内存段的虚拟内存偏移量
x	进程具有执行包含在内存段中的指令的权限
w	进程对内存段具有写权限

续表

选项/参数	注　释
s	内存段与其他进程共享
r	进程对内存段具有读权限
P	内存段是进程私有的,并且其他进程不能访问

8)更改一个进程的优先级

要更改一个进程的优先级,须执行以下步骤:

(1)选择 Processes 选项卡显示进程列表。

(2)选择想要更改优先级的进程。

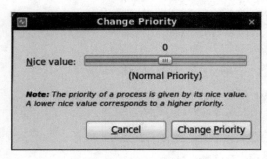

图 2-84　调整进程优先级

(3)选择 Edit→Change Priority 菜单命令,显示 Change Priority 对话框,如图 2-84 所示。

(4)使用滑块设置进程的优先级。

使用 nice 值设置进程的优先级,nice 值越低,优先级越高。若指定的 nice 值小于 0,则非 root 用户必须输入 root 密码。

(5)单击 Change Priority 按钮。

9)结束一个进程

要结束一个进程,须执行以下步骤:

(1)选择 Processes 选项卡显示进程列表。

(2)选择想要结束的进程。

(3)如图 2-85 所示,选择 Edit→End Process 菜单命令,或单击 End Process 按钮。默认情况下会显示一个确认警报。

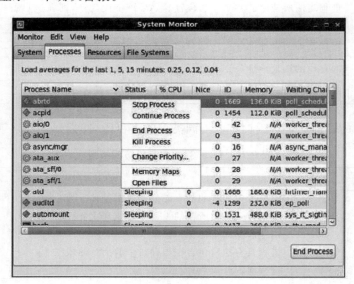

图 2-85　进程选项

（4）单击 End Process 按钮，确认想要结束的进程，之后 System Monitor 立即强制结束该进程。

10）终止一个进程

要终止一个进程，须执行以下步骤：

（1）选择 Processes 选项卡显示进程列表。

（2）选择想要终止的进程。

（3）选择 Edit→Kill Process 菜单命令。默认情况下会显示一个确认警报。

（4）单击 Kill Process 菜单命令以确认想要终止的进程，之后 System Monitor 立即强制结束该进程。

Resources 选项卡，如图 2-86 所示，显示当前系统资源的使用情况，包括 CPU 时间、内存和 Swap 空间，以及网络使用情况。

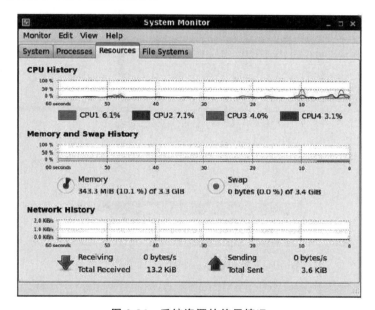

图 2-86　系统资源的使用情况

File Systems 选项卡，如图 2-87 所示，列出所有已挂载的文件系统以及每个文件系统的基本信息。

Device	Directory ▼	Type	Total	Available	Used	
/dev/nvme /	xfs	19.0 GB	14.4 GB	4.6 GB	24%
/dev/nvme /boot	xfs	309.0 MB	159.0 MB	150.0 MB	48%

图 2-87　文件系统的信息

3. 配置 System Monitor

要配置 System Monitor，首先选择 Edit→Preferences 菜单命令，如图 2-88 所示。

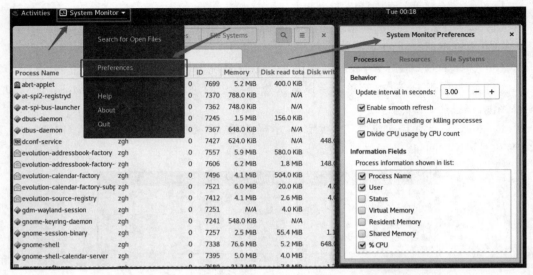

图 2-88 System Monitor 设置

Preferences 对话框包含以下选项卡部分（图 2-89），其中，Processes 选项卡有如下选项。

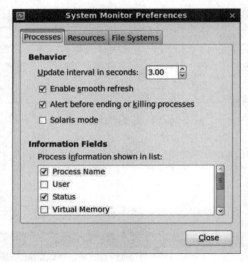

图 2-89 Processes 选项卡

（1）Behavior，如表 2-77 所示。

（2）Information Fields，使用下面选项选择在进程列表中显示的字段，如表 2-78 所示。

表 2-77　**Behavior 相关参数和注释**

选项/参数	注　　释
Solaris mode	选择此选项,在 Processes 列表中通过 CPU 的数量划分每个进程的 CPU%
Alert before ending or killing processes	选择此选项,当需要结束一个进程或终止一个进程的时候,显示确认警报
Enable smooth refresh	选择此选项可平稳刷新
Update interval in seconds	使用这个数字设定框指定想要更新进程列表的间隔

表 2-78　**Information Fields 相关参数和注释**

选项/参数	注　　释
X Server Memory	选择此选项可以显示进程所使用的 X Server 内存的数量
%CPU	选择此选项可以显示进程所使用的当前 CPU 时间的百分比
CPU Time	选择此选项可以显示进程已使用的 CPU 时间数
Started	选择此选项可以在进程开始运行时显示
Nice	选择此选项可以显示进程的 nice 值。nice 值可以设置进程的优先级;nice 值越低,优先级越高
ID	选择此选项可以显示进程标识符,也称为 pid。pid 是一个位置,标识该进程的数字。可以使用 pid 在命令行上操作进程
Shared Memory	选择此选项可以显示已分配给进程的共享内存数量。共享内存是可以被其他进程访问的内存
Writable Memory	选择此选项可以显示进程可以写操作的内存数量
Resident Memory	选择此选项可以显示已分配给进程的物理内存的数量
Virtual Memory	选择此选项可以显示已分配给进程的虚拟内存的数量
Status	选择此选项可以显示进程的当前状态:sleeping 或 running
User	选择此选项可以显示拥有该进程的用户名称
Memory	选择此选项可以显示进程当前所使用的系统内存的数量
Security Context	选择此选项可以显示正在运行中的进程的安全上下文
Command Line	选择此选项可以显示启动该进程所使用的命令行,包括参数
Process Name	选择此选项可以显示进程的名称。此列还可能包含一个图标,表明与该进程相关联的应用程序

如图 2-90 所示,Resources 选项卡下有如下相关选项。

Graphs,如表 2-79 所示。

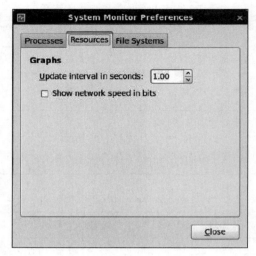

图 2-90   Resources 选项卡

表 2-79   Graphs 相关参数和注释

选项/参数	注 释
Show network speed in bits	选择此选项,在 Network History 曲线图中网络速度以 bit 为单位
Update interval in seconds	使用这个数字设定框指定希望多久更新 System Monitor 曲线图

如图 2-91 所示,File Systems 选项卡下有如下相关选项。

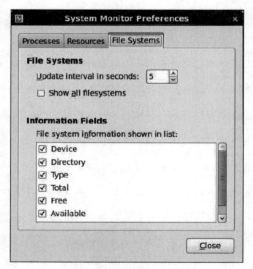

图 2-91   File Systems 选项卡

(1) File Systems,如表 2-80 所示。

(2) Information Fields,使用选项选择在 File system 列表中显示的信息,如表 2-81 所示。

表 2-80　**File Systems 相关参数和注释**

选项/参数	注　释
Show all file systems	选择此选项可显示所有文件系统，包括临时的和系统的
Update interval in seconds	使用这个数字设定框指定多久更新 File Systems 表

表 2-81　**Information Fields 相关参数和注释**

选项/参数	注　释
Used	选择此选项可显示已使用的空间大小和总共的百分比
Available	选择此选项可显示设备可用的空间大小
Free	选择此选项可显示设备未使用的空间大小
Total	选择此选项可显示设备的总共容量大小
Type	选择此选项可显示设备的文件系统类型
Directory	选择此选项可显示设备的挂载点
Device	选择此选项可显示块文件的位置

4. 断开主机连接

要与一个主机断开连接，须在传感器的浏览器中选择主机，并在 File 中选择 Disconnect Host 菜单命令。如果还有使用中的传感器，显示框将变为灰色，并且显示将不再更新。

第 3 章

Benchmark 工具

测量性能,还需要使用适当的基准测试(Benchmark)工具。本章将会介绍一些有用的 Benchmark 工具。衡量性能的明智做法是使用好的 Benchmark 工具。有很多优秀的工具可用,它们一般都具有以下全部或部分功能:生成负载、监控性能、监控系统使用率、报告。

Benchmark 是一个特定工作负载的模型,可能接近或不接近运行在系统上的工作负载。如果系统拥有良好的 Linpack 得分,它仍有可能不是理想的文件服务器。记住,Benchmark 不能模拟终端用户出现的不可预测的反应。Benchmark 无法告诉你,一旦用户访问它们的数据或备份文件,服务器是如何运转的。一般情况下,当在任何系统上执行 Benchmark 时,应该遵守以下规则,如表 3-1 所示。

表 3-1　Benchmark 使用规则(标准)

使用规则(标准)	注　释
隔离 Benchmark 系统	如果 Benchmark 测试一个系统,那么最重要的是要从任何尽可能多的其他负载中隔离它。打开会话,运行 top 命令,可以极大地影响 Benchmark 的结果
平均结果	即使尝试隔离 Benchmark 系统,在使用 Benchmark 测试的时候也可能有未知因素会影响系统性能。运行任何 Benchmark 至少 3 次,计算平均结果,这是很好的做法,以避免一次性事件影响整个分析
模拟预期的工作量	所有 Benchmark 都有不同的配置选项,可使用这些选项定制 Benchmark 监控的系统工作负载。如果应用程序依赖低磁盘延迟,那么提高 CPU 的性能是毫无用处的
为服务器工作负载使用 Benchmark	服务器系统拥有明显的特点,使它们与典型的桌面计算机非常不同,即使它们通过 IBM System x 平台共享很多技术用于桌面计算机。生成多个线程是为了利用系统的 SMP(对称多处理)功能,为了模拟真正的多用户环境服务器 Benchmark。PC 启动一个 Web 浏览器可能要比高端服务器快,服务器启动 1000 个 Web 浏览器比 PC 更快

在下面的章节中,我们基于这些标准选择一些工具,如表 3-2 所示。

表 3-2　**Benchmark 使用规则涉及的工具**

涉及的工具	注　释
在 Linux 上工作	Linux 是 Benchmark 的目标
在所有硬件平台上工作	例如，IBM 公司提供了 3 种不同的硬件平台（假设 IBM System p 和 IBM System i 的硬件技术都基于 IBM POWER 架构），重点是选择一个 Benchmark 用于所有架构上，而无须大的移植工作
开源	Linux 在多种平台上运行，所以若源代码不可用，则二进制文件可能无法使用
报告功能	报告功能将大大减少性能分析的工作
易于使用	一个易于使用的工具
广泛使用	可以找到很多关于广泛使用的工具的信息
积极维护	废弃的旧工具可能无法遵循最新的规范和技术。它可能产生错误的结果
好的文档	当执行 Benchmark 的时候，必须了解工具。文档将帮助你熟悉工具。在决定使用某些工具之前，通过查看概念、设计、细节，有助于评估哪个工具可以满足自己的需求

　　基准测试是"测量或评估的标准"。一台计算机的基准测试就是一个典型的计算机程序，执行严格定义的一组操作，返回某种形式的结果，度量、描述、测试计算机如何执行。计算机基准测试的度量标准通常是测量"速度"（完成工作量有多快）；或是"吞吐量"（每个单位时间内可以完成多少单位的工作量）。可以在多台计算机上运行相同的计算机基准测试进行比较。

　　理想情况下，对于系统的最佳对比测试，可以使用你自己的应用程序，用你自己的工作负载。遗憾的是，对于不同的系统，得到可靠的、可重复可比较的测量是不切实际的。问题可能包括：生成一个好的测试案例、保密问题、难以确保的对比条件、时间、金钱等限制。

　　不妨考虑一下使用标准化的基准测试作为一个参考点。理想情况下，一个标准化的基准测试是可移植的，并且可能已经在你感兴趣的平台上运行。但是，在考虑结果之前，你需要确保自己了解相关应用/计算的需求和基准测试要测量什么。

　　注意：一个标准化基准测试可以作为参考点。然而，当选择供应商或产品的时候，一般不主张标准化基准测试取代实际应用程序的基准测试。

　　本章涉及的 Benchmark 工具及功能，如表 3-3 所示。

表 3-3　**本章涉及的 Benchmark 工具及功能**

工　具	最有用的工具功能
UnixBench	CPU Benchmark 工具
STREAM	测量内存带宽的 Benchmark 工具
Bonnie++	测试磁盘驱动器性能的 Benchmark 工具

3.1 UNIXBench

UNIXBench 源于 1995 年,基线系统是 George,一个工作站:SPARCstation 20-61,128MB RAM,Solaris2.3,此系统的指数值被设定为 10,所以,如果一个系统的最后结果分数为 520,意思是指此系统比基线系统运行快 52 倍。

UNIXBench 也支持多 CPU 系统的测试,默认的行为是测试两次:第一次是一个进程的测试;第二次是 N 份测试,N 等于 CPU 个数。这样的设计是为了①测试系统的单任务性能;②测试系统的多任务性能;③测试系统并行处理的能力。

UNIXBench 是一个基于系统的基准测试工具,不单纯是 CPU 内存或者磁盘测试工具。测试结果不仅取决于硬件,也取决于系统、开发库,甚至编译器。UNIXBench 的测试方法,如表 3-4 所示。

表 3-4 UNIXBench 的测试方法

测 试 方 法	注 释
Dhrystone 测试	测试聚焦在字符串处理,没有浮点运算操作。这个测试用于测试链接器编译、代码优化、内存缓存、等待状态、整数数据类型等,硬件和软件设计都会非常大地影响测试结果
Whetstone 测试	这项测试项目用于测试浮点运算效率和速度。这项测试项目包含若干个科学计算的典型性能模块,包含大量的 C 语言函数——sin、cos、sqrt、exp 和日志,以及使用整数和浮点的数学操作,也包含数组访问、条件分支和过程调用
Execl Throughput 测试	(execl 吞吐,这里的 execl 是类 UNIX 系统非常重要的函数,非办公软件的 excel) 这项测试测试每秒 execl 函数的调用次数。execl 是 exec 函数家族的一部分,使用新的图形处理代替当前的图形处理,它有许多命令和前端的 execve() 函数命令非常相似
File Copy 测试	这项测试衡量文件数据从一个文件被传输到另外一个文件,使用大量的缓存,包括文件的读、写、复制测试,测试指标是一定时间内(默认是 10s)被重写、读、复制的字符数量
Pipe Throughput(管道吞吐)测试	pipe 是简单的进程之间的通信。管道吞吐测试是测试在一秒钟一个进程写 512 比特到一个管道中并且读回来的次数。管道吞吐测试和实际编程有差距
Pipe-based Context Switching(基于管道的上下文交互)测试	这项测试衡量两个进程通过管道交换和整数倍地增加吞吐的次数。基于管道的上下文切换和真实程序很类似。测试程序产生一个双向管道通信的子线程
Process Creation(进程创建)测试	这项测试衡量一个进程能产生子线程并且立即退出的次数。新进程真的创建进程阻塞和内存占用,所以测试程序直接使用内存带宽。这项测试用于典型的比较大量的操作系统进程创建操作
Shell Scripts 测试	shell 脚本测试用于衡量在一分钟内,一个进程可以启动并停止 shell 脚本的次数,通常会测试 1,2,3,4,8 个 shell 脚本的共同副本,shell 脚本是一套转化数据文件的脚本

续表

测 试 方 法	注　　释
System Call Overhead（系统调用消耗）测试	这项测试衡量进入和离开系统内核的消耗，例如，系统调用的消耗。程序简单重复地执行 getpid 调用（返回调用的进程 id）。消耗的指标是调用进入和离开内核的执行时间

3.1.1　安装与运行

1. 下载

```
https://github.com/kdlucas/byte-unixbench/archive/v5.1.3.tar.gz
```

2. 修改 Makefile 交叉编译

```
#CC=gcc
CC =arm-linux-gnueabihf-gcc
make
```

3. 修改 Run

将 main() 函数中的 preChecks()；注释掉，因为其中有 system("make all")；。

3.1.2　Run 的用法

```
Run [ -q | -v ] [-i <n>] [-c <n>[-c <n>...]] [test ...]
```

其中，Run 的参数，如表 3-5 所示。

表 3-5　Run 的参数

参　　数	注　　释
-q	不显示测试过程
-v	显示测试过程
-i<n>	执行次数，最低 3 次，默认 10 次
-c<n>	每次测试并行 n 个副本（并行任务）

备注：-c 选项可以用来执行多次，如：

```
Run -c 1 -c 4
```

表示执行两次，第一次执行单个副本的测试任务，第二次执行 4 个副本的测试任务。

对于多 CPU 系统的性能测试策略，需要统计单任务、多任务及其并行的性能增强。

以 4 个 CPU 的 PC 为例，需要测试两次，4 个 CPU 就是要并行执行 4 个副本，如：

```
Run -q -c 1 -c 4
```

的测试结果是：单个并行任务的得分为 171.3，4 个并行任务的得分为 395.7。对比测试时需要关注这个值。测试结果对比，如表 3-6 所示。

表 3-6　测试结果对比

测 试 项 目	项 目 说 明	基 准 线
Dhrystone 2 using register variables	测试 string handing	116700.0lps
Double-Precision Whetstone	测试浮点数操作的速度和效率	55.0MWIPS
Execl Throughput	测试考查每秒钟可以执行的 execl 系统调用的次数	43.0lps
File Copy 1024 bufsize 2000 maxblocks	测试从一个文件向另外一个文件传输数据的速率	3960.0KBps
File Copy 256 bufsize 500 maxblocks	测试从一个文件向另外一个文件传输数据的速率	1655.0KBps
File Read 4096 bufsize 8000 maxblocks	测试从一个文件向另外一个文件传输数据的速率	5800.0KBps
Pipe-based Context Switching	测试两个进程（每秒钟）通过一个管道交换一个不断增长的整数的次数	12440.0lps
Pipe Throughput	一秒钟内一个进程可以向一个管道写 512B 数据然后再读回的次数	4000.0lps
Process Creation	测试每秒钟一个进程可以创建子进程然后收回子进程的次数（子进程一定立即退出）	126.0lps
Shell Scripts(8 concurrent)	测试一秒钟内一个进程可以并发地开始一个 shell 脚本的 n 个副本的次数，n 的取值一般为 1,2,4,8	42.4lpm
System Call Overhead	测试进入和离开操作系统内核的代价，即一次系统调用的代价	6.0lpm

3.2　STREAM

　　STREAM Benchmark 是一个简单的合成基准测试程序，可持续地测量内存带宽（Mb/s）和相应地为简单的向量内核计算速率。通常使用由 John McCalpin 创建和维护的 STREAM Benchmark。

1. 为什么要关心内存

　　计算机 CPU 的速度越来越快，已经远远超过计算机内存系统。照这样发展，越来越多的程序性能会受到系统内存带宽的限制，而不是 CPU 的计算性能。尽管这看起来很简单，但确定可持续内存带宽的架构因素多而复杂，且显得很微妙。供应商很少能提供足够的有效的硬件细节，从而可以准确地估计可持续的内存带宽。

　　比如一个极端的例子，目前有些高端的机器运行简单的算术运算，内核因为缓存不足，操作数只占它额定峰值速度的 4%～5%，这意味着它 95%～96% 的时间是空闲的，在等待未命中的缓存得到满足。

　　STREAM Benchmark 就是特别针对数据集远远大于可用的缓存的系统而设计的，因此其结果更能反映大型向量风格的应用程序的性能。

　　STREAM Benchmark 使用 FORTRAN 77 和 C 的相应版本编写。

　　访问 http://www.cs.virginia.edu/stream/FTP 可下载相应的源代码。

2. 单处理器运行

　　如果希望在一个单处理器上运行 STREAM，则这件事情很容易做到，需要 FORTRAN 或 C 的主 STREAM 代码，并且需要一个计时器代码。对于 UNIX/Linux 系统，计时器代码执行（second_wall.c）正常工作。有些系统提供更高精度的计时器，可检查 UNIX/Linux 文档获知这些信息。

　　注意，一般拒绝基于"CPU 计时器"的新的测量，因为在很多系统上这个功能精度不高并且系统不准确。

　　有很多 STREAM 版本的代码使用 FORTRAN 和 C 编写。最新的版本被命名为 stream.f 和 stream.c。

3. 简单的编译指令

　　首先需要得到 C 代码或是 FORTRAN 代码，加上外部计时器代码。

　　在大多数 Linux 系统上，可以编译一个符合标准的（单 CPU）STREAM 版本，使用简单的命令：

```
gcc -O stream.c -o stream
```

　　在 FORTRAN 中，相应的编译有：

```
gcc -c mysecond.c
g77 -O stream.f mysecond.o -o stream
```

或有时为：

```
gcc -c -DUNDERSCORE mysecond.c
g77 -O stream.f mysecond.o -o stream
```

4. 相关优化结果的注意事项

　　STREAM 在运行时具有一定的灵活性（下面有详细讨论）。需要的数组要远远大于所使用的最大缓存。默认数组的大小为 200 万个元素（这是足够大的，可以满足缓存达到 4MB 的系统的运行，例如大多数当前计算机系统），并且默认偏移量为 0 个元素。

　　许多人都通过设置 offset 变量（OFFSET 在 stream.c 的第 59 行定义）得到改进的结果。这里很难给出指导，因为每个计算机家族对于内存冲突都有略微不同的处理细节，试验是比较好的方法。

5. 多处理器运行

如果想在多处理器上运行 STREAM,那么情况就不那么简单了。

首先,需要解决如何并行运行代码。这里有一些选择:OpenMP、MPI。

(1) OpenMP。标准的 STREAM 代码现在都包含了 OpenMP 指令。如果有一个支持 OpenMP 的编译器,那么所有你要做的就是找出用来启用 OpenMP 编译的标志,以及需要什么环境变量控制使用的处理器/线程的数量。

一些最新版本的 gcc 支持 OpenMP,下面是在 Red Hat Enterprise Linux 8.x 中编译并运行:

```
[root@ zgh stream]#gcc -fopenmp stream.c -o stream
[root@ zgh stream]#./stream
```

检查输出,看是否会出现类似下面的行:

```
Number of Threads requested =16
Number of Threads counted =16
```

在 POWER 或 PowerPC 系统上运行 IBM 编译器,过程可能看起来像:

```
xlc -qsmp=omp -O stream.c -o stream
export OMP_NUM_THREADS=4
./stream
```

或者在 FORTRAN 中:

```
xlc -qsmp=omp -c mysecond.c
xlf_r -qsmp=omp -O stream.f mysecond.o -o stream
export OMP_NUM_THREADS=4
./stream
```

遗憾的是,基本上所有编译器的命令行选项都有所不同。

(2) MPI。如果想得到多处理器的结果,但是你有一个集群或是没有 OpenMP 编译器,那么可以考虑 STREAM 的 MPI 版本(stream_mpi.f 在 Versions 子目录中),这就要求安装 MPI 支持(像是 MPICH),这是一个非常大的话题,这里不过多讨论。

目前 MPI 的结果不是很多,主要是因为结果是显而易见的,除非有些事是错误的。一个集群的性能将会是一个节点的数倍。STREAM 不会尝试测量集群网络的性能,它只用来帮助控制计时器。

一个使用 STREAM 的 MPI 版本的 Benchmark 是 HPC Challenge Benchmark,其针对大型超级计算集群。该网站是 http://icl.cs.utk.edu/hpcc。

有些人做到了他们自己的 pthreads 实现,但这些不能证实。

6. 调整大小的问题

STREAM 的目的是测量主内存的带宽。当然,它也可以用来测量缓存的带宽。

STREAM 的一般规则是,每个数组必须至少是运行中所使用的所有末级缓存总和的 4 倍,或是 100 万个元素,通常以较大的为准。

因此,对于一个拥有 256KB L2 Cache 的单处理器机器(例如老式的 Pentium Ⅲ),每个数组至少需要 128 000 个元素。标准 2 000 000 个元素的测试大小,适用于 4MB L2 Cache 的系统。我们需要结果具有可比性,一旦每个数组的大小变得明显大于缓存大小,但是由于存在一定的差异(通常与 TLB 的范围有关),因此在不同大小的性能中有相对较小的差异。即使机器的缓存使用 100 万个元素,也仅需要 22MB,因此,即使在 32MB 的机器上,它应该也是可行的。

若在 16 个 CPU 上自动并行运行,每个都有 8MB L2 Cache,则大小必须增加到至少 $N = 64\,000\,000$,这将需要大量的内存(大约 1.5GB)。如果得到的比这大得多,将需要编译 64 位寻址,并且一旦 N 超过 20 亿,将需要确保使用 64 位整数值。

可以编辑 stream.c 文件,调整数组大小。注意,从上面的注释信息中,也可以得到很好的帮助信息。

7. 调整数组的帮助信息

调整数组的帮助信息,如图 3-1 所示。

```
/*----------------------------------------------------------------
---
 * INSTRUCTIONS:
 *
 *      1) STREAM requires different amounts of memory to run on different

          systems, depending on both the system cache size(s) and the

          granularity of the system timer.
 *    You should adjust the value of 'STREAM_ARRAY_SIZE' (below)
 *        to meet *both* of the following criteria:
 *    (a) Each array must be at least 4 times the size of the
 *        available cache memory. I don't worry about the difference

          between 10^6 and 2^20, so in practice the minimum array size

          is about 3.8 times the cache size.
 *    Example 1: One Xeon E3 with 8 MB L3 cache
 *        STREAM_ARRAY_SIZE should be >= 4 million, giving
 *        an array size of 30.5 MB and a total memory requirement

          of 91.5 MB.
 *    Example 2: Two Xeon E5's with 20 MB L3 cache each (using
OpenMP)
 *        STREAM_ARRAY_SIZE should be >= 20 million, giving
 *        an array size of 153 MB and a total memory requirement

          of 458 MB.
 *    (b) The size should be large enough so that the 'timing calibration'

          output by the program is at least 20 clock-ticks.
```

图 3-1　调整数组的帮助信息

8. 统计字节数和 FLOPS

对于一个类似 STREAM 的 Benchmark，至少有 3 种不同的方法来统计字节，这 3 种方法都是最常用的，分别为 bcopy、STREAM、hardware。

bcopy 统计有多少字节从内存中的一个位置移到另一个位置。因此，如果计算机 1 秒在一个位置读取 100 万字节，并且将 100 万字节写入第二个位置，由此产生的"bcopy 带宽"被称为"每秒 1 MB"。

STREAM 统计用户要求读取多少字节加上用户要求写入多少字节。对于简单的 Copy 内核，这恰好是两次 bcopy 获得的数量。STREAM 为什么会这样做？因为 4 个内核中的 3 个指定运算，因此统计读入 CPU 的数据和从 CPU 写回的数据是有意义的。Copy 内核确实没有运算，但是我们选择与其他 3 个一样的方式统计字节。

hardware 可以移动与用户指定的不同的字节数。尤其是，大多数缓存系统在一个存储操作未命中数据缓存时执行所谓的"写分配"。在覆盖它之前，系统加载包含数据的缓存行。

9. 它为什么这样做

如此，在系统中将会有缓存行的单个副本，其是目前有效的所有字节。如果仅在缓存行中写入 1/2 的字节，例如，其结果可能是与来自内存的其他 1/2 的字节合并了。最好在缓存中做这件事情，因此数据首先被加载。

表 3-7 显示了在 STREAM 循环的每次迭代中统计了多少字节和 FLOPS。

表 3-7　每次迭代中统计的字节和 FLOPS

名　　称	Kernel	Bytes/iter	FLOPS/iter
COPY：	$a(i) = b(i)$	16	0
SCALE：	$a(i) = q * b(i)$	16	1
SUM：	$a(i) = b(i) + c(i)$	24	1
TRIAD：	$a(i) = b(i) + q * c(i)$	24	2

4 个内核多次重复测试，并且选择 10 次试验的最好结果。

所以需要小心比较来自不同源的 MB/s。STREAM 总是使用相同的方法，并且始终仅统计请求用户程序加载或存储的字节，因此总是可以直接比较结果。

这些操作是长向量操作的"构建块"的典型操作。定义数组的大小以便每个数组大于测试机器的缓存，并且构建代码以便数据不重复使用。

STREAM 不建议"真正"的应用程序没有数据可以重复使用，而是从假设的机器的"高峰"性能中分离出内存子系统来测量。在现代的计算机上独立的内存系统是获得全速的一个非常大的部分。

4 个测试中的每个都增加了独立信息作为结果，如表 3-8 所示。

当浮点运算的成本可与内存访问相比时，STREAM 可以追溯到一个时间，从而 Copy 测试明显快于其他方法。在不再是任何机器都感兴趣的高性能计算的情况下，4 个 STREAM 带宽值通常彼此相当接近。

表 3-8　测试结果的独立信息

独 立 信 息	注　　　释
Sum	添加一个第三方操作数,在向量机器上允许对多次加载/存储端口进行测试
Copy	在缺乏算术运算的情况下测量传输速率
Triad	允许链接/重叠/融合/乘/加运算
Scale	添加一个简单的算术运算

这里给出的所有结果都采用 64 位值。大多数结果是标准测试情况,没有指定数组偏移量的 200 万个元素向量。少数几个结果是通过运行许多不同数组偏移量的代码"优化的",并选择最佳的结果。这是可以接受的,因为 STREAM 的目的是让用户使用标准的 FORTRAN 测量最佳可用带宽,不要在多种方式的探索中迷失,从而内存系统可以提供最佳性能。

3.3　Bonnie++

Bonnie++ 是一个 Benchmark 套件,主要执行一些简单的硬盘驱动器测试和文件系统性能测试。在运行它之后可以决定哪些测试是重要的,决定如何比较不同的系统。Bonnie++ 基于由 Tim Bray 编写的 Bonnie Benchmark。

Bonnie++ 的安装十分简单,下载 Bonnie++ 的源代码后,对其解压并进入源代码目录中,执行 configure(如下所示,使用--prefix 可以指定安装目录)、make、make install:

```
[root@zgh Software]#tar xf bonnie++-1.03a.tgz
[root@zgh Software]#cd bonnie++-1.03a
[root@zgh bonnie++-1.03a]#./configure --prefix=/usr/local/bonnie++
[root@zgh bonnie++-1.03a]#make
[root@zgh bonnie++-1.03a]#make install
```

注意:在 make 编译的时候有可能出现下面的错误提示,如图 3-2 所示。

```
zcav.cpp: In function ?.nt main(int, char**)?.
zcav.cpp:73: error: ?.trdup?.was not declared in this scope
zcav.cpp:112: error: ?.trcmp?.was not declared in this scope
make: *** [zcav] Error 1
```

图 3-2　make 编译错误提示

不过不用担心,可以编辑源代码目录中的 zcav.cpp,在其中添加如图 3-3 所示的内容解决此问题。

```
using namespace std;
#include <string.h>
#include <unistd.h>
#include <sys/time.h>
…
```

图 3-3　编辑 zcav.cpp

有许多不同类型的文件系统操作,不同的应用程序使用不同的系统。Bonnie＋＋测试它们中的一些,并对每个测试给出每秒完成的工作量和花费 CPU 时间的百分比。较高数字的性能结果较好,较低的 CPU 使用率更好(注意:性能配置得分 2000 和 90％的 CPU 使用率要比配置 1000 的性能和 60％的 CPU 使用率更好)。程序的操作分为两部分:第一部分是测试 I/O 吞吐量,将其设计成模拟数据库类型的应用程序;第二部分是测试许多小文件的创建、读取和删除情况,类似于 squid 的使用模式。

通过-u 和-d 选项指定以 root 身份对/databak 目录进行测试,如图 3-4 所示。

```
[root@zgh ~]# cd /usr/local/bonnie++/sbin
[root@zgh sbin]# ./bonnie++ -d /databak -u root
```

```
[root@zgh ~]# cd /usr/local/bonnie++/sbin
[root@zgh sbin]# ./bonnie++ -d /databak -u root
```

图 3-4　指定以 root 身份对/databak 目录进行测试

1. 测试详细信息

1) 文件 I/O 测试

(1) 连续输出,如表 3-9 所示。

表 3-9　连续输出

选项/参数/功能	注　释
每个字符	使用 putc()标准输入输出宏写入文件。写足够小的循环,以适合任何适当的 I-cache。CPU 的开销需要完成标准输入输出代码加上操作系统的文件空间分配
块	使用 write(2)创建文件。CPU 的开销应该只是操作系统的文件空间分配
重写	文件的每个 BUFSIZ 通过 read(2)读取,通过 write(2)产生脏数据和重写,需要 lseek(2)。因为没有空间分配并且 I/O 良好地局部化,所以应该测试文件系统高速缓存和数据传输速度的有效性

(2) 连续输入,如表 3-10 所示。

表 3-10　连续输入

选项/参数/功能	注　释
每个字符	使用 getc()标准输入输出宏读取文件。再次,内循环很小,应该只会练习标准输入输出和顺序输入
块	使用 read(2)读取文件。这应该是一个非常纯正的连续输入性能的测试

(3) 随机寻道。

这个测试并行运行 SeekProcCount 进程(默认 3 个),在 bsd 系统中使用 random(),在 sysV 系统中使用 drand48(),对文件指定位置共进行 8000 个 lseek()。

在每种情况下,使用 read(2)读取块。10％的情况下,它使用 write(2)产生脏数据和写回。SeekProcCount 进程背后的理念是确保总有一个寻道队列。

注意：对于任何 UNIX 文件系统,一旦缓存的效果失败,每秒有效的 lseek(2)调用的数量就会下降至近 30 个。

有一点要注意的是,RAID 中磁盘的数量会增加寻道的次数。RAID-1(镜像)的读取将增加一倍的寻道次数。RAID-0 的写入将导致 RAID-0 中磁盘的数量乘以写入的次数(前提是存在足够的寻道进程)。

2) 文件创建测试

创建的测试文件使用的文件名称由 7 位数字和一个随机数字(0～12)构成。对于顺序测试,文件名的随机字符遵循数字。对于随机测试,首先是随机字符。顺序测试涉及以数字顺序创建文件,然后以 readdir()顺序 stat()它们(即它们存储在目录中的顺序,很可能与它们被创建的顺序相同),并以相同的顺序删除它们。对于随机测试,我们以出现的随机顺序创建文件到文件系统(文件中的最后 3 个字符是数字的顺序)。然后,我们 stat()随机文件(注意,存储目录的文件系统将会返回很好的结果,因为不是每个文件都将被 stat())。之后以随机顺序删除所有文件。如果指定的最大大小大于 0,则在每个文件被创建的时候将会在它里面写入一个随机数据,然后当文件被 stat()的时候,它的数据将被读取。

如果测试在不到 500ms 的时间内完成,那么输出将显示"＋＋＋＋"。这是因为由于舍入误差导致这样测试的结果不能被准确地计算,所以作者宁愿没有结果显示,也不愿显示一个错误的结果。

还可以使用-s 选项测试文件的大小。但是,Bonnie＋＋一般要求指定的测试文件的大小至少为物理内存的 2 倍,如图 3-5 所示。

[root@zgh sbin]# ./bonnie++ -d /databak -u root -s 100 -m zgh.power.com

```
[root@zgh sbin]# ./bonnie++ -d /databak -u root -s 100 -m zgh.power.com
```

图 3-5　使用-s 选项测试文件的大小

Bonnie＋＋可以以 CSV 电子表格的格式输出到标准输出。可以使用"-q"选项保持安静模式,那么可读的描述将输出到 stderr,因此重定向 stdout 到一个 CSV 文件,如图 3-6 所示。

[root@zgh sbin]# ./bonnie++-d /databak -u root -q >/tmp/bonnie++.data

```
[root@zgh sbin]# ./bonnie++ -d /databak -u root -q > /tmp/bonnie++.data
```

图 3-6　重定向 stdout 到一个 CSV 文件

如此,磁盘的性能就测试出来。

Sequential Output 下的 Per Char 的值用 putc 方式书写,因为 cache 的 line 总是大于 1B,所以不停地骚扰 CPU 执行 putc。CPU 使用率是 99％,写的速度是 87 MB/s。

Sequential Output 是按照 block 写的,明显 CPU 使用率就下来了,速度也上去了,大约是 140 MB/s。

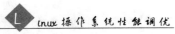

Sequential Input 下的 Per Char 是指用 getc 的方式读文件,速度是 65.5MB/s,CPU 使用率是 92%。

Sequential Input 下的 block 是指按照 block 读文件,速度是 166MB/s,CPU 使用率是 11%。

2. Bonnie＋＋支持的选项(表 3-11)

表 3-11　Bonnie＋＋支持的选项

选项/参数	注　　释
-g	使用的组 ID,与-u 参数使用的:group 相同,只是以不同的方式指定其他程序的兼容性
-u	用户 ID。当以 root 运行的时候指定测试使用的 UID。不推荐使用 root,所以如果真想以 root 身份运行,就使用-u root。此外,如果想以指定组运行,就使用 user:group 格式。如果通过名称指定用户但是没有指定组,那么将选择用户的主组。如果通过数字指定用户但是没有指定组,那么组将是 nogroup
-x	运行测试的数量。如果想执行多个测试,那么这是很有用的,它将以 CSV 格式连续地转储输出,直到完成测试,或者它被杀死
-r	RAM 的大小,以 MB 为单位。如果指定了这个选项,则其他参数将被检查,以确保在大内存机器上它们是有意义的。在一般使用过程中不需要使用这个选项,因为它应该能够发现 RAM 大小。注意:如果指定大小为 0,那么将禁用所有的检查
-m	机器的名字,仅用于显示的目的
-n	文件创建测试的文件数量,这个测量为 1024 个文件的倍数,因为没有人想测试小于 1024 的文件,并且需要显示额外的空间。 如果指定为 0,那么测试将被跳过。 这个测试默认使用 0B 文件测试。如果要使用其他大小的文件,则可以指定 number:max:min:num-directories,max 是最大大小,min 是最小大小(如果没有指定,默认值都为 0)。如果指定了最小和最大大小,那么在 min..max 范围内每个文件将有一个随机的大小。如果指定了目录的数量,那么文件将平均分布到许多子目录中。 如果 max 为-1,那么将创建硬链接,而不是文件;如果 max 为-2,那么将创建软链接,而不是文件
-s	测量 I/O 性能的文件的大小,以 MB 为单位。如果大于 1GB,那么将用来存储多个文件数据,并且每个文件将高达 1GB 大小。参数可能包括以冒号分隔的 chunk 大小。测量的 chunk-size 以字节为单位,并且必须是 2 的幂,从 256 到 1048576。注意:如果在数字的末尾分别添加"g"或"k",则可以指定 GB 大小或 KB 大小的 chunk-size。 如果指定的大小为 0,那么测试将被跳过
-d	用于测试的目录
-q	安静模式。如果指定了这个选项,那么一些额外的信息性消息将被抑制
-f	快速模式,跳过每字符 I/O 测试
-b	不写缓冲。每次写操作之后 fsync()
-p	服务信号量的进程数。其用来创建信号量用于同步多个 Bonnie＋＋进程。通过-y 信号量告诉所有进程同时开始每个测试。通常使用-1 的值删除信号量
-y	每次测试前等待信号量

3. 测试原始硬盘驱动器的吞吐量的程序 ZCAV

现代硬盘驱动器具有恒定的转速,但是每个磁道有不同的扇区数(外磁道更长,拥有更多的扇区),这被称为分区恒定角速度(ZCAV)。较外的磁道具有较高的数据传输速率,因为每个磁道有更多的扇区,这些磁道通常具有较低的磁道/扇区号。

这个程序测试硬盘驱动器的 Zcav 性能,以指定的次数读取整个数据。给定的文件名作为第一个参数,它可以通过"-"指定标准输入。该文件将以只读的方式打开,它将像往常一样操作/dev/sdX,这取决于是否使用 devfs(注意：Linux 以外的操作系统将具有不同的设备名称),如下所示。

```
[root@zgh bonnie++]#./sbin/zcav -f /dev/sda
```

我们看到的输出结果也可以很容易地使用 gnuplot 图形化。

Zcav 支持的选项,如表 3-12 所示。

表 3-12　Zcav 支持的选项

选项/参数	注　　释
-b	从磁盘读取块的大小(默认为 100MB)
-c	读取整个磁盘的次数
-f	输入数据的文件名称。在最近 Glibc 配置的系统中不需要该选项,若没有-f 标志,也可以指定文件名
-u	用户 ID。当以 root 运行的时候指定测试使用的 UID。不推荐使用 root,所以如果真想以 root 身份运行,就使用-u root。此外,如果想以指定组运行,就使用 user: group 格式。如果通过名称指定用户但是没有指定组,那么将选择用户的主组;如果通过数字指定用户但是没有指定组,那么组将是 nogroup
-g	使用组 id,与-u 参数使用的: group 相同,只是以不同的方式指定其他程序的兼容性

第 4 章

分析性能瓶颈

本章介绍如何找到一个影响服务器性能的问题。这里通过下面描述的一系列步骤提供具体解决方案,引导你将服务器调整到一个期望的性能水平。

本章涉及的主题有识别系统瓶颈、CPU 瓶颈、内存瓶颈、磁盘瓶颈和网络瓶颈。

4.1 识别系统瓶颈

快速调整策略的步骤如下。

(1) 了解自己的系统。

(2) 备份系统。

(3) 监控和分析系统的性能。

(4) 缩小瓶颈,并找到产生它的原因。

(5) 通过尝试一次一个更改,找到产生瓶颈的原因。

(6) 回到步骤(3),直到系统的性能让你满意。

提示:应该记录每一步,尤其是你所做过的影响性能的改变。

4.1.1 收集信息

第一手信息最有可能是你访问到的状态说明,比如"服务器存在问题"。使用试探性的问题阐明和证明这个问题至关重要。下面是一个问题的列表,使用它可以帮助你更好地了解该系统。

你能给我一个问题服务器的完整描述吗? 内容可包括型号、生产日期、配置、外围设备、操作系统版本和更新级别。

你能告诉我到底是什么问题吗?

有什么症状?

试着描述任意错误信息。

有些人在回答这些问题时会有疑问,有时客户给你的任何额外的信息,很可能会帮助你找到问题所在。例如,客户可能会说,"当我复制大文件到服务器上的时候,实在太慢了。"这可能表明是网络的问题或是磁盘子系统的问题。

谁遇到的这个问题？

是一个人，一个特定组的成员，或所有成员遇到的问题？这有助于确定问题所在：是否存在于一个网络的特定部分，是否依赖于应用程序，等等。如果只有一个用户遇到这个问题，那么问题可能在于用户的 PC。

客户端的服务器通常是一个关键因素。在服务器与客户端之间的网络可以轻易地成为问题的原因，从这个角度看，性能问题可能与服务器不直接相关。这个路径包括网络设备以及其他服务器提供的服务，如域控制器。

问题可以重现吗？

所有重复出现的问题是可以解决的。如果你对系统有足够的认识，就能够缩小问题的范围，并能决定应采取哪些行动。

问题可以重现，可以让你更好地看到并了解问题。记录重现问题的一系列必要操作如下。

重现问题的步骤是什么？

知道步骤可以帮助你在不同机器的相同条件下重现同样的问题。如果一切正常，你就可以在测试环境中使用机器并避免生产服务器崩溃。

这是一个间歇性的问题？

如果问题是间歇性的，那么首先要做的事情就是收集信息，并找到一种途径让问题变成可重现。目标是有一个可以使用命令让问题发生的场景。

它发生在一天的某个时段，或是某几天，或是周几？

这可以帮助你确定问题的原因。它可能在每个人下班或午饭回来的时候发生。寻求方法来改变时间（也就是让它较少发生或更频繁），从而使问题可以重现。

这是不寻常的？

如果属于非重复性的问题，你可能认为这是在特殊情况下才会出现的问题，而将其划分为可解决的。在现实生活中，它有较高的概率会再次发生。

在服务器上执行日常维护是排除难以重现的问题的一个好方法：重启，将机器的驱动程序和补丁升级到最新。

问题什么时候开始？它是平缓地发生，还是很快地发生？

如果逐渐出现性能问题，那么很可能是一个调整大小的问题；如果出现在一夜之间，那么问题可能是由于对服务器或外围设备进行了更改引起的。

对服务器做出任何改变（主要或次要），或者对客户端使用服务器的方法做出任何改变？

难道是由于客户对服务器或外围设备做了什么改变造成的问题？是否有所有网络变化的日志可用？

需求可以基于商业变化而变化，从而影响对服务器和网络系统的需求。

是否涉及任何其他服务器或硬件组件？

是否有任何可用的日志？

问题的优先级是什么？什么时候能解决？

接下来的几分钟能否解决，或是一天时间能否解决问题？你可能需要一些时间解决它，或是它已经进入 panic 模式。

问题有多大规模?

这个问题相关的费用是多少?

4.1.2 分析服务器性能

重点:在采取任何故障排除操作之前,备份所有的数据和配置信息,以防止它们部分或完全丢失。

此时,你应该开始监控服务器。最简单的方法是在需要进行分析的服务器上运行监控工具。

服务器的性能日志应该在运行高峰时间被创建(例如,上午 9:00 到下午 5:00),这取决于正在提供的服务和谁在使用这些服务。如果性能日志创建成功,应该包括以下对象:处理器、系统、服务器工作队列、存储器、分页文件、物理磁盘、重定向、网络接口。

在开始之前,记住有条理的方法对性能调优很重要。可以使用下面推荐的优化服务器性能的过程。

(1)了解影响服务器性能的因素。

(2)测量当前性能,创建一个性能基线,与未来的测量比较,并识别系统瓶颈。

(3)使用监控工具识别性能瓶颈。按照接下来的介绍,你应该能缩小瓶颈到子系统水平。

(4)组件工作导致瓶颈,通过执行一些动作在响应要求方面提高服务器性能。

注意:当服务器中的其他组件有足够能力保持高水平性能的时候,要明白的重要一点是,通过升级一个有瓶颈的组件是最好的方法。

(5)测量新的性能,这有助于帮助你对比调整之前和之后的性能。

当尝试修复一个性能问题的时候,记住以下几点:

(1)应用程序应该被编译成一个适合优化的水平,以减少路径长度。

(2)在升级或修改任何东西之前进行测量,这样可以指出改变是否有任何影响。(也就是说,创建测量基线)

(3)检查涉及已存在硬件重新配置的选项,不仅仅是涉及添加的新硬件。

4.2 CPU 瓶颈

对于主要用来做一个应用服务器或数据库服务器的服务器,CPU 是一个关键性的资源,并且往往是性能瓶颈的根源。非常重要的是,高 CPU 使用率并不总是意味着 CPU 忙于工作,它可能在等待另一个子系统。当执行适当的分析时,很重要的一点是,要整体查看系统和所有子系统,因为子系统可能有连带影响。

注意:有一种普遍的误解,认为 CPU 是服务器最重要的部分。并非总是如此,服务器全部配置通常包括 CPU、磁盘、内存、网络子系统。有些特别的 CPU 密集型的应用程序,可以利用高端处理器的优势。

4.2.1　查找 CPU 瓶颈

可通过不同的方式确定 CPU 瓶颈。正如前面章节讨论的,Linux 有多种工具可使用。问题是使用哪一个工具。

其中一个工具是 uptime,uptime 命令提供单行显示的输出,具体包含如下信息:当前时间;系统自开机运行了多长时间;当前有多少用户登录;过去 1 分钟、5 分钟和 15 分钟的系统负载平均值。uptime 命令与 w 命令首行显示的信息一致,如图 4-1 和图 4-2 所示。

〔root@zgh ～〕♯　uptime

```
[zgh@localhost ~]$ uptime
 22:30:29 up  3:27,  1 user,  load average: 0.00, 0.00, 0.00
```

图 4-1　使用 uptime 命令显示系统运行时间

```
[zgh@localhost ~]$ w
 22:29:16 up  3:26,  1 user,  load average: 0.00, 0.00, 0.00
USER     TTY      FROM             LOGIN@   IDLE   JCPU   PCPU WHAT
zgh      tty2     tty2             19:23    3:26m 27.56s  0.01s /usr/libexec/gs
```

图 4-2　使用 w 命令显示系统运行时间

通过分析 uptime 的输出,可以对系统在过去 15 分钟内发生了什么有一个大致的了解。

使用 KDE System Guard 的 CPU 传感器可以观察到当前 CPU 的工作负载。

提示:不要一次运行太多的工具而增加 CPU 的工作负载。你可能会发现,一次使用很多不同的监控工具可能导致高 CPU 负载。

使用 top,可以看到 CPU 使用率和哪些进程是问题最大贡献者。如果已经设置了 sar,正在收集大量的信息,其中一些是在一段时间内 CPU 的使用率。那么,分析这些信息是很困难的,所以使用 gnuplot,它可以使用 sar 的输出绘制成图表。否则,通过脚本解析信息,并使用一个电子表格绘制它的图形,从而观察 CPU 使用率的趋势。也可以在命令行使用 sar-u 或 sar-Uprocessornumber。另一个不错的工具是 vmstat(参考 2.3.6 节的相关内容),通过它可以从更广泛的角度获得系统当前的使用率,而不仅仅是 CPU 子系统。

4.2.2　SMP

基于 SMP 的系统可呈现出它自己的一套有趣的问题,那些问题可能很难被察觉。在 SMP 环境中有一个 CPU 亲和力的概念,这意味着要绑定一个进程到一个 CPU。

主要原因是,由于 CPU Cache 优化,保持相同的进程在一个 CPU 上要比在处理器之间移动更有用。当一个进程在 CPU 之间移动的时候,新 CPU 的 Cache 必须刷新。因此,一个进程在处理器之间移动会导致许多 Cache 刷新,这意味着单独一个进程将需要更长的时间才能完成。这种情况防不胜防,因为在监控时,CPU 负载会显得非常平衡,在任意 CPU 上不一定有峰值。亲和力在基于 NUMA 的系统中也很有用,比如 IBM System x 3950,保持内存、Cache、CPU 本地访问是很重要的。

4.2.3　性能调整选项

第一步是确认系统性能问题是 CPU 引起的,而不是其他子系统。如果处理器是服务器的瓶颈,就采取一些行动来提高性能,其中包括:

(1) 使用 ps-ef 命令确认后台没有运行不必要的程序。如果发现这样的程序,停止它们并使用 cron 安排它们在非高峰时段运行。

(2) 使用 top 识别非关键性 CPU 密集型程序,并使用 renice 修改它们的优先级。

在基于 SMP 的机器中,尝试使用 taskset 绑定进程到 CPU,确保进程不会在处理器之间跳跃,导致 Cache 刷新。

(3) 根据正在运行的应用程序,可能更大的扩展(更大的 CPU)要比更多的扩展(更多 CPU)好。这取决于你的应用程序是否都被设计为有效地利用更多的 CPU。比如,一个单线程的应用程序通过一个更快的 CPU 可以更好地扩展,而不是通过更多的 CPU。

通常的选项包括,确保使用最新的驱动程序和固件,因为这可能影响它们在 CPU 上的负载。

4.3　内存瓶颈

在 Linux 系统中,许多程序同时运行。这些程序支持多用户,并且有些程序比较常用。一些程序使用一部分内存,而其余的都在睡眠。当一个应用程序访问 Cache 时,因为在内存中访问检索数据,所以可以增加性能,从而省去了访问速度较慢的磁盘。

操作系统使用一个算法控制哪些程序将使用物理内存,哪些程序将被分页移出。这些对于用户程序来说是透明的。分页空间是操作系统在磁盘分区上创建的一个文件,存储用户当前不使用的程序。通常情况下,分页的大小是 4KB 或 8KB。在 Linux 中,分页的大小在内核头文件 include/asm-< architecture>/param.h 中通过使用变量 EXEC_PAGESIZE 定义。将一个进程的分页移出到磁盘的过程被称为分页移出(pageout)。

4.3.1　查找内存瓶颈

从列出服务器上正在运行的应用程序开始分析,确定每个应用程序运行需要多少物理内存和 swap,如表 4-1 和图 4-3 所示。

表 4-1　内存分析指标

内 存 指 标	分　析
可用内存	指明有多少物理内存可以使用。如果在启动应用程序之后,这个值明显下降,则可能存在内存泄漏。检查这样的应用程序,并进行必要的调整。使用 free -l -t -o 可了解更多的信息
页错误	有两种类型的页错误:当分页在内存中被找到的时候,为次要页错误;当分页没有在内存中找到,而必须从磁盘提取,为主要页错误。应用程序访问磁盘相当慢。Sar -B 命令可以提供有用的信息来分析页错误,具体列是 pgpgin/s 和 pgpgout/s

续表

内 存 指 标	分　析
文件系统 cache	这是常用来做文件系统 Cache 的内存空间。使用 free -l -t -o 命令可了解额外信息
进程使用的内存	表示服务器上正在运行的每个进程使用的内存。使用 pmap 命令可以查看有多少内存分配给特定的进程

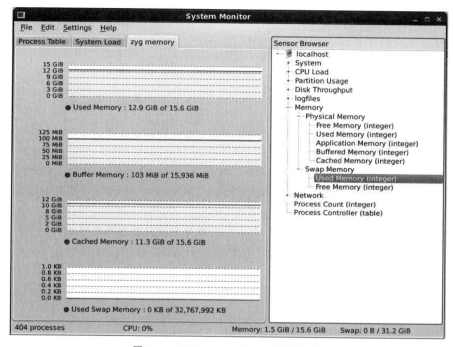

图 4-3　KDE System Guard 内存监控

在 Linux 及所有类 UNIX 操作系统中,页面调度和交换是不同的。页面调度移动个别分页到磁盘上的 swap 空间;交换是一个较大的操作,在这个过程中移动一个进程的整个地址空间到 swap 空间。

交换有以下两种原因。

(1)一个进程进入睡眠模式。这种情况经常发生,因为进程依赖于交互式的操作,编辑器、shell、数据输入应用程序花费大部分时间来等待用户输入。在这段时间里,它们是非活跃的。

(2)一个进程表现不佳。当空闲内存分页的数量低于规定的最低额度的时候,页面调度可能是一个严重的性能问题,因为页面调度机制是无法处理物理内存分页的请求的,并且 swap 机制被调用释放更多的分页。这显著增加了到磁盘的 I/O,很快就会降低服务器的性能。

如果总是有页面调度到磁盘(高分页移出率),就可以考虑增加更多的内存。然而,系统具有较低的分页移出率,可能不会影响性能。

4.3.2　性能调整选项

如果认为存在一个内存瓶颈,可考虑执行下面其中一个或多个操作:
- 调整 swap 空间,使用 bigpages、hugetlb 共享内存。
- 增加或减少分页的大小。
- 改进活跃和非活跃内存的处理。
- 调整分页移出率。
- 限制服务器上每个用户的资源使用情况。
- 停止不需要的服务。
- 增加内存。

4.4　磁 盘 瓶 颈

磁盘子系统通常是影响服务器性能最重要的方面,并且通常是最常见的瓶颈。然而,问题可能会被其他因素所隐藏,比如缺乏内存。当 CPU 周期仅是浪费在等待 I/O 任务结束的时候,应用程序被认为是 I/O 密集型的。

最常见的磁盘瓶颈是磁盘太少。大多数磁盘配置是基于容量的需求,而不是性能。最廉价的解决方案可能是购买最小数量的最大容量磁盘。然而,在每个磁盘上放置更多用户的数据,会导致物理磁盘的最大 I/O 速率,并会发生磁盘瓶颈。

第二个最常见的问题是在同一个阵列上有太多的逻辑磁盘,这样,寻道时间会增加并会明显降低性能。

4.4.1　查找磁盘瓶颈

一个服务器表现出以下症状时,可能是出现了磁盘瓶颈(或是一个隐藏内存的问题)。

缓慢的磁盘将导致:

内存的 buffer 会被写入的数据(或是等待读取的数据)填充,这将延迟所有的请求,因为对于写请求(或在磁盘队列中读数据等待响应)没有空闲的内存 buffer 可用。

内存不足,在没有足够的内存 buffer 可用于网络请求的情况下,将导致同步磁盘 I/O。

磁盘使用率、控制器使用率或它们两者通常非常高。

大多数局域网传输只在磁盘 I/O 完成之后才发生,导致非常长的响应时间和较低的网路使用率。

磁盘 I/O 可能需要相对较长的时间,磁盘队列将变满,所以 CPU 将会空闲或处于较低的使用率,因为在处理下一个请求之前,它要等待很长一段时间。

磁盘子系统可能是最具有挑战性的子系统,需要被正确地配置。除了查看原始磁盘接口的速度和磁盘容量外,了解工作负载也同样重要。磁盘是随机访问或顺序访问?有没有大的 I/O 或小的 I/O?回答这些问题可以得到必要的信息,以确保磁盘子系统的调整是适当的。

磁盘制造商喜欢展示它们驱动器的吞吐量上限。然而，花时间了解工作负载的吞吐量，将会帮助你了解自己对底层磁盘子系统的真正期望是什么。

随机读/写工作负载通常需要多个磁盘扩展，较少关注 SCSI 或光纤通道。随机存取工作负载的大型数据库受益于更多的磁盘，对于商业工作负载指定平均 70%读和 30%写的 I/O 配置，RAID-10 的实施要比 RAID-5 好 50%～60%。

顺序工作负载侧重强调磁盘子系统的总线带宽。当要求最大吞吐量的时候，要特别注意 SCSI 总线和光纤通道控制器的数量。在一个阵列中给出相同数量的驱动器，RAID-10、RAID-0、RAID-5 都有相似的流读取和写入吞吐量。

可以通过实时监控和跟踪两种方法来做磁盘瓶颈分析。

当有问题发生时，必须做实时监控。在系统工作负载是动态的并且问题不可再现的情况下，这可能是不切实际的。但是，如果问题可以再现，这种方法是非常灵活的，因为添加对象和计数器会使得问题变得清晰。

跟踪主要是收集性能数据，通过数据随着时间的变化诊断问题。执行远程性能分析是一个好的方法，但也有一些缺点，包括当性能问题不可再现时可能要分析大文件，并且跟踪中可能没有所有关键对象和参数，因此不得不等待下次问题发生以产生额外的数据。

1. vmstat 命令

一种在 Linux 系统上跟踪磁盘使用的方法是使用 vmstat 工具。重要的列是 I/O 中的 bi 和 bo 字段。这些字段监控磁盘子系统 block 的进出活动。拥有基线是关键，根据它能够识别随时间的任何改变，如图 4-4 所示。

```
[root@zgh ～]# vmstat -S M 2
```

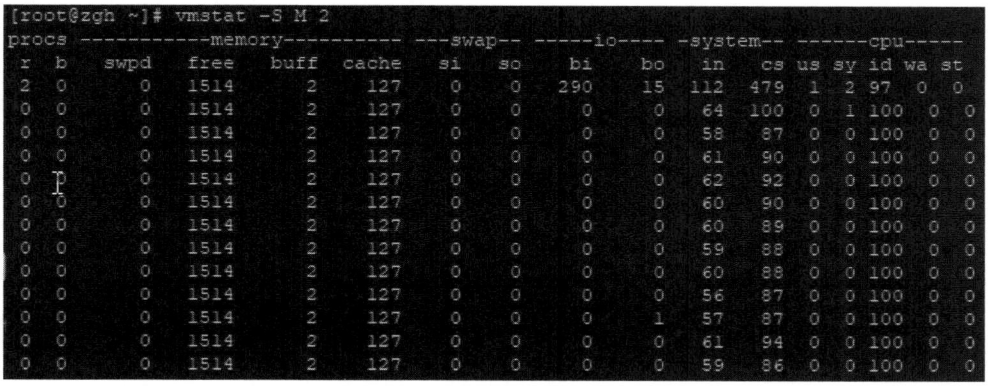

```
[root@zgh ~]# vmstat -S M 2
procs -----------memory---------- ---swap-- -----io---- -system-- ------cpu-----
 r  b   swpd   free   buff  cache   si   so    bi    bo   in   cs us sy id wa st
 2  0      0   1514      2    127    0    0   290    15  112  479  1  2 97  0  0
 0  0      0   1514      2    127    0    0     0     0   64  100  0  1 100  0  0
 0  0      0   1514      2    127    0    0     0     0   58   87  0  0 100  0  0
 0  0      0   1514      2    127    0    0     0     0   61   90  0  0 100  0  0
 0  0      0   1514      2    127    0    0     0     0   62   92  0  0 100  0  0
 0  0      0   1514      2    127    0    0     0     0   60   90  0  0 100  0  0
 0  0      0   1514      2    127    0    0     0     0   60   89  0  0 100  0  0
 0  0      0   1514      2    127    0    0     0     0   59   88  0  0 100  0  0
 0  0      0   1514      2    127    0    0     0     0   60   88  0  0 100  0  0
 0  0      0   1514      2    127    0    0     0     0   56   87  0  0 100  0  0
 0  0      0   1514      2    127    0    0     0     1   57   87  0  0 100  0  0
 0  0      0   1514      2    127    0    0     0     0   61   94  0  0 100  0  0
 0  0      0   1514      2    127    0    0     0     0   59   86  0  0 100  0  0
```

图 4-4 使用 vmstat 工具

2. iostat 命令

当太多的文件反复被打开、读取、写入、关闭的时候，会遇到性能问题。例如，寻道时间(需要移动到数据存储的正确磁道的时间)开始增加，这可能变得显而易见。使用

iostat 工具,可以实时监控 I/O 设备负载。使用不同的选项能够随时间更深入地收集必要的数据。下面显示了设备/dev/sda 的输出,如图 4-5 所示。

```
[root@zgh ~]# iostat 2 -x /dev/sda
```

```
[root@zgh ~]# iostat 2 -x /dev/sda
Linux 3.10.0-1127.el7.x86_64 (zgh)      06/16/2021      _x86_64_        (1 CPU)

avg-cpu:  %user   %nice %system %iowait  %steal   %idle
           1.37    0.00    1.88    0.05    0.00   96.70

Device:         rrqm/s   wrqm/s     r/s     w/s    rkB/s    wkB/s avgrq-sz avgqu-sz   await r_await w_await  svctm  %util
sda               0.00     0.07    9.85    1.05   337.23   169.17    92.92     0.01    0.52    0.49    0.82   0.34   0.37

avg-cpu:  %user   %nice %system %iowait  %steal   %idle
           0.00    0.00    0.50    0.00    0.00   99.50

Device:         rrqm/s   wrqm/s     r/s     w/s    rkB/s    wkB/s avgrq-sz avgqu-sz   await r_await w_await  svctm  %util
sda               0.00     0.00    0.00    0.00     0.00     0.00     0.00     0.00    0.00    0.00    0.00   0.00   0.00

avg-cpu:  %user   %nice %system %iowait  %steal   %idle
           0.00    0.00    0.50    0.00    0.00   99.50

Device:         rrqm/s   wrqm/s     r/s     w/s    rkB/s    wkB/s avgrq-sz avgqu-sz   await r_await w_await  svctm  %util
sda               0.00    48.24    0.50   70.35     8.04  1428.89    40.56     0.07    1.02    1.00    1.02   0.09   0.60
```

图 4-5 使用 iostat 工具

更多字段的详细说明,可参考 iostat(1)的 man page。

对电梯算法的改变,会在 avgrq-sz(平均请求大小)和 avgqu-sz(平均队列长度)中看到。通过调整电梯算法的设置从而降低延迟,avgrq-sz 将会减少。也可以监控 rrqm/s 和 wrqm/s,了解在合并读和写数量上的影响。

4.4.2 性能调整选项

在确定磁盘子系统是系统瓶颈之后,也有一些可能的解决方案。这些方案包括:

(1) 如果是一个连续性质的工作负载,并且它强调控制器的带宽,解决的方法是添加一个更快的磁盘控制器。然而,如果是更随机性质的工作负载,那么瓶颈可能涉及磁盘驱动器,添加更多的驱动器将提高性能。

(2) 在 RAID 环境中添加更多的磁盘驱动器。将数据展开到多个物理磁盘,可提高读和写的性能,这将增加每秒 I/O 的数量。此外,使用硬件 RAID 取代 Linux 提供的软件实现。如果已经使用硬件 RAID,RAID 的级别在操作系统中是隐藏的。

(3) 考虑使用条带化的 Linux 逻辑卷取代大个的单磁盘或没有条带化的逻辑卷。

(4) 将进程卸载到网络中的另一个系统(用户、应用程序或服务)。

(5) 添加更多的 RAM。增加内存,提高系统内存磁盘 Cache,这实际上提高了磁盘的响应时间。

4.5 网络瓶颈

网络子系统的性能问题可能是许多问题的原因,比如内核错误。为了分析这些异常的网络瓶颈,每个 Linux 发行版都包括了流量分析器。

第 5 章

调整操作系统

Linux 发行版和 Linux 内核提供了各种参数和设置,以让 Linux 管理员调整系统从而得到最大限度的性能。正如本书之前所描述的,没有神奇的调整旋钮可以任意调整应用程序的性能。下面章节中讨论的设置将改善某些硬件配置和应用程序的性能。但是,它们有可能对提高 Web 服务器和数据库服务器的性能产生不利影响。

本章将介绍调整 Linux 发行版 2.6 内核的步骤。目前,Linux 发行版 2.6 内核,从 2.6.9 到 2.6.19 有所不同,一些调整选项可能只适用于一个特定的内核版本。描述这些参数的目的是在大多数情况下可以改善性能,并使你对 Linux 中的技术有基本的了解,这些参数包括:Linux 内存管理、系统清理、磁盘子系统调优、使用 sysctl 对内核调优和网络优化。

本章内容包括以下几个部分:调整原则、安装注意事项、更改内核参数、调整处理器子系统、调整内存子系统、调整磁盘子系统、调整网络子系统和限制资源使用。

5.1 调整原则

调整任何系统应该遵循一些简单的原则,其中最重要的是变更管理。通常,系统调优的第一步应该是分析和评估当前系统配置,确保系统按照硬件制造商所述运行,所有设备在最佳模式下运行,这将为以后的任何调整创建一个坚实的基础。另外,在执行任何特定调整任务之前,系统被设计为最佳性能,最小化运行不必要的任务和子系统。最后,当对特定系统进行调整的时候,应该注意的是,调整通常是让系统适应一个特定的工作负载。因此,系统在预期的负载特征下会有更好的表现,但是在不同的工作模式下它可能表现得更糟。例如,低延迟系统调整,很大可能对磁盘造成不良影响。

虽然变更管理与性能调优不是严格相关,但是变更管理可能是成功进行性能调优的一个重要手段。变更管理注意问题,如表 5-1 所示。

表 5-1 变更管理注意问题

序号	注 意 问 题
1	在调整任何 Linux 系统之前,实施适当的变更管理过程
2	绝不在生产服务器上开始调整设置

续表

序号	注 意 问 题
3	绝不在调整过程期间改变一个以上的变量
4	重新启动可能提高性能的参数;有时统计会发挥作用
5	记录成功的参数并分析它们,无论你认为它们是多么微不足道。Linux 性能可以大大受益于在生产环境中获得的任何结果

5.2　安装注意事项

理想情况下,在服务器系统上对一个特定性能目标的调优,应该从设计和安装阶段开始。适当的安装就是调整系统适应工作量模式,这能为之后的调优节省大量的时间。

5.2.1　安装

在一个完美的世界中,任何指定系统的调优都在一个非常早期的阶段就开始了。理想情况下,一个系统是专门针对应用程序的需要和预期工作量所定制的。我们知道,一般一个管理员由于一个瓶颈需要调整一个已经安装好的系统,但是我们要强调的是,调优在操作系统的初始化安装期间也是有用的。

在开始 Linux 安装之前,有几个问题需要解决,包括:处理器技术的选择、磁盘技术的选择和应用程序的需求。

这些问题超出了本书的范围,这里不详述。

理想情况下,在开始安装之前先回答以下 4 个问题。

(1) 我需要什么特点和版本的 Linux? 在收集商业需求和应用程序需求之后,决定使用哪个 Linux 版本。企业通常有合同协议,可以普遍使用一个特定 Linux 发行版。经济能力和合同利益决定使用的 Linux 版本。然而,如果在选择 Linux 发行版本上有完全的自由,则有以下问题需要考虑:

支持企业级 Linux 发行版或是一个定制发行版。在一些科学的环境中可以接受运行一个不受支持的 Linux 版本,比如 Fedora。考虑到企业工作负载,强烈建议使用完全支持的发行版,比如 Red Hat Enterprise Linux 或 Novell SUSE Enterprise Linux。

(2) 什么版本的企业发行版? 几乎每个企业 Linux 发行版都有自己的特点,如内核版本、支持的软件包、特征等,最重要的是它们在硬件支持的水平上有所不同。在安装之前,仔细查看支持的硬件配置,这样将不会遗漏任何硬件的功能。

选择正确的内核。企业级 Linux 发行版提供了几种内核软件包。出于性能考虑,一定要为你的系统选择最合适的内核。然而,大多数情况下,正确的内核是在安装程序中选择的。记住,正确的内核软件包名称由于发行版不同是有差异的。

注意:最新的内核具有被称为 SMAP 切换的能力,它可在启动时优化自己,详情参考发行版说明。

（3）选择什么样的分区布局？磁盘子系统的分区布局通常是由应用程序的需要、系统管理方面考虑、个人喜好所决定的，而不是由性能所决定的。在大多数情况下已经给出分区布局。我们唯一的建议是，如果可能，应使用一个 swap 分区。swap 分区，而不是 swap 文件，对性能是有好处的，因为没有文件系统的开销。swap 分区很简单，还可以扩展额外的 swap 分区，或者如果需要，甚至可以扩展 swap 文件。

（4）使用的文件系统是什么？不同的文件系统在数据完整性和性能上有不同的特点。一些文件系统可能在有些 Linux 发行版或应用程序上是不被支持的。对于大多数服务器，安装程序建议的默认文件系统将提供足够的性能。如果你有最小延迟或最大吞吐量的具体需求，则建议根据这些需求选择各自的文件系统。

软件包的选择："最小化"或是"所有"？在 Linux 的安装期间，管理员面临着要选择"最小化"还是"所有"的安装方法。有些人喜欢所有安装，因为这样很少需要解决安装软件包的依赖性。

考虑以下几点：虽然没有涉及性能，选择"所有"或"几乎所有"的安装方式对于系统安全威胁有很重要的影响。在生产系统上，开发工具的可用性可能导致明显的安全威胁。安装较少的数据包，浪费的磁盘空间较少，一个具有较多空闲空间的磁盘比一个具有很小空闲空间的磁盘性能要好。如果需要，智能化软件安装程序，比如 Red Hat Packet Manager、rpm 或 yum 将自动解决依赖性。因此，建议考虑最小化软件包选择，只安装那些可以使应用程序成功实现的软件包。

你要决定 Netfilter 防火墙配置是否需要。Netfilter 防火墙通常用来保护系统免受恶意攻击。然而，太过复杂的防火墙规则在高数据流量环境中会降低性能。

在某些 Linux 发行版中，比如 Red Hat Enterprise Linux 5.x，安装程序让你选择是否开启 SELinux。SELinux 会带来明显的性能损失，应仔细地评估是否真需要为一个特定的系统通过 SELinux 提供额外的安全。

运行级别的选择。安装过程最后给出的选择是：系统默认运行级别的选择。除非有特殊的需要，在运行级别 5（图形用户模式）运行系统，否则强烈建议在所有服务器系统上使用运行级别 3。正常情况下，在一个数据中心中驻留的系统是不需要图形界面的，运行级别 5 的开销是相当大的。如果安装程序不提供运行级别的选择，建议在初始化系统配置之后手动选择运行级别 3。

5.2.2　检查当前的配置

如前所述，尝试为系统建立一个坚实的基础很重要。坚实的基础可确保所有子系统按照设计的方式工作，没有异常。一个异常的例子是一个千兆网络接口卡和一个有网络性能瓶颈的服务器。如果网卡自动协商为 100Mb/s 半双工，则调整 Linux 内核的 TCP/IP 实现可能没有多大用处。了解系统理论能力是非常重要的，如表 5-2 所示。

表 5-2　检查当前的配置

配置	问　　题
CPU	CPU(S)模式是什么？处理器的架构是哪一个？使用什么主板芯片？
	有多少个 socket？每个 CPU 有多少个核心？如果核心支持超线程,那么每个核心上有多少个线程？每个 socket 是如何连接的,数据速率是多少(QPI,HyperTransport,FSB)？
	CPU 每个层级的 cache 有多大？cache 是核心私有的,还是与 socket 上的其他核心共享的,还是与一个系统中的其他 socket 共享的？cache 是如何被组织和访问的？
	处理器支持哪些特征？处理器支持硬件虚拟化吗？处理器的架构是 32 位还是 64 位？有其他特殊功能或指令吗？
内存	系统有多少内存？硬件允许的最大数量的内存是多少？
	系统使用的内存技术是什么？它具有什么带宽和延迟？
	系统的内存是如何被连接的,通过一个 Northbridge 和前端总线,或者直接到 CPU；是 SMP 或 NUMA 吗？如果是 NUMA,NUMA 节点使用什么技术,当访问不同区域的内存时会有什么影响？
存储	附加在系统上的存储设备是什么类型的？实际设备是什么模型？它们是基于旋转磁盘片的传统硬盘,还是固态硬盘(solid-state disk,SSD)驱动器？
	传统的硬盘,它们有没有寻址时间和旋转延迟？你期待的最大化带宽和延迟是多少？访问驱动器不同分区的速度变化是多少？
	SSD 驱动器,它们使用的闪存是 MLC 还是 SLC？它们支持 TRIM 吗？如何有效地对它们的耐久性和垃圾收集系统进行测量？
	磁盘阵列,已使用的硬件 RAID 级别是什么？在一个阵列里有多少个存储设备？RAID 级别是条带,在阵列中每个条带的大小是多少？
	直连式存储使用什么(SATA、SAS 或其他)进行互连？它是怎么连接主板到系统的其他部分呢？是否有充足的带宽让所有的设备支持通信的连接？
	SAN 设备,使用 Fibre Channel 或 iSCSI 越过以太网？SAN 设备的带宽和延迟是多少？多路径 SAN 设备,基于可用路径的性能变化如何？
网络	系统上可用的网络接口卡是什么？使用的网络技术是什么(如以太网、无限带宽技术等)？
	对机器来说,什么网络是可用的或需要的？什么是 VLAN？如何大量利用这些网络？它们有特殊用途吗(如存储网络、带外管理等)？它们运转的速度是多少？
	我们需要特别的能力吗(例如,I/O 虚拟化可以将一个网卡划分成多种 vNIC(虚拟网卡)作为系统上的 guest 虚拟机)？

　　物理访问一台机器可以较容易地回答这些问题。通常,管理员在一个远程数据中心管理主机。下面将寻找能够帮助系统管理员远程收集系统上使用的硬件的信息的方法和工具。

1. 查看内核消息

　　一个系统上有关硬件最简单、最详细、最直接的信息源常常是 Linux 内核。因为内核是访问所有硬件的主要介质。内核通过/proc 文件系统、/sys 文件系统和内核消息公开此信息。

　　可以从内核消息中找到可用的信息。为了能在几乎任何环境中生成消息,设计机制为：将内核消息写入一个预分配的环形缓冲区,像是已知的 dmesg 缓冲区。想读取消息,必须以某种方式将它们放入用户空间。

在 RHEL 中,这些消息被 klogd 进程监听,并将消息转发到 syslog(或 rsyslog)日志库,记录的内核消息默认放在/var/log/messages 下。另一种方法是使用 dmesg 命令导出当前 dmesg 缓冲区中的内容。

通常,审查 dmesg 缓冲区有 3 个动机,如表 5-3 所示。

表 5-3 审查 dmesg 缓冲区的动机

序　　号	内　　容
动机 1	回顾一下启动时的硬件检测
动机 2	观察显示出的硬件连接或检测的信息
动机 3	观察显示出的警告或错误情况发生的信息

在启动之后,dmesg 缓冲区将包含大量信息,dmesg 的部分输出如图 5-1 所示。

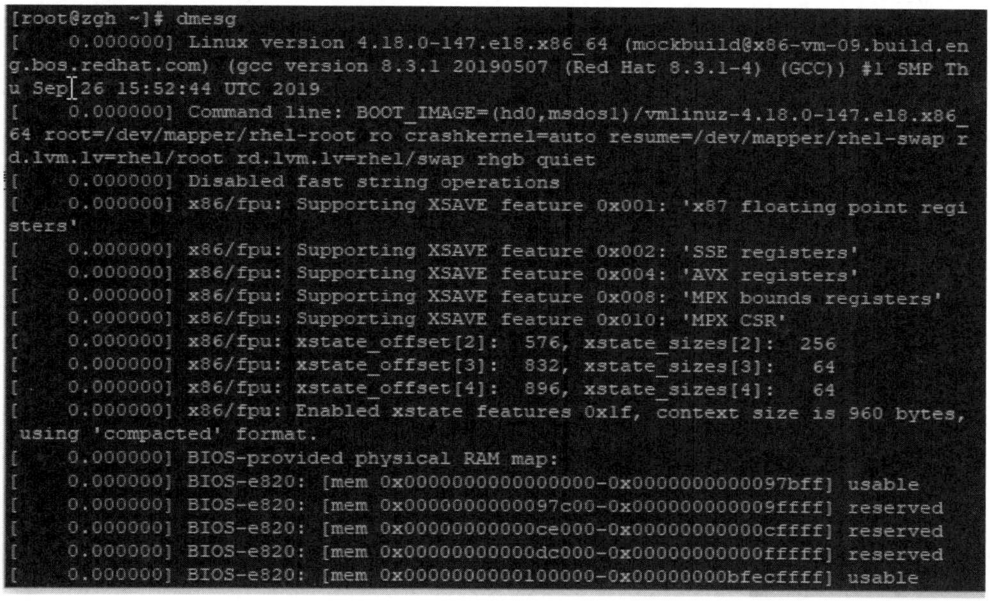

图 5-1 dmesg 的部分输出

然而,当前的消息将填充缓冲区,并随着时间的推移最终循环并覆盖原来的信息。因此,每次启动后,Red Hat Enterprise Linux 存储当前 dmesg 缓冲区的内容到/var/log/dmesg。花费一些时间查阅内核启动信息,能够得到关于一个平台的硬件的综合情况。

2. 查看 CPU 信息

现代系统中通常有多个 CPU,每个 socket 会有多个核心,每个核心又可能有多个超线程,有不同级别的本地和共享 cache。lscpu 命令可以提供一个本地配置的快速概要。

下面是 lscpu 的输出和相关信息的说明,如图 5-2 所示。

```
[root@zgh ~]#lscpu
```

```
[root@zgh ~]# lscpu
Architecture:          x86_64
CPU op-mode(s):        32-bit, 64-bit
Byte Order:            Little Endian
CPU(s):                4
On-line CPU(s) list:   0-3
Thread(s) per core:    1
Core(s) per socket:    4
Socket(s):             1
NUMA node(s):          1
Vendor ID:             GenuineIntel
CPU family:            6
Model:                 158
Model name:            Intel(R) Core(TM) i7-7700HQ CPU @ 2.80GHz
Stepping:              9
CPU MHz:               2808.005
BogoMIPS:              5616.01
Virtualization:        VT-x
Hypervisor vendor:     VMware
Virtualization type:   full
L1d cache:             32K
L1i cache:             32K
L2 cache:              256K
L3 cache:              6144K
NUMA node0 CPU(s):     0-3
Flags:                 fpu vme de pse tsc msr pae mce cx8 apic sep mtrr pge mca cmov pat pse36 clflush mmx fxsr ss
e sse2 ss ht syscall nx pdpe1gb rdtscp lm constant_tsc arch_perfmon nopl xtopology tsc_reliable nonstop_tsc cpui
d pni pclmulqdq vmx ssse3 fma cx16 pcid sse4_1 sse4_2 x2apic movbe popcnt tsc_deadline_timer aes xsave avx f16c
rdrand hypervisor lahf_lm abm 3dnowprefetch cpuid_fault invpcid_single pti ssbd ibrs ibpb stibp tpr_shadow vnmi
ept vpid fsgsbase tsc_adjust bmi1 avx2 smep bmi2 invpcid mpx rdseed adx smap clflushopt xsaveopt xsavec xsaves a
rat md_clear flush_l1d arch_capabilities
```

图 5-2　使用 lscpu 查看本地配置

lscpu 列出了多个 CPU cache 的大小,它不会告诉我们逻辑 CPU 是如何共享 cache 的。使用 lscpu -p,可输出 cache 共享信息,如图 5-3 所示。

```
[root@zgh ~]#lscpu -p
```

```
[root@zgh ~]#  lscpu -p
# The following is the parsable format, which can be fed to other
# programs. Each different item in every column has an unique ID
# starting from zero.
# CPU,Core,Socket,Node,,L1d,L1i,L2,L3
0,0,0,0,,0,0,0,0
1,1,0,0,,1,1,1,0
2,2,0,0,,2,2,2,0
3,3,0,0,,3,3,3,0
[root@zgh ~]#
```

图 5-3　使用 lscpu -p 输出 cache 共享信息

注意最后 4 个字段,L1 和 L2 cache 每对超线程是不同的,L3 cache 是被各自 socket 上的所有核心共享的,附加一个单独的内存地址总线。

lscpu 命令是在 Red Hat Enterprise Linux 6 中引入的。在之前的 Red Hat Enterprise Linux 版本中,使用 x86info 命令提供类似的信息,其可在 x86info 软件包中找到。下面显示的是 x86info 输出的部分信息,如图 5-4 所示。

```
[root@zgh ~]#x86info
```

3. 确定 SMBIOS/DMI 信息

dmidecode 工具(由 dmidecode 软件包提供)可以探测本地 System Management BIOS(SMBIOS)和 Desktop Management Interface(DMI),并提供大量有关本地硬件的信息。首先看到 BIOS 的信息,如图 5-5 和图 5-6 所示。

图 5-4 x86info 输出的部分信息

[root@zgh ～]#dmidecode

图 5-5 dmidecode 工具探测 SMBIOS/DMI 信息（1）

图 5-6 dmidecode 工具探测 SMBIOS/DMI 信息（2）

相关服务器的系统信息如图 5-7 所示。

```
Handle 0x0100, DMI type 1, 27 bytes
System Information
        Manufacturer: Dell Inc.
        Product Name: PowerEdge R710
        Version: Not Specified
        Serial Number: C5V8D3X
        UUID: 6C6C6566-0035-5610-8038-C3C06F663358
        Wake-up Type: Power Switch
        SKU Number: Not Specified
        Family: Not Specified
```

图 5-7　相关服务器的系统信息

相关服务器上(部分)CPU 的信息,列出了主板上多种设备,如网络接口卡、显卡、RAID 控制器,如图 5-8 所示。

```
Handle 0x0A00, DMI type 10, 16 bytes
On Board Device 1 Information
        Type: Video
        Status: Enabled
        Description: Embedded Matrox G200 Video
On Board Device 2 Information
        Type: Ethernet
        Status: Enabled
        Description: Embedded Broadcom 5709C NIC 1
On Board Device 3 Information
        Type: Ethernet
        Status: Enabled
        Description: Embedded Broadcom 5709C NIC 2
```

图 5-8　主板设备相关信息

还有已安装的(部分)RAM 信息,如图 5-9 所示。

```
Handle 0x1000, DMI type 16, 15 bytes
Physical Memory Array
        Location: System Board Or Motherboard
        Use: System Memory
        Error Correction Type: Multi-bit ECC
        Maximum Capacity: 288 GB
        Error Information Handle: Not Provided
        Number Of Devices: 18

Handle 0x1101, DMI type 17, 28 bytes
Memory Device
        Array Handle: 0x1000
        Error Information Handle: Not Provided
        Total Width: 72 bits
        Data Width: 64 bits
        Size: 4096 MB
        Form Factor: DIMM
        Set: 1
        Locator: DIMM_A2
        Bank Locator: Not Specified
        Type: DDR3
```

图 5-9　RAM 信息

注意,这些信息是由内核中的 sysfs 文件系统提供的,在/sys/class/dmi/id 目录下,如图 5-10 所示。

```
[root@zgh ~]#ls /sys/class/dmi/id/
```

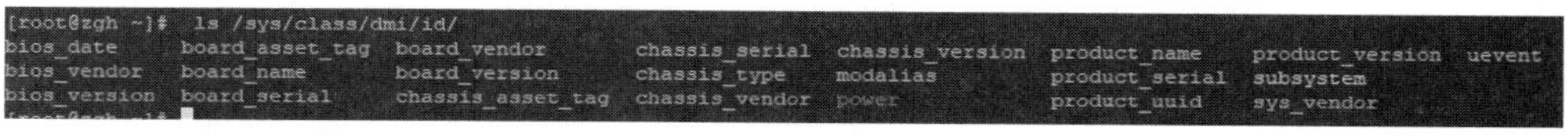

图 5-10　sysfs 文件系统

5.2.3　最小化资源使用

以最高性能水平设计的系统必须最小化任何资源的浪费。赛车不能提供如同普通轿车的舒适,但是驾驶的目的是尽可能地比普通轿车快,并且舒适的座椅是资源的浪费。同样的道理也适用于服务器系统。运行消耗内存的 GUI 和大量不必要的守护进程,将会降低系统的整体性能。本节将介绍系统资源消耗的优化。

1. 守护进程

在 Linux 发行版默认安装之后,有些不必要的服务和守护进程可能会被启用。要禁用不需要的守护进程,减少整个系统的内存占用量,减少运行进程的数量和上下文切换,更重要的是,减少暴露的各种安全威胁。禁用不需要的守护进程也可以降低服务器的启动时间。

默认情况下,在大多数系统上,有些已经启动的守护进程可以被安全地停止和禁用。表 5-4 列出了在各种 Linux 发行版中已经启动的守护进程。如果适用,应考虑在你的环境中禁用它们。注意,表 5-4 中列出了一些商用 Linux 发行版各自的守护进程。特定的 Linux 安装在运行守护进程的确切数量上可能有所不同。这些守护进程更详细的说明,参考下面的 system-config-services 的显示。

表 5-4　默认安装的可调整启动的守护进程

进　　　程	注　　　释
Network Manager	如果希望手工管理网络可以禁用,这是一个简单管理网络连接的工具
abrt-ccpp　abrt-oops abrtd	abrt(automatic bug report tool)服务监控应用程序崩溃并收集崩溃时数据,稍后汇报给 Bugzilla 以方便开发者修复。可以禁用
acpi	acpi(advanced configuration and power interface),为替代传统的 APM 电源管理标准而推出的新型电源管理标准。建议笔记本用户开启它。服务器一般不需要 acpi
atd	在特定的时间运行 at 命令来调度要运行的命令。如果不使用,则该进程可以禁用
autofs	自动挂载需求的文件系统(例如,自动挂载 CD-ROM)。在服务器系统上,文件系统很少有自动挂载的情况
bluetooth	当发现蓝牙设备时,触发 bluetoothd 启动。如果不连接蓝牙设备,则该进程可以禁用

进　程	注　释
cgcongif	创建和设置 control group 文件系统。如果不使用 cgroup,则该进程可以禁用
cgred	cgroup 规则引擎用来自动对进程进行分类。如果不使用,则该进程可以禁用
cpuspeed	守护进程将自动调整 CPU 的频率,在服务器环境中,建议关闭这个守护进程
cpus	通用 UNIX 打印系统,如果不打算在服务器上使用打印服务,则该进程可以禁用
dnsmasq	如果你的服务器不是用作 DNS 缓存服务器,则该进程可以禁用
ebtables	与 iptables 类似,只不过是对数据链路层的 MAC 做过滤,可以禁用
firstboot	在第一次安装后引导用户对系统进行配置,可以禁用
hacacheclean	将 mod_disk_cache 的存储缓冲区所占用的空间限定在一个合理的水平,可以禁用
Ip6tables	IPv6 防火墙,服务器一般不启用,可以禁用
iptables	IPv4 防火墙,服务器一般不启用,可以禁用
kdump	在系统崩溃、死锁或者死机的时候用来收集内存运行的状态和数据信息,可以禁用
mdmonitor	检查系统上的所有软件磁盘阵列(RAID)的状态,可以禁用
netcf-transaction	保存当前网络配置的状态,并在稍后恢复配置或提交新的配置,可以禁用
netconsole	用于将本地主机的日志信息打印到远程主机上,如果不使用远程日志,则该进程可以禁用
nfs	如果不是使用 NFS 服务,则该进程可以禁用
ntpd	NTP(网络时间协议)用来与时间服务器进行时间同步。如果不需要进行时间同步,则该进程可以禁用
ntpdate	用通过轮询 NTP 服务器得到的时间设置本地日期和时间。如果不需要进行时间同步,则该进程可以禁用
numad	动态监视系统的运行和内存的使用,并动态平衡 CPU 和内存的负载。如果不使用 MUMA 架构的服务器,则该进程可以禁用
oddyobd	oddjobd 服务提供支持,当无特权的应用程序需要执行一组特权操作时,代表它们执行,可以禁用
postfix	系统中的 MTA,如果服务器不需要邮件服务,则该进程可以禁用
psacct	审计系统账号连接时间,用户操作,可以禁用
quota_nld	监听 netlink socket 并通过内核产生磁盘配额记录警告,并将其传递给系统 D-Bus 或终端用户,可以禁用
radvd	定期发送 IPv6 路由通告消息和回应路由请求消息,可以禁用
rdisc	用来在本地子网中发现路由器,可以禁用
restorecond	使用 inotify 寻找在 /etc/selinux/restorecond.conf 文件中指定的新文件,并恢复正确的安全上下文。如果不使用 SELinux,则该进程可以禁用
rhnsd	负责定期连接到红帽网络服务器来检查更新、通知。如果没有购买红帽的服务,则该进程可以禁用

进　程	注　释
rngd	收集来自硬件源的熵值并写入/dev/random/,可以禁用
rpcidmapd	在 NFSv4 挂载时,用来映射用户名和组到 UID 和 GID。如果服务器不使用 NFS 服务,则该进程可以禁用
rpcsvcgssd	管理服务器上的 RPCSEC GSS,用于安全 NFS 挂载。如果服务器不使用 NFS 服务,则该进程可以禁用
rsync	如果服务器不使用 xinetd 的 rsync 服务,则该进程可以禁用
sandbox	当使用 sandbox、xguest、pam_namespace 的时候,该服务将不实际运行任何服务,而是在/var/tmp、/tmp/、/home 目录中使用这些工具。如果不使用 sandbox、xguest、pam_namespace,则该进程可以禁用
saslauthd	使用 cyrus-sasl 库处理明文验证请求。如果不使用 cyrus-sasl 库,则该进程可以禁用
smartd	监控本地硬盘的 SMART(Self-Monitoring,Analysis,Reporting Technology)状态,并提供先进的磁盘退化和故障的报警,可以禁用
sssd	提供了一组守护进程来管理目录远程访问和身份验证机制。如果不使用用户账号的远程验证,则该进程可以禁用
wdaemon	帮助 X.org 支持 Wacom 手写板,可以禁用
winbind	允许 UNIX 系统利用 Windows NT 的用户账号信息。如果服务器不提供 samba 服务或 samba 服务器不是通过 Windows 域验证,则该进程可以禁用
wpa_supplicant	这是一个用来连接无线网络的工具,在不使用无线网络的系统上可以禁用
ypbind	这个守护进程是在 NIS/YP 客户端上运行的,并将它绑定到一个 NIS 域。作为 NIS 客户端,它的运行必须基于 glibc,但是在使用 NIS 的系统上不应该启用它

在 Red Hat Enterprise Linux 和 Novell SUSE 上,chkconfig 命令为管理员提供了易于使用的界面,用来更改各种守护进程的启动选项。使用 chkconfig 运行的第一个命令时检查所有运行的守护进程:

```
[root@zgh ~]#chkconfig --list | grep on
```

如果不希望守护进程在下次机器启动时启动,可以 root 身份运行下列命令之一。它们可实现相同的效果,不同之处在于,第二个命令在所有运行级别禁用守护进程,而--level 标志可以用来说明确切的运行级别。

```
[root@zgh ~]#chkconfig --level 2345 postfix off
[root@zgh ~]#chkconfig postfix off
```

提示:如果不想浪费时间等待重新启动完成,只需要分别改变运行级别为 1,并返回 3 或 5。

还有另外一个有用的系统命令——/sbin/service,它可以让管理员立刻改变任何已注册服务的状态。在第一个实例中,通过运行这个命令,管理员可以始终选择检查一个服务(例如,sendmail)的当前状态。

```
[root@zgh ~]#service postfix status
```

在下面的例子中,使用命令 service 立刻停止 sendmail 守护进程:

```
[root@zgh ~]#service postfix stop
```

service 命令特别有用,因为它可以让用户立刻核实是否需要一个守护进程。通过 chkconfig 执行的更改不会立刻激活,除非改变系统的运行级别或执行重新启动。然而, 通过 service 命令禁用的守护进程,在重新启动之后将重新启用。对于不可使用 service 命令的 Linux 发行版,可以通过 init.d 目录启动或停止守护进程。检查 CUPS 守护进程 的状态,例如,可以像这样执行:

```
[root@zgh ~]#/etc/init.d/cups status
```

同样,可以通过基于图形界面的程序修改已启动的守护进程,如图 5-11 所示。在 Red Hat Enterprise Linux 中运行服务配置图形界面,单击 System→Administration→ Services 命令,或运行 system-config-services 命令。

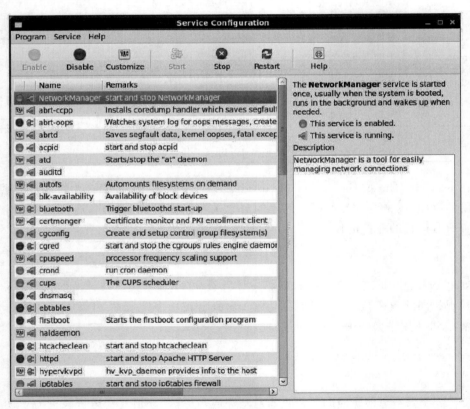

图 5-11   Red Hat 服务配置接口

2. 更改运行级别

只要有可能,不要在 Linux 服务器上运行图形用户界面。通常情况下,大多数 Linux 管理员都认为,在 Linux 服务器上是不需要图形界面的。通过命令行,可以重定向 X 显示。通过 Web 浏览器界面,所有管理的任务可以有效地被实现。如果你更喜欢图形界面,有几个有用的基于 Web 的工具,如 webmin、Linuxconf、SWAT。

提示:即使在本地服务器上禁用 GUI,你仍可以远程连接并使用图形界面。要做到这一点,可使用带有-X 参数的 ssh 命令。

如果必须使用图形界面,要根据需要启动和停止,而不是一直运行。大多数情况下,当机器启动起来的时候,不要启动 X Server,服务器应该运行在运行级别 3。如果想重新启动 X Server,则可以在命令提示符下使用 startx。

通过使用 runlevel 命令确定机器运行在哪个运行级别,这将打印出之前的(当前运行级别的上一次运行级别)运行级别和当前的运行级别。例如,N 5 表示没有之前的运行级别(N),当前的运行级别是 5。

使用 init 命令可以在运行级别之间切换。例如,切换到运行级别 3,可输入命令 init 3。

Linux 中使用的运行级别如表 5-5 所示。

表 5-5　Linux 中使用的运行级别

运 行 级 别	注　　释
0 Halt	停止。不要设置为初始默认运行级别,否则在启动引导过程结束之后,服务器将立即关闭
1 Single user mode	单用户模式
2 Multiuser, without NFS	同运行级别 3 一样,但是没有联网
3 Full multiuser mode	多用户字符界面
4 Unused	未使用
5 X11	多用户图形界面
6 Reboot	不要设置为初始默认运行级别,否则在启动时,服务器将连续重新启动

设置一台机器在开机时的初始运行级别,如下面所示。

```
id: 3: initdefault:
```

修改/etc/inittab 文件,如图 5-12 所示。

```
[root@zgh ~]#vim /etc/inittab
```

5.2.4　SELinux

Red Hat Enterprise Linux 4 引入了一个新的安全模型——SELinux(Security

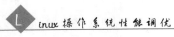

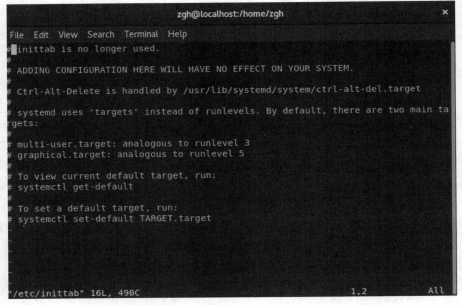

图 5-12　修改/etc/inittab 信息

Enhanced Linux),很明显,使用它可以拥有更高的安全性。SELinux 引入的强制访问策略模式克服了 Linux 使用的标准自主访问模型的局限性。如图 5-13 所示,SELinux 在用户和进程级别上强制安全性,所以任何特定进程的安全漏洞,只影响分配给这个进程的资源,而不是整个系统。SELinux 的工作就像一台虚拟机器。例如,如果一个恶意攻击者利用 Apache 使用根目录,那么只有分配给 Apache 守护进程的资源会被破坏。

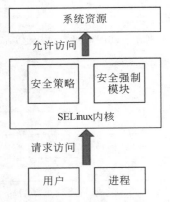

图 5-13　SELinux 的原理概述

　　然而,强制使用这样一个基于安全模型的策略是要付出代价的。用户或进程每次访问系统资源时,SELinux 必须控制 I/O 设备。检查权限的过程中可以导致高达 10% 的开销。SELinux 对于任何边缘服务器是很有价值的,比如防火墙,或是 Web 服务器,但是添加到后台数据库服务器的安全级别可以在性能上带来无法证实的损失。

　　通常情况下,禁用 SELinux 最简单的方法是起初就不要安装它。但是,通常使用默认参数的系统就已经安装 SELinux 了,也没有注意到 SELinux 会影响性能。在安装 SELinux 之后也可以禁用它,在 GRUB 引导加载程序中,在正在运行的内核所在行中附加条目 selinux=0 即可。编辑 grub 文件禁用 SELinux,如图 5-14 所示。

　　另一个禁用 SELinux 的方法是通过存储在/etc/selinux/config 下的 SELinux 配置文件。如图 5-15 所示,可通过配置文件禁用 SELinux。

　　如果决定在基于 Linux 的服务器上使用 SELinux,则它的设置可以调整,以更好地适应环境。在一个运行的系统上,检查缓存的 Linux 安全模块(Linux Security Modules,

```
[root@zgh grub2]# vim /etc/default/grub
GRUB_TIMEOUT=5
GRUB_DISTRIBUTOR="$(sed 's, release .*$,,g' /etc/system-release)"
GRUB_DEFAULT=saved
GRUB_DISABLE_SUBMENU=true
GRUB_TERMINAL_OUTPUT="console"
GRUB_CMDLINE_LINUX="crashkernel=auto selinux=0 spectre_v2=retpoline rd.lvm.lv=centos/root rd.lvm.lv=centos/swap rhgb quiet"
GRUB_DISABLE_RECOVERY="true"
```

图 5-14　编辑 grub 文件禁用 SELinux

```
[root@zgh grub2]# vim /etc/sysconfig/selinux
# This file controls the state of SELinux on the system.
# SELINUX= can take one of these three values:
#     enforcing - SELinux security policy is enforced.
#     permissive - SELinux prints warnings instead of enforcing.
#     disabled - No SELinux policy is loaded.
SELINUX=disabled
# SELINUXTYPE= can take one of three values:
#     targeted - Targeted processes are protected,
#     minimum - Modification of targeted policy. Only selected processes are protected.
#     mls - Multi Level Security protection.
SELINUXTYPE=targeted
```

图 5-15　禁用 SELinux

LSM)的工作设置,并检查权限是否超过默认的访问向量缓存(access Vector Cache, AVC)512 条目的大小。

搜集存取向量(access vector)缓冲区的统计信息并在/selinux/avc/cache_stats 中显示出来,这些信息可以用 avcstat 之类的工具查看。

提示:检查访问向量缓存(access vector cache)的使用统计,可以另外使用 avcstat 工具。

如果系统在访问向量缓存中出现瓶颈(例如,沉重负载的防火墙),请尝试调整/selinux/avc/cache_threshold 为一个稍高的值,并重新检测 hash 统计。

5.2.5　编译内核

创建和编译自己的内核所提高的系统性能,远比通常认为的影响要小。随着大多数 Linux 版本的发行,现代的内核是模块化的,它们只加载所使用的部件。重新编译内核可以减小内核大小和整体行为(例如,实时行为)。改变源代码中的某些参数也可能产生一些系统性能。

前面已经说过,定制内核可以获得性能提升,但是很难证明,在企业环境中运行一个不被支持的内核所要面临的挑战。

当重新编译内核时,不要试图使用特殊的编译器标志,如-C09。已经手工调整过源代码的 Linux 内核与 GNU C 编译器匹配。使用特殊的编译器标志,最好的可能是带来较低的内核性能,最坏的可能是破坏代码。

记住,除非你真知道自己在做什么,否则,由于设置了错误的内核参数,实际上会降低系统性能。

5.3 更改内核参数

虽然多数情况下不建议修改和重新编译内核源代码,但还是有另一种手段,通过更改内核参数来调整 Linux 内核功能。proc 文件系统提供了一个用于访问正在运行的内核的接口,可以用它进行监控和在联机状态下更改内核设置。

要查看当前内核配置,可以在/proc/sys 目录中选择一个内核参数,并对相应的文件使用 cat 命令。下面我们来剖析系统当前内存过量使用策略。输出 0 告诉我们,在授权为应用程序请求进行内存分配之前,系统将一直检测可用内存。要更改此默认行为,可以使用 echo 命令,并给它提供一个新的值,在例子中我们使用 1(1 意味着内核在每次授权内存分配时,不检测分配是否能满足)。用 proc 文件系统改变内核参数如图 5-16 所示。

```
[root@localhost ~]$cat /proc/sys/vm/overcommit_memory
[root@localhost ~]$echo 1 >/proc/sys/vm/overcommit_memory
```

```
[zgh@localhost ~]$ cat /proc/sys/vm/overcommit_memory
0
[zgh@localhost ~]$ echo 1 > /proc/sys/vm/overcommit_memory
bash: /proc/sys/vm/overcommit_memory: Permission denied
```

图 5-16   用 **proc** 文件系统改变内核参数

上面展示的使用 cat 和 echo 快速改变内核参数的方法,适用于任何系统的 proc 文件系统。它也有以下两个明显的缺点。

(1) echo 命令对参数不执行任何一致性检查。

(2) 所有对内核的更改在系统重新启动之后会丢失。

为了克服这一点,一个被称为 sysctl 的工具可以帮助管理员更改内核参数。

提示:默认情况下,内核只包含必要的模块,可以让你在无须重新启动 Linux 的情况下使用 sysctl 更改。但是,如果选择移除此支持(在操作系统安装时),那么只有在重新启动 Linux 之后更改才会生效。

5.3.1   proc 文件系统

proc 文件系统不是一个真正的文件系统,但是它是非常有用的。proc 文件系统不存储数据,但提供了一个访问正在运行的内核的接口。proc 文件系统使管理员在联机状态下可以监控和更改内核。下面描述了一个 proc 文件系统的样本。大多数 Linux 工具依靠/proc 提供的信息进行性能测量,如图 5-17 所示。

查看 proc 文件系统,可以区分服务不同用户的几个子目录,但因为 proc 目录中的大部分信息是不易于人阅读的,建议使用工具(如 vmstat)以更可读的方式显示各种统计信

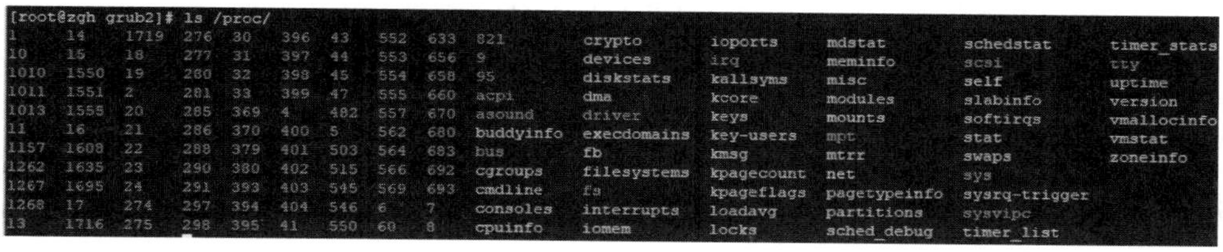

```
[root@zgh grub2]# ls /proc/
1     14    1719  276  30   396  43   552  633  821         crypto       ioports      mdstat        schedstat       timer_stats
10    15    18    277  31   397  44   553  656  9           devices      irq          meminfo       scsi            tty
1010  1550  19    280  32   398  45   554  658  95          diskstats    kallsyms     misc          self            uptime
1011  1551  2     281  33   399  47   555  660  acpi        dma          kcore        modules       slabinfo        version
1013  1555  20    285  369  4    482  557  670  asound      driver       keys         mounts        softirqs        vmallocinfo
11    16    21    286  370  400  5    562  680  buddyinfo   execdomains  key-users    mpt           stat            vmstat
1157  1608  22    288  379  401  503  564  683  bus         fb           kmsg         mtrr          swaps           zoneinfo
1262  1635  23    290  380  402  515  566  692  cgroups     filesystems  kpagecount   net           sys
1267  1695  24    291  393  403  545  569  693  cmdline     fs           kpageflags   pagetypeinfo  sysrq-trigger
1268  17    274   297  394  404  546  6    7    consoles    interrupts   loadavg      partitions    sysvipc
13    1716  275   298  395  41   550  60   8    cpuinfo     iomem        locks        sched_debug   timer_list
```

图 5-17 proc 文件系统

息。记住，proc 文件系统中包含的布局和信息，因不同的文件系统架构而不同，如表 5-6 所示。

表 5-6 proc 文件系统中包含的布局和信息

选项/参数	注 释
数字 1 到 X	通过数字表示的不同子目录指的是运行的进程或它们各自的进程 ID(PID)。目录结构总是从 PID1 开始指向 init 进程，并上升到各自的系统运行的 PID 的数量。每个数字的子目录存储进程相关的统计信息。这种数据示例是进程的虚拟内存映射
acpi	ACPI 指的是大多数现代桌面和笔记本系统支持的高级配置和电源接口。因为 ACPI 是主要的 PC 技术，所以它在服务器系统上常常是被禁用的
bus	这个子目录包含关于总线子系统的信息，比如，PCI 总线或各自系统的 USB 接口
irq	这个子目录包含关于系统中的中断信息。这个目录中的每个子目录指的是一个中断，并可能是一个连接的设备，比如一个网络接口卡。在 irq 子目录中，可以改变一个特定中断的 CPU 亲和力
net	这个子目录包含关于网络接口的大量原始统计，比如接收的组播数据包或每个接口的路由
scsi	这个子目录包含关于各自的系统的 SCSI 子系统信息，比如连接的设备或驱动程序版本。子目录 ips 指的是在大多数 IBM System x 服务器上发现的 IBM ServeRAID 控制器
sys	在 sys 子目录中可以找到可调整的内核参数，比如虚拟内存管理器或网络协议栈的行为。/proc/sys 中涵盖了各种选项和可调整的值
ttytty	该子目录包含了关于系统的各个虚拟终端和它连接的物理设备的信息
/proc	目录中的文件。proc 根目录中的各种文件涉及一些相关的系统统计。在这里可以找到通过 Linux 工具(如 vmstat 和 cpuinfo)作为输出源的信息

5.3.2 存储参数的位置

控制内核行为的内核参数存储在/proc 中(特别是/proc/sys 中)。

读取/proc 目录树中的文件，是一个简单地查看配置参数(相关内核、进程、内存、网络、其他组件)的方法。系统中运行的每个进程在/proc 中都有一个以进程 ID(PID)命名的目录，如表 5-7 所示。

表 5-7　 /proc 中的参数文件

参　数	说　明
/proc/sys/abi	这个目录可能包含文件与应用程序二进制信息，参阅 Documentation/sysctl/abi.txt 可获取更多的信息
/proc/sys/debug	此目录可能为空
/proc/sys/dev	这个目录包含特定设备的信息（例如，dev/cdrom/info），在某些系统上可能为空
/proc/sys/fs	特定的文件系统：文件句柄、inode、dentry 和配额调整
/proc/sys/kernel	这个目录包含的文件用来控制一系列的内核参数
/proc/sys/net	内核网络部分的调整，参阅 Documentation/networking/可获取更多的信息
/proc/sys/vm	这个目录包含的文件涉及内存管理调优、buffer 和 cache 管理

5.3.3　使用 sysctl 命令

sysctl 命令使用/proc/sys 目录树中文件的名字作为参数。例如，修改 shmmax 内核参数，可以显示（使用 cat 命令）和更改（使用 echo 命令）/proc/sys/kernel/shmmax 文件，如图 5-18 所示。

```
[root@localhost zgh ]#cat /proc/sys/kernel/shmmax
[root@localhost zgh ]#echo 666666 >/proc/sys/kernel/shmmax
[root@localhost zgh ]#cat /proc/sys/kernel/shmmax
```

```
[root@localhost zgh]# cat /proc/sys/kernel/shmmax
33554432
[root@localhost zgh]# echo 666666 > /proc/sys/kernel/shmmax
[root@localhost zgh]# cat /proc/sys/kernel/shmmax
666666
```

图 5-18　echo 修改参数

但是，使用这些命令很容易引入错误，因此建议使用 sysctl 命令，因为它在做任何更改之前会检查数据的一致性，如图 5-19 所示。

```
[root@localhost zgh]#sysctl kernel.shmmax
[root@localhost zgh]#sysctl -w kernel.shmmax=888888
[root@localhost zgh]#sysctl kernel.shmmax
```

```
[root@localhost zgh]# sysctl kernel.shmmax
kernel.shmmax = 666666
[root@localhost zgh]# sysctl -w kernel.shmmax=888888
kernel.shmmax = 888888
[root@localhost zgh]# sysctl kernel/shmmax
kernel.shmmax = 888888
```

图 5-19　sysctl 修改参数

保持内核的更改，直至下一次重新启动仍有效。如果希望永久改变，可以编辑/etc/sysctl.conf 文件并添加相应的命令，例如：

```
kernel.shmmax = 888888
```

下次重新启动时，参数文件将被读取。使用下面的命令，不重启也可以做同样的事情：

```
[root@zgh ~]# sysctl - p
```

5.4　调整处理器子系统

在任何一台计算机中，无论是一个手持式设备还是一个科学应用的集群，主要的子系统是实际做计算的处理器。在过去的十年间，摩尔定律导致处理器子系统的发展明显比其他子系统快。其结果是，瓶颈很少在 CPU 中发生，除非系统的唯一目的是数字处理。这说明，Intel 兼容的服务器系统的平均 CPU 使用率低于 10%。了解发生在处理器层级的瓶颈和为提高 CPU 性能知道可能的调整参数是很重要的。

5.4.1　调整进程优先级

正如 1.1.4 节所述，进程的优先级可分为静态（实时）优先级和动态（非实时）优先级。首先，使用 chrt 命令查看进程的调度策略，如图 5-20 所示。

```
[root@zgh ~]# chrt - m
```

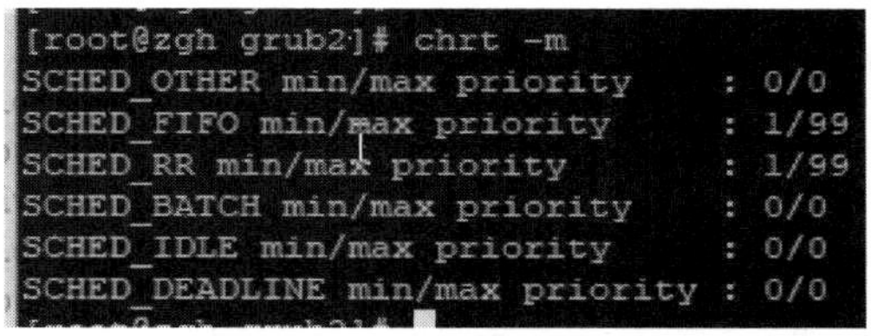

图 5-20　使用 chrt 命令查看进程的调度策略

这里有两个实时调度策略：SCHED_RR 和 SCHED_FIFO。SCHED_RR 是一个轮询调度策略。相同优先级别的进程使用轮询调度策略，只允许在一个最大时间片内运行。SCHED_FIFO 是一个先进先出调度策略。它一直运行，直到 I/O 阻塞，然后调用 sched_yield 或是被一个高优先级的进程抢占。

通常使用 sched_setscheduler 为应用程序设置调度策略。如果应用程序没有被设计为实时的，则可以通过 chrt 命令设置实时调度程序。通过策略和优先级参数运行一个实时优先级应用程序，如图 5-21 所示。

```
[root@zgh ~]# chrt - f 60 httpd
```

如果程序已经运行，也可以使用如下的 chrt 命令进行调整。

```
[root@zgh ~]# chrt - p 1806
[root@zgh ~]# chrt - p - f 50 1806
[root@zgh ~]# chrt - p 1806
```

还有 3 个非实时调度策略：SCHED_NORMAL、SCHED_BATCH 和 SCHED_IDLE。SCHED_NORMAL 是一个标准的轮询风格的时间共享策略。SCHED_BATCH 是为了执行批处理风格的程序而设计的。每当 SCHED_NORMAL 工作时，SCHED_

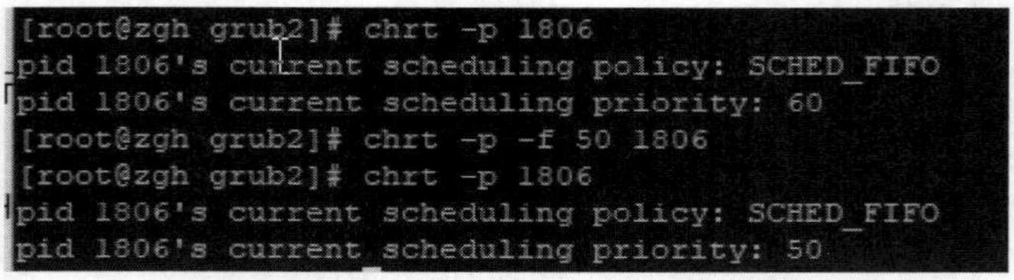

图 5-21　使用 **chrt** 命令设置实时调度程序

BATCH 几乎不会抢占,因此任务运行时间更长,并能更好地利用 cache。SCHED_IDLE 用于运行非常低的优先级应用程序(实际上是一个比 nice 19 还低的优先级)。

改变 SCHED_NORMAL 的优先级,可使用 nice 或 renice 命令。Linux 支持的 nice 等级可从 19(最低优先级)到−20(最高优先级),默认值是 0。更改一个程序的 nice 等级到负数(使它有较高的优先级),需要使用 root 用户登录或切换到 root 用户。这是动态优先级,意味着内核通过调整+/−5 级可以提高或者降低这些进程的系统优先级。如果进程运行得太慢,可以通过给它一个较低的 nice 等级从而分配给它更多的 CPU。当然,这也意味着其他程序将拥有较短的处理器周期,并且将运行得更慢。

使用−5 的 nice 级别运行程序 zgh,通常使用下面的命令:

[root@zgh ~]#nice -n 5 zgh

更改一个已经运行的程序的 nice 级别,可使用下面的命令:

renice　<level>　<pid>

更该一个 PID 为 2500 的程序的 nice 级别到 10,可使用下面的命令:

[root@zgh ~]# renice 10 2610

5.4.2　CPU 亲和力

简单地说,CPU 亲和力(CPU Affinity)是为了把一个或多个进程(线程)绑定到一个或多个 CPU 核心上。

1. taskset

通过正在运行的进程的 PID,taskset 可用于设置或检索该进程的 CPU 亲和力,或者可以使用 CPU 亲和力开始一个新的命令。CPU 亲和力表示为十六进制的位掩码(bitmask),最低位 bit 对应第一个逻辑 CPU,最高位 bit 对应最后一个逻辑 CPU。

以逻辑 4 核 CPU 为例,显示它们的掩码,如图 5-22 所示。

	8	4	2	1
位掩码:	2^3	2^2	2^1	2^0
逻辑CPU:	CPU3	CPU2	CPU1	CPU0

图 5-22　逻辑 CPU 与位掩码

使用 taskset 查看正在运行的 zgh.sh 的 CPU 亲和力,并将其绑定在 CPU1 上运行,
如图 5-23 所示。

```
[root@zgh grub2]#taskset -p 1807
[root@zgh grub2]#taskset -p 2 1807
```

```
[root@zgh grub2]# taskset -p 1807
pid 1807's current affinity mask: 1
[root@zgh grub2]# taskset -p 2 1807
pid 1807's current affinity mask: 1
taskset: failed to set pid 1807's affinity: Invalid argument
```

图 5-23　taskset 查看命令

使用 taskset 在开始运行 zgh.sh 时就指定绑定在 CPU3 上运行:

```
[root@zgh ~]#taskset -c 3 ./zgh/sh
```

2. cgroup

在一般的操作中,内核将确定一个进程将运行在哪一个 CPU 上。每次调度器可以
在任意可用的 CPU 上重新调度一个进程。对于大多数工作负载这样还好,但有时我们
需要对进程进行限制,允许该进程运行在特定 CPU 上。例如,限制一个内存密集型进程
仅用 1 个或 2 个 CPU,以增加 cache 命中的机会,从而增加整体性能。

在一个 NUMA 系统上,这可以有效地限制 CPU 和内存区域,确保一个进程总是可
以尽可能快地访问到内存。

有一种可伸缩的方法可满足上述要求,就是使用 cpuset cgroup。在 cpuset cgroup
中可以找到(其中)下面的可调整参数,如表 5-8 所示。

表 5-8　cpuset cgroup 中的可调整参数

选项/参数	注　释
cpuset.{cpu, memory}_exclusive	如果希望这个 cgroup 中的 CPU/内存是独有的,则可以将该参数设置为 1。例如,父进程和子进程可以使用,但是其他进程不允许触碰这些 CPU 或内存区域
cpuset.mems	在这个 cgroup 中使用哪一个 NUMA 内存区域。语法和 cpuset.cpus 相同
cpuset.cpus	在 cgroup 中可以使用的 CPU。可以是一个范围,如 0~3,也可以是逗号分隔的列表,如 0、2、4,或是一个组合,如 0、2~4

注意:当不使用 NUMA 时,或者,不是在一个具有 NUMA 能力的系统上,必须设置
cpuset.mems。在这些系统上将只有一个内存范围:0。

3. 虚拟机 CPU 亲和力

就像进程可以绑定在特定的 CPU 上,在虚拟机里的 VCPU 也可以绑定在
hypervisor 中的物理 CPU 上。这可以用来增加 cache 命中率或是为特定的工作负载手
动平衡 CPU。CPU 绑定可以通过以下方法实现。

如图 5-24 所示，在虚拟机的 Details 对话框中的 Processor 选项卡中设置 CPU 绑定。

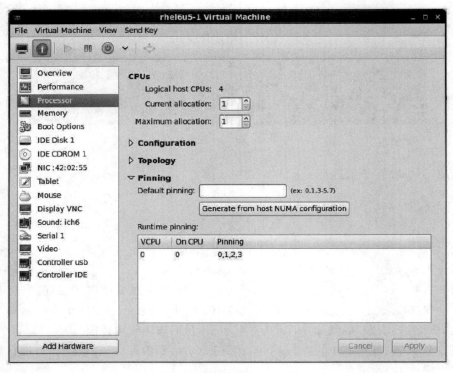

图 5-24　虚拟机绑定 CPU

通过虚拟机的 libvirtd xml 配置文件，可以实现：

改变所有 CPU 的 CPU 亲和力，让 hypervisor 选择物理 CPU 进程绑定。要做到这一点，需要在 XML 文件中找到<vcpu>块，并给它添加一个 cpuset 属性。例如，限制 hypervisor 只能从物理 CPU 2 和 CPU 3 选择 VCPU，可以改变<vcpu>块，如图 5-25 所示。

```
[root@zgh ~]# virsh vcpuinfo zgh
VCPU:            0
CPU:             1
状态:            running
CPU 时间:        4.7s
CPU关系:         --y---------------------

VCPU:            1
CPU:             2
状态:            running
CPU关系:         --y---------------------
```

图 5-25　virsh vcpuinfo 查看配置

[root@zgh ~]#virsh vcpuinfo zgh

使用 virsh edit 修改配置文件，如图 5-26 所示。

可以发现，只有 CPU1 与 CPU2 是 yes，如图 5-27 所示。

[root@zgh ~]#virsh vcpuinfo zgh

将特定的 VCPU 绑定到特定的物理 CPU。为此，需要添加一个新块<cputune>，并使用 virsh edit rhel6u5-1 编辑一个虚拟机的 XML 配置文件，如图 5-28 所示。

```
<domain type='kvm'>
<name>zgh</name>
<uuid>e5394978-f983-4e2c-84f3-fd32c7fcfbe7</uuid>
<memory unit='KiB'>4694304</memory>
<currentMemory unit='KiB'>4694304</currentMemory>
<vcpu placement='static'>2</vcpu>
<cputune>
  <vcpupin vcpu='0' cpuset='1'/>
  <vcpupin vcpu='1' cpuset='2'/>
</cputune>
<os>
  <type arch='x86_64' machine='pc-i440fx-rhel7.0.0'>hvm</type>
  <boot dev='hd'/>
  <boot dev='cdrom'/>
</os>
<features>
  <acpi/>
  <apic/>
```

图 5-26 使用 virsh edit 修改配置文件

```
[root@zgh ~]# virsh vcpuinfo zgh
VCPU:           0
CPU:            1
状态:           running
CPU 时间:       4.7s
CPU关系:        -y------------------

VCPU:           1
CPU:            2
状态:           running
CPU关系:        --y-----------------
```

图 5-27 virsh vcpuinfo 查看配置

```
<domain type='kvm'>
  <name>zgh</name>
  <uuid>e5394978-f983-4e2c-84f3-fd32c7fcfbe7</uuid>
  <memory unit='KiB'>4694304</memory>
  <currentMemory unit='KiB'>4694304</currentMemory>
  <vcpu placement='static'>2</vcpu>
  <cputune>
    <vcpupin vcpu='0' cpuset='1'/>
    <vcpupin vcpu='1' cpuset='2'/>
  </cputune>
  <os>
```

图 5-28 使用 virsh edit 编辑配置文件

编辑后,再查看,如图 5-29 所示。

```
[root@zgh ~]#virsh vcpuinfo zgh
```

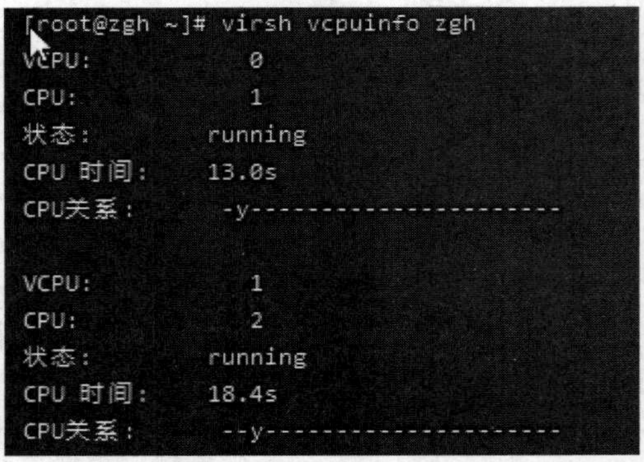

图 5-29   **virsh vcpuinfo 查看配置**

注意：如果在 cpuset 属性中选择多个物理 CPU，那么基于当前的负载 hypervisor 可在这些 CPU 之间自由地选择和切换。

注意：编辑一个虚拟机的 XML 配置文件，推荐方法是使用 virsh edit vm-name。如果 libvirtd 当前没有运行，也可以在/etc/libvirtd/qemu/下直接编辑文件。

5.4.3   平衡中断

一个中断(interrupt)是一个来自硬件(hard-interrupt)或者软件(soft-interrupt)的信号，表明这里有一个工作现在要做。中断有些时候被称为 IRQ(interrupt request)。因为当它出现的时候，表明有一个中断需要处理，CPU 需要选择在其上执行相应的代码。在一个单 CPU 系统上选择是简单的，但是当有多个有效 CPU 的时候，选择在哪一个 CPU 上执行代码就变得有趣了。

/proc/interrupts 文件详细描述了在一个特定的 CPU 上处理特定的中断的情况。

确定内核在哪个 CPU 上执行特定的中断处理程序，可以查看/proc/irq/number/smp_affinity 文件。这个文件中有一个位掩码(bitmask)，以十六进制数表示。一个中断被允许在哪个 CPU 上处理，相应的 bit 位将被设置为 1；如果内核不允许中断使用所述的CPU，bit 位将被设置为 0。

计算出来的值关联某一个 CPU，可以使用公式 value＝2^n，n 是 CPU 的编号，第一个CPU 起始于 0。如果给出的是 1，则表示 CPU0，2 表示 CPU1，3 表示 CPU2，4 表示CPU3 等。CPU7(第 8 个 CPU)可以是 128 或十六进制的 0x80。

例如，想限制中断 50 仅用 CPU 0、2、7，可以这样计算：$2^0＋2^2＋2^7＝133＝0x85$，并将从 shell 计算得到的结果直接设置为 affinity-mask：

```
printf '%0x' $[ 2* * 0 +2* * 2 +2* * 7 ] >/proc/irq/50/smp_affinity
```

默认在新安装的 RHEL 上会启用一个称为 irqbalance 的守护进程。irqbalance 的目的是每 10s 调整所有中断的 smp_affinity，因此，当执行一个中断处理程序时有较高的机会得到 cache 命中。在单核系统和双核系统上，由于它们共享 L2 cache，因此 irqbalance 将什么也不做。

在 /etc/sysconfig/irqbalance 中有如下两个设置，它们能够影响 irqbalance 守护进程的行为。

1. ONESHOT

当 ONESHOT 被设置为 yes 时，irqbalance 将在休眠 1min 之后启动，重新平衡中断一次然后退出。如果不想有每 10s 唤醒 irqbalance 的开销，这是很有用的。

2. IRQ_AFFINITY_MASK

如果设置了 IRQ_AFFINITY_MASK，irqbalance 将只分配中断到那些被列出的 CPU，涉及的计算与 smp_affinity 是一样的方法。这对于从中断处理中隔离 CPU 是很有用的。

5.4.4　NUMA 系统

1. NUMA 拓扑

早先的多处理器系统是基于对称多处理结构（symmetric multiprocessing，SMP）而设计的，每个 CPU 核心通过一个共享总线访问系统 RAM。每个 CPU 核心访问主内存使用一个共享的前端总线通信和一个内存控制中心（memory controller hub、MCH 或 northbridge）。MCH 上的内存控制器负责管理如何访问到系统 RAM，如图 5-30 所示。

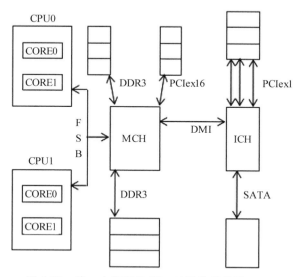

图 5-30　统一内存架构（UMA）及前端总线（FSB）

注意：MCH 也控制系统的显卡和内存的通信。MCH 使用一个低速链路连接到 ICH（I/O controller hub 或者 southbridge），它处理其他 PCI 设备、磁盘及一些周边设备

（如 USB、PS/2 等）的通信。

　　这可以较为容易地构建，并且所有 CPU 可以同样快速地访问所有的内存地址：它是一个统一内存架构（uniform memory architecture）。然而，随着更多的处理器被添加进系统，由于共享总线架构，瓶颈和竞争变得更加糟糕。

　　为了缓解这个瓶颈，基于非统一内存架构（non-uniform memory architecture，NUMA）的系统变得越来越普遍。这些基于 NUMA 系统的主存储器通过单独的总线直接连接到单独的处理器或 CPU 封装。

　　在 NUMA 系统上，每个核心仍旧能够访问所有的内存，但是通过本地总线访问内存比远程总线更快。通常，增加访问时间被说成是一种广义上从 CPU 核心到它试图访问的内存的距离。

　　从优化的角度看，这意味着一个进程在一个特定的处理器上运行会拥有非常快的内存访问，其所有的内存都存储在直接连接到本地处理器的 RAM 中。这也意味着，如果一个程序的部分内存连接到另一个处理器，则当访问内存区域时性能可能会出乎意料地慢。

　　内存控制器现在位于每个 CPU 模型上，并通过该模型中的核心共享。该控制器被直接连接到系统 RAM 中。CPU 之间相互连接，每个内存控制器与系统的剩余部分通过高速点到点的方式互相连接（QPI 快速通道互联 inter 主板，HyperTransport 是 AMD）。现在没有 MCH 格式的内存控制器，而被称为 I/O Hub（IOH）格式的内存控制器。NUMA 只用于 CPU 连接到显卡/显存和 ICH，如图 5-31 所示。

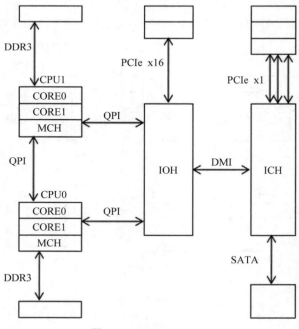

图 5-31　NUMA(Intel)

　　注意：一个 4 socket 的系统，所有的 CPU socket 通过高速点到点的方式相互连接，但是只有一对 socket 能够直接连接 IOH。

现代的单 socket 系统可以基于一个 NUMA 进行有效的设计,像是一个统一内存架构,因为它只有一个 NUMA 节点。图 5-32 显示了一个例子,在该图中 CPU 自己直接连接 RAM 并且和 ICH 一样连接到 PCI。(任意早先 northbridge 的功能或是 IOH 设备,不会移动到 CPU 封装,而是移动到 ICH,改名为 Platform Controller Hub 或 PCH。)

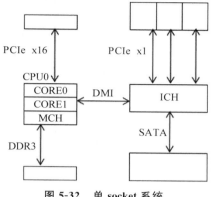

图 5-32 单 socket 系统

2. NUMA 系统的注意事项

NUMA 系统正在获得市场份额,并且被视为典型的对称多处理器系统的自然演变。当前 Linux 发行版的 CPU 调度器非常适合 NUMA 系统,应用程序可能并不行。非 NUMA 感知的应用程序所引起的瓶颈,可以导致不确定的性能下降。最近 numactl 软件包中的 numastat 工具有助于识别 NUMA 架构中处理困难的进程。

为了帮助发现瓶颈,在/sys/devices/system/node/%{node number}/numastat 文件中可以看到 numastat 工具所提供的统计数据。在 numa_miss 和 other_node 中的高值预示着可能是 NUMA 问题。如果你发现给一个进程分配的内存不是存在于本地节点上(运行应用程序的处理器的节点),请尝试使用 renice 进程改到其他节点,或使用 CPU 亲和力工作。

在早先的 i386 和 x86-64 系统上,CPU 公平地访问所有的内存。这意味着,无论哪个 CPU 执行操作,对于所有内存地址的存取时间都是相同的。CPU 通过一个共享的前端总线(FSB)与主内存相连。这种内存架构被称为"uniform memory access(UMA)"。

在当前的 x86-64 处理器上,不再是这种情况了。在 NUMA 系统上,系统内存被分开放到不同区域里,再直接连接到特定的 CPU 或 socket。在这种情况下,访问本地 CPU 的内存要比访问连接在系统上的一个远程 CPU 的内存快得多。

查看系统在 node 里是怎样划分的,可以使用 numactl--hardware 命令,需要安装 numactl 软件包。它会显示在哪个 node 中有哪些处理器及每个节点使用的可利用的内存数量。在输出的底部有一个列表,表明在节点之间内存访问的相关权重,该值越低,速度越快,如图 5-33 所示。

```
[root@zgh ~]#  numactl --hardware
```

在一个特定的节点中运行一个程序,可以使用 numactl 命令来启动它,通过它指定 CPU 节点或 CPU、内存 zone、分配内存的策略。内存分配策略包括:交错访问(被轮询划分到节点之上)、限制到特定的 zone 或优选某些 zone。至于优选的 zone,当优选的 zone 没有足够内存可利用时,将从其他 zone 分配内存。下面是几个 numactl 实例。

运行 bigdatabase,它的内存交错在所有的 CPU,如图 5-34 所示。

```
[root@zgh ~]#  numactl --hardware
available: 2 nodes (0-1)
node 0 cpus: 0 2 4 6 8 10 12 14 16 18 20 22
node 0 size: 64353 MB
node 0 free: 1362 MB
node 1 cpus: 1 3 5 7 9 11 13 15 17 19 21 23
node 1 size: 64506 MB
node 1 free: 541 MB
node distances:
node   0   1
  0:  10  20
  1:  20  10
[root@zgh ~]#
```

图 5-33　使用 **numactl --hardware** 命令查看系统在 **node** 的划分

numactl --interleave=all bigdatabase

```
numactl --interleave=all bigdatabase
```

图 5-34　**bigdatabase** 示例

在 node 0 上运行进程，所有分配的内存在 node 0 和 node 1 上，如图 5-35 所示。

numactl --cpubind=0 --membind=0,1 <process>

```
numactl --cpubind=0 --membind=0,1 <process>
```

图 5-35　在 **node 0** 上运行进程

设置优选 node 1，显示结果的状态，如图 5-36 所示。

numactl --preferred=1 ; numactl --show

```
numactl --preferred=1 ;  numactl --show
```

图 5-36　显示结果的状态

重置共享内存文件的策略为默认的 localalloc 策略，如图 5-37 所示。

numactl --localalloc /dev/shm/file

```
numactl --localalloc /dev/shm/file
```

图 5-37　**localalloc** 策略

另外，还有一些有用的工具可以得到有关 NUMA 内存分配的详细信息。numastat 实用工具可以显示多种统计，都是关于如何分配不同的 NUMA 节点的。在每个节点的基础上,/sys/devices/system/node/ * /meminfo 文件提供与/proc/meminfo 相似的信息。

关于 NUMA 内存分配,也可以使用一个 cpuset cgroup 控制,用 cpuset.cpus 和 cpuset.mems 可调参数。

NUMA 可以引起一些奇怪的性能变化。如果一个应用程序从不同节点得到不同的运行内存,或是如果它的内存占用不合适的本地节点,性能可能会变化或难以预测。可以强制系统将所有访问交错到所有节点内存。这将导致不可预测的性能,即使应用程序不是 NUMA-aware(NUMA 感知的),性能也可能比它只使用相同 NUMA 节点的 CPU 上的内存要低。这样做的一个方法是在系统的 BIOS 中设置 node-interleave(节点交错)模式,添加选项 numa=off 到 grub.conf 中。不要禁用 NUMA,当不使用 NUMA 的时候,在你的应用程序中它能导致不可预知的内存访问时间。

5.5　调整内存子系统

调整内存子系统是一个具有挑战性的任务。在服务器中需要持续地监控,以确认所做更改对其他子系统不会产生消极影响。如果选择修改虚拟内存参数(在/proc/sys/vm 中),则建议一次只更改一个参数,并且须监控服务器是如何执行的。

Linux 下的大多数应用程序不会直接写入硬盘,它们通过虚拟内存写入文件系统 cache,最终将数据刷新出来。当使用 IBM ServeRAID 控制器或 IBM TotalStorage 磁盘子系统时,应尝试减少刷新的次数。通过每次刷新可以有效地增加 I/O 数据流。高性能的磁盘控制器能更有效地处理较大的 I/O 数据流。

5.5.1　内存回收(设置内核交换和刷新脏数据行为)

物理内存需要时不时被回收,以防止内存填满致使系统不可用。在了解如何回收内存之前,必须首先了解表 5-9 所示的内存分页的不同状态。

表 5-9　内存分页的不同状态

参　　数	注　　释
Active	分页在活跃使用中并不能作为一个可释放的候选者
Inactive Dirty	分页没有活跃使用,但是,自从磁盘上读以来分页内容已经被修改,并还没有被写回
Free	分页是有效的,可立刻分配
Inactive Clean	分页没有活跃使用,内容符合磁盘上的内容,因为它已经被写回或自读以来没有改变

当需要分配一个新的分页的时候,分页被标记为 Inactive clean,即可以被视为空闲分页,但是如果拥有该分页的进程之后再次需要分页,将会发生一个主要页错误(major page fault)。

通过查看/proc/meminfo 可以得到整个系统的内存分配的概况。我们感兴趣的行是 Inactive(file)和 Dirty。Anonymous page(那些与磁盘上的文件不相关的页)不能轻易释放,并且需要换出到磁盘释放它们。

对于每个进程的视图,可以查看/proc/PID/smaps。这个文件详述了分配给一个进程的每个内存段,包含 Shared/Private clean 大小、脏数据内存大小。

脏数据分页必须被写到磁盘,如果分页不能释放,可能会导致内存被装满。并且由于内存的易失性(当断电时内容将丢失),这可以防止因为电源故障而导致数据丢失。

在较早的内核中将脏数据分页写入磁盘是通过内核线程 pdflush 处理的。在较新的内核中(在 RHEL 6 中包含的那些)pdflush 被 per-BDI flush 线程(BDI＝Backing Device Interface)取代,Per-BDI flush 线程将出现在进程列表中,如同 flush-MAJOR：MINOR。

表 5-10 中的几个内核参数可以用来控制 per-BDI flush 线程写入数据到磁盘。

表 5-10　相关脏数据内核参数

参　　数	注　　释
vm.dirty_background_ratio	脏数据达到系统总内存的百分比,内核开始在后台写出数据
vm.dirty_ratio	一个进程所拥有的脏数据达到系统总内存的百分比,该进程产生写阻塞,并写出脏页
vm.dirty_wirteback_centisecs	内核多长时间唤醒 flush 线程来一次写出数据。若设置为 0,将完全禁用周期地写回
vm.dirty_expire_centisecs	经过多久(百分之一秒)脏数据才有资格写入磁盘。防止仅仅因为进程修改了内存的一字节,而导致内核快速、连续地对相同分页进行多次写入

设置 vm.dirty_ratio 和 vm.dirty_background_ratio 可以取代 vm.dirty_background_bytes 和 vm.dirty_bytes。当达到两个内核参数中的字节数(最小值为 2 个分页)时在后台开始写入。较低的 ratio 适合交互式的系统;较高的比率会导致数量更少、但大小更大的写操作,这样造成的总开销较少,但是,对交互式应用程序可能产生较快的响应时间。

当一个次要页错误(minor page fault)发生,但是又没有空闲的分页可使用时,内核将尝试回收内存来满足请求。如果不能及时回收充足的内存,将会出现内存不足的情况。

默认情况下,系统会调用 OOM killer(out-of-memory killer)选择杀死一个或多个进程来释放内存,以满足请求。

作为另一种代替,将 sysctl vm.panic_on_oom 设置为 1,而不是 0。

注意:一旦系统已经出现内存不足的情况,就没有更合理的选项进行恢复了。杀掉进程释放内存,放弃和杀掉系统,死锁都是可能的选择。通常情况下,如果有可能,最好避免系统出现内存不足的状况。

为了确定 OOM killer 应该杀死哪个进程,内核为每个进程保持一个运行的不良分数(badness score),可在/proc/<PID>/oom_score 中查看它。

具有较高分数的进程最有可能被 OOM killer 杀掉。

可以使用许多参数计算这个分数,如虚拟内存大小(不是 RSS size)、nice 值(正数的

nice 值得到一个较高的分数）、总共运行时间（较长的总共运行时间会减少分数）、运行的用户（root 进程得到轻微的保护）等，如果进程直接对硬件进行访问，分数就会降低。

内核本身和 PID 1(init)对 OOM killer 是免疫的。

可以使用调整参数/proc/PID/oom_adj 手工调整 oom_score。oom_adj 的值从-17到 15,0 意味着不改变（默认），-17意味着免疫（不能杀掉），其他值将被用来修改 oom_score。通过使用 2^{oom_adj} 乘以 oom_score 的方式给进程设置一个正数 oom_adj,将更有可能被杀掉。当设置一个负数的值时，会有较小的机会被内核终结。

注意：强制启动 OOM killer 可以使用 echo f>/proc/sysrq-trigger 命令，但是至少会有一个进程将被杀掉。输出将被发送到 dmesg。

5.5.2　调整 swap

当物理内存完全被使用或系统需要额外内存时，使用 swap 设备。当系统上没有空闲内存可用的时候，它开始从内存中调度最少被使用的数据分页到磁盘上的 swap 区域。在 Linux 安装过程中，创建初始的 swap 分区，目前的指导方针是声明 swap 分区的大小为 2 倍的物理 RAM。Linux 2.4 内核以及之后的版本，支持 swap 可以达到每个分区 24GB,对于 32bit 系统，理论最大值是 8TB。swap 分区应位于不同的磁盘上。

1. swappiness

当内核想释放内存中的一个分页时，它要在两种选择之间进行权衡。它能够从进程的内存中换出一个分页，或者它能从分页 Cache 中丢弃一个分页。为了做出这个决定，内存将执行下面的计算，如图 5-38 所示。

swap_tendency =mapped_ratio/2 +distress +vm_swappiness

```
swap_tendency = mapped_ratio/2 + distress + vm_swappiness
```

图 5-38　Swappiness 的使用

如果 swap_tendency(swap 趋势)小于 100,内核将从分页 Cache 中回收一个分页；如果 swap_tendency 大于或等于 100,一个进程内存空间中的一部分将有资格获得交换。在这个计算中，mapped_ratio 是物理内存使用的百分比，distress 用来衡量内核在释放内存中有多少开销，开始时它为 0,但是如果更多的尝试都需要释放内存，它将增加（最大到 100）。vm_swappiness 值来自 sysctl vm.swappiness。

调整 vm.swappiness 可能会严重影响系统。设置 vm.swappiness 为 100,系统将更喜欢从 page cache 中回收一个 page,从而将有更多的内存分页 Cache 使用，这可以大大提高一个 I/O 密集型工作的性能。另一方面，设置 vm.swappiness 为 0,强制系统尽可能少地交换。一个需要更多响应的系统中会有这样的情形，但是会增加文件系统方面的开销。

/proc/sys/vm/swappiness 中的参数可以用来定义如何积极地将内存交换到磁盘

上。Linux 虚拟内存管理器讨论了在 Linux 中 swap 空间的一般使用情况。它指出，Linux 将一段时间内没有被访问的内存分页移动到 swap 空间，即使有足够的内存可以使用。可以通过更改/proc/sys/vm/swappiness 中的百分比控制这种行为，这取决于系统配置。如果不需要交换，/proc/sys/vm/swappiness 应该具有一个较低的值。在内存受限的系统上运行批处理作业（进程会睡很长一段时间）会受益于积极的交换行为。在下面的例子中可以使用 echo 或 sysctl 命令改变交换行为。

更改 swappiness 的行为，如图 5-39 所示。

```
[root@zgh ~]#sysctl -w vm.swappiness=100
```

```
[root@zgh ~]#  sysctl -w vm.swappiness=100
vm.swappiness = 100
```

图 5-39　更改 swappiness 的行为

找到 vm.swappiness 最佳的值主要取决于系统的工作量。通过 cgroups 不同的 swappiness 能够设置不同的 cgroups，使用 memory cgroup-controller 的 memory. swappiness 可进行调整。

2. 最优化 swap 空间

swap 空间的位置和数量对 swap 性能有很大的影响。在一个机械硬盘上，在一个磁盘片的外部边缘放置一个 swap 分区，将得到更好的吞吐量。在 SSD 存储上放置一个 swap 空间可以得到更好的性能，因为每个设备都有低延迟和高吞吐量。

重点：如果使用一个 SSD 做 swap 空间，并且 swap 空间频繁地被使用，应确认你的设备支持相应的磨损等级并能够承受大量的写（因为这个原因，SLC-based 存储可能比 MLC-based 存储更受欢迎），否则，设备可能过早被磨损。

如果在初始安装之后给服务器增加更多的内存，就必须配置额外的 swap 空间。在初始安装之后有两种方法可以配置额外的 swap 空间。

可以使用 mkswap 将磁盘上的空闲分区创建为一个 swap 分区。如果磁盘子系统没有空闲空间可用，这就变得困难了。在这种情况下，可以创建一个 swap 文件（不被分片）。

如果要做出选择，优先的选择是创建额外的 swap 分区。这是一个性能优势，因为 I/O 到 swap 分区绕过了文件系统和所有涉及写入一个文件的开销。

另一种提高 swap 分区和文件性能的方法是创建多个 swap 分区。Linux 可以利用多 swap 分区或文件的优势，执行并行的读和写。在创建额外的 swap 分区或文件之后，在/etc/fstab 文件中要包含如下面例子所示的条目，如图 5-40 所示。

```
[root@zgh ~]#vim /etc/fstab
```

正常情况下，Linux 会首先使用/dev/sda2 做 swap 分区，或使用/dev/sdb2，以此类推，直到给它分配了足够的交换空间。这意味着，如果不需要大量的 swap 空间，可能只使用第一个分区/dev/sda2。

图 5-40　查看及编辑 fstab 信息

将数据分散到所有可用的 swap 分区可以提高性能,因为所有读/写请求可以在所有选定的分区同时执行,可以使用挂载选项 pri=value 说明每个使用的空间的优先级。如下面例子所示,更改文件,给前 3 个分区分配一个较高的优先级。

修改/etc/fstab 设置并行 swap 分区,如图 5-41 所示。

```
[root@zgh ~]#vim /etc/fstab
```

图 5-41　修改/etc/fstab 设置并行 swap 分区

swap 分区的使用是从最高优先级到最低优先级(32767 是最高优先级,0 是最低优先级)。给予同样优先级的前 3 个磁盘,会导致数据被写入全部 3 个磁盘;系统是不会等待的,直到在它开始写入下一个分区之前,第一个 swap 被写满。系统并行使用前 3 个分区,性能会普遍提高。

在前 3 个分区被完全填满之后,如果还需要额外的空间做交换,就使用第 4 个分区。也可以让所有分区具有相同的优先级,将数据条带化存储在所有分区,但是如果一个驱动器比其他驱动器慢,性能会降低。通常的规则是,swap 分区应该在可用的最快驱动器上。

重点:虽然调整内存子系统有很好的工具,但也应该尽可能避免分页移出。swap 空间是不能取代物理内存的,因为存储在物理驱动器上,访问时间明显要比内存慢。所以,频繁地移出分页不是一个好的行为。在尝试提高 swap 处理之前,须确定你的服务器有足够的内存,或没有内存泄漏。

一个系统应该有多少 swap 呢? 由此有很多经验法则被提出。可以基于以下两件事情考虑你需要的 swap。

第一，始终把内存中不需要的分页移开，因此物理内存可以用来做更多的事情。

第二，提供一个应急的保留区域以避免内存不足的情况。空间大小依赖于系统物理内存的大小和你想在计算机上做什么。

因为很难凭经验进行计算，所以人们通过粗略的估计设置自己的 swap 空间。表 5-11 是 Red Hat 提供的建议。

表 5-11　Red Hat 提供的建议

系统物理内存大小/GB	建议最小 swap 空间/GB
小于 4	2
4～16	4
16～64	8
64～256	16

5.5.3　HugeTLBfs

内存管理对于使用大虚拟地址空间的应用程序来说是很有价值的，对于数据库应用程序也是非常有用的。

怎样得知一个进程使用的内存呢？通常，当一个进程请求内存的时候，它保留虚拟内存地址，但是在第一次使用它之前不真正地映射它们到物理分页，比如 top 和 ps 两个工具在统计上是有区别的：一个是进程虚拟内存的总数量 VIRT 和 VSZ；一个是进程当前映射到物理内存的虚拟内存总数量 RES 和 RSS。一般情况下，RSS 是更关键的值，因为它代表真实分配的内存和映射的内存。

由于每个进程会保持它们自己的虚拟地址空间，因此它们需要有一个分页表，跟踪它的虚拟分页到物理分页的映射。每个虚拟分页在表上都有一个条目。问题是，进程使用的内存越多，该映射表就会越大。进程在分页表上查阅一个分页映射的开销也会很大。因此，当在分页表中查阅一个虚拟地址到物理地址映射的时候，它被缓存在一个专业的硬件中，被称为 Translation Lookaside Buffer，或者 TLB。它是特别的 CPU 缓存，通过缓存进程最近使用的分页映射来加速地址转换。因为内存易于频繁访问，这意味着如果我们访问一个相同的分页，相比在分页表中创建一个冗长的查找，这种访问能够从 TLB 中更快地得到映射。

CPU 的旁路转换缓冲（translation lookaside buffer，TLB）是一个很小的 cache，用来存储虚拟地址到物理地址的映射信息。通过使用 TLB，不必引用内存中映射虚拟地址的分页表条目，就可以执行转换。然而，为了保持转换尽可能地快，TLB 通常很小。大内存应用程序超过 TLB 的映射能力，通常是不常见的。

TLB 的条目数量对于一个处理器是固定的，但是更大的分页，相对于处理器的 TLB 映射空间也会相应变得更大。较少的 TLB 条目可以指出更多的内存，这意味着会有更多的 TLB 命中出现。但是无论怎样，当执行上下文切换时，为了将进程调度出来，内核必须经常刷新 TLB 条目。

使用 x86info-a 命令确定一个特定系统上的 TLB 信息，与下面的行类似，如图 5-42

所示。

```
TLB info
   Data TLB: 4KB pages, 4-way associative, 64 entries
```

```
TLB info
   Data TLB: 4KB pages, 4-way associative, 64 entries
```

图 5-42　TLB 信息

　　Linux 内核通过 hugepage 机制支持大号的分页（有时称为 bigpage、largepage 或 hugetlbfs file system）。大多数处理器架构支持多种分页大小。IA-32 架构支持 4KB、2MB、4MB 的分页。x86_64 架构支持 4KB、2MB、4MB、1GB 的分页。

　　下面例子的/proc/meminfo 文件中提供了关于 hugetlbpage 的信息，如图 5-43 所示。

```
[root@zgh ~]#cat /proc/meminfo
```

```
[root@zgh ~]# DirectMap1G:           0 kB[root@zgh ~]# cat /proc/meminfo
Active(file):        186436 kB
Inactive(file):      560204 kB
Unevictable:              0 kB
Mlocked:                  0 kB
SwapTotal:          3141628 kB
SwapFree:           3141628 kB
Dirty:                    4 kB
Writeback:                0 kB
AnonPages:           887632 kB
Mapped:              270360 kB
Shmem:                22120 kB
KReclaimable:         79852 kB
Slab:                253664 kB
SReclaimable:         79852 kB
SUnreclaim:          173812 kB
KernelStack:          13104 kB
PageTables:           54220 kB
NFS_Unstable:             0 kB
Bounce:                   0 kB
WritebackTmp:             0 kB
CommitLimit:        4564856 kB
Committed_AS:       4763248 kB
VmallocTotal:     34359738367 kB
VmallocUsed:              0 kB
VmallocChunk:             0 kB
HardwareCorrupted:        0 kB
AnonHugePages:       350208 kB
ShmemHugePages:           0 kB
ShmemPmdMapped:           0 kB
HugePages_Total:          0
HugePages_Free:           0
HugePages_Rsvd:           0
HugePages_Surp:           0
Hugepagesize:          2048 kB
Hugetlb:                  0 kB
DirectMap4k:         284480 kB
DirectMap2M:        2893824 kB
DirectMap1G:              0 kBbash: DirectMap1G:: command not found...
```

图 5-43　hugetlbpage 的信息

HugeTLBfs 特性允许应用程序使用比普通分页更大的分页,因此单个 TLB 条目可以映射更大的地址空间。HugeTLB 条目的大小可以不同。例如,在 Itanium[®] 2 系统中,hugepage 可能比正常分页大 1000 倍。这使得 TLB 映射一个正常进程的 1000 倍虚拟地址空间,不会产生一个 TLB Cache 未命中。为了简单起见,这个特性通过一种文件系统接口的方式展示给应用程序。

对于如何分配 hugepages,可通过使用 sysctl 命令配置/proc/sys/vm/nr_hugepages 的值,来定义 hugepage 的数量,如图 5-44 所示。

```
[root@zgh ~]#sysctl - w vm.nr_hugepages=512
```

图 5-44　定义 **hugepages** 的数量

注意:如果有足够的空闲分页,那么将只分配被请求的分页,使用连续的内存来满足请求。为了做到这一点,经常需要在启动的时候详细说明 hugepages 的数量,可以通过在/etc/sysctl.conf 文件中设置 sysctl 参数来指定。然而,如果声明大于可用 RAM 的 hugepages,则会引起内核错误。

为了使用大型 page,进程使用 mmap 系统调用或 shmat 和 shmget 系统调用进行请求,如果应用程序通过 mmap()系统调用使用 hugepages,则需要按照下面方式挂载一个 hugetlbfs 类型的文件系统,如图 5-45 所示。

```
[root@zgh ~]#mkdir /hugepages
[root@zgh ~]#mount - t hugetlbfs none /hugepages
```

图 5-45　调用使用 **hugepages**

Red Hat Enterprise Linux 6.2 引入了新的内核功能,支持巨型内存分页的创建和管理,无须开发者或系统管理员介入。这个特性被称为 transparent hugepages(THP)。THP 默认是启用的,它被用来映射所有的内核地址空间到单个 hugepage 从而减少 TLB 压力。它也能在为应用程序分配动态内存之前,用来映射匿名内存区域。

THP 不同于标准 hugepages,当它们启用的时候,通过内核动态地分配和管理。不像标准 hugepages,它们也能从内存中换出。

THP 可调参数在/sys/kernel/mm/redhat_transparent_hugepage 目录下。

/sys/kernel/mm/redhat_transparent_hugepage/enabled 可以是下面的值之一,如图 5-46 所示。

```
Always:     总是使用 THP
Never:      禁用 THP
```

当 redhat_transparent_hugepage/enabled 被设置为 always 或 madvise 时,khugepaged 进

```
Always:        总是使用THP
Never:         禁用 THP
```

图 5-46　THP 可调参数

程自动启动。当 redhat_transparent_hugepage/enabled 被设置为 never 时，khugepaged 进程自动关闭。redhat_transparent_hugepage/defrag 参数使用相同的值，它控制内核是否积极地使用内存压缩更多的可以使用的 hugepage。

检查系统中 THP 的使用，执行下面的命令，如图 5-47 所示。

```
[root@zgh ~]#grep AnonHugePages /proc/meminfo
AnonHugePages:      208896kB
```

图 5-47　检查系统中 THP 的使用

在启动引导的时候禁用 THP，可以在 grub.conf 中追加下面的内核命令行，如图 5-48 所示。

```
transparent_hugepage=never
```

图 5-48　在启动引导的时候禁用 THP

重点：在 NUMA 系统上，hugepage 分配取决于一致地访问所有 NUMA 节点。但是，对于数据库程序，为了最佳效率，应该只从最接近 CPU 的 NUMA 节点划出它的内存。

为了解决这个问题，并确保你的数据库程序在它的 NUMA 节点上能够得到足够的 hugepage，分配额外的 hugepage，因此，当开启数据库的时候，所有的 NUMA 节点上应该是足够的。一旦数据库被分配了 hugepage，通过调整 vm.nr_hugepages sysctl，可以解除分配的不使用的额外的 hugepage。另一个途径将在"参考"中讨论。

/sys 能提供每个 NUMA 节点 hugepage 使用的统计，帮助用户确定需要保持多少 hugepage，如图 5-49 所示。

```
[root@zgh ~]#  cat /sys/devices/system/node/node0/meminfo |grep Huge
```

5.5.4　内核同页合并

若虚拟机运行完全相同的操作系统或工作量，则内存分页存在相同内容的概率较高。使用内核同页合并（kernel samepage merging）功能，可使内存的使用量减少，因为它可以合并那些完全相同的分页到一个内存分页中。当在虚拟机中写这个分页时，在联机

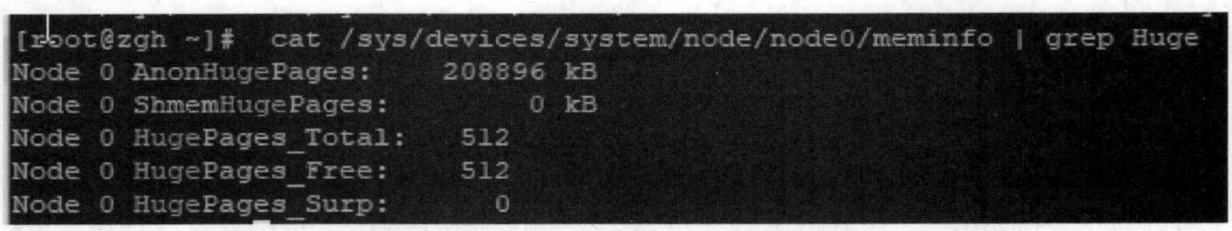

```
[root@zgh ~]#  cat /sys/devices/system/node/node0/meminfo | grep Huge
Node 0 AnonHugePages:      208896 kB
Node 0 ShmemHugePages:          0 kB
Node 0 HugePages_Total:     512
Node 0 HugePages_Free:      512
Node 0 HugePages_Surp:        0
```

图 5-49   hugepage 使用的统计

状态下它将被转变到一个新的单独的分页中。

为了使用内核同页合并功能,须使用两个服务:ksm,实际地扫描内存和合并分页;ksmtuned,控制 ksm 是否扫描内存和如何积极扫描内存。

查看有关的 ksm 服务(需要安装 qemu-kvm 软件包),如图 5-50 所示。

```
[root@zgh ~]#  systemctl list-unit-files | grep ksm
```

```
[root@zgh ~]# systemctl list-unit-files | grep ksm
ksm.service                              enabled
ksmtuned.service                         enabled
[root@zgh ~]#
```

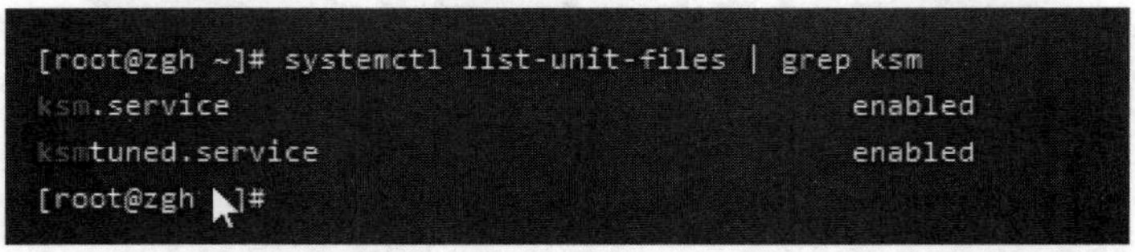

图 5-50   查看有关的 ksm 服务

ksm 能在/sys/kernel/mm/ksm 中手工配置。下面的文件用来控制 ksm,但是ksmtuned 将调整这些必要的设置,必要的 ksmtuned 是运行的,如表 5-12 所示。

表 5-12   ksmtuned 必要的设置

设　　置	注　　释
sleep_millisecs	周期之间 sleep 的毫秒数
pages_to_scan	在一个周期中扫描内存分页的数量
Run	当设置为 1 时,ksm 将实际扫描内存;当设置为 0 时,ksm 扫描被禁用

ksm 目录中的信息文件,如表 5-13 所示。

表 5-13   ksm 目录中的信息文件

信 息 文 件	注　　释
full_scans	表示到目前为止,多长时间整个内存被扫描一次
pages_sharing	被共享的逻辑分页数量
pages_shared	被共享的物理分页数量

使用 ksmtuned 服务手动调整 ksm 通常更有用。要配置 ksmtuned 服务,可以使用文件/etc/ksmtuned.conf,如图 5-51 所示。

```
[root@zgh ~]#cat /etc/ksmtuned.conf
```

为了看到 ksmtuned 做了什么,可以取消 LOGFILE 和 DEBUG 行的注释并重启

```
[root@zgh ~]# cat /etc/ksmtuned.conf
# KSM_SLEEP_MSEC=10
# KSM_NPAGES_BOOST=300
# KSM_THRES_CONST=2048
# LOGFILE=/var/log/ksmtuned
# DEBUG=1
# KSM_MONITOR_INTERVAL=60
# KSM_NPAGES_DECAY=-50
# KSM_NPAGES_MIN=64
# KSM_NPAGES_MAX=1250
KSM_THRES_COEF=10
```

图 5-51　配置 ksmtuned 服务

ksmtuned。注意：共享内存的数量可能仍旧在你配置的数量之上。当 ksmtuned 认为没有内存压力的时候，将禁用 ksm。在测试的时候，为了创造人为的内存缺乏，可以挂载一个 tmpfs，并让它使用几乎所有的内存，如图 5-52 所示。

```
[root@zgh ~]#cat /sys/kernel/mm/ksm/pages_shared
[root@zgh ~]#cat /sys/kernel/mm/ksm/pages_shared
```

```
[root@zgh ~]# cat /sys/kernel/mm/ksm/pages_shared
0
[root@zgh ~]# cat /sys/kernel/mm/ksm/pages_shared
0
[root@zgh ~]#
```

图 5-52　查看 pages_shared 信息

5.6　调整磁盘子系统

最终，所有数据必须从磁盘检索并存储到磁盘。磁盘访问通常以毫秒计算，较其他组件（比如内存和 PCI 操作，其以纳秒或微秒为单位）慢很多。Linux 文件系统是磁盘上数据的存储和管理方法。

Linux 可使用许多具有不同性能和可扩展的文件系统。除了在磁盘上存储和管理数据，文件系统也负责保证数据的完整性。较新的 Linux 发行版包括日志文件系统，作为默认安装的一部分。日志或日记，可防止在系统崩溃的情况下数据不一致。所有文件系统元数据的修改都会被保持在一个单独的日志或日记中，并在系统崩溃之后使其恢复到一致性状态。日志也提高了恢复时间，因为在系统重新启动时不需要执行文件系统检测。其他计算方面，你将发现要在性能和完整性之间进行权衡。然而，企业数据中心和企业环境中的 Linux 服务器，需要解决高可用性。

除了各种文件系统，Linux 2.6 内核提供 4 种不同的 I/O 调度算法，可以用来为一个特定的任务定制系统。每个 I/O 电梯都有不同的特性，可能适合或可能不适合一个特定的硬件配置和所需的任务。虽然一些电梯宣称采用流式 I/O，可它们常常在多媒体或桌面 PC 环境中存在,其他电梯则专注于数据库工作负载,需要低延迟访问时间。

本节内容涵盖标准文件系统的特征和调整选项,比如,在 Linux 2.6 内核中 ReiserFS 和 EXT3 I/O 电梯的调整。

5.6.1   安装 Linux 前的硬件注意事项

当前 Linux 发行版对于 CPU 速度和内存的最小化需求是有据可查的。这些操作指南还提供了完成安装所需的最小磁盘空间指导。然而,它们未能解释如何初始设置磁盘子系统。Linux 服务器覆盖了多种多样的工作环境,因为服务器整合会影响数据中心。其中第一个要回答的问题是:安装的服务器具有哪些功能?

服务器的磁盘子系统是整个系统性能的主要组件。了解服务器的功能是确定 I/O 子系统在性能上是否有直接影响的关键,如表 5-14 所示。

表 5-14   服务器磁盘 I/O 的子系统

服务器磁盘 I/O 是最重要的子系统的例子	服务器磁盘 I/O 不是最重要的子系统的例子
数据库服务器的最终目标是搜索和检索磁盘上存储中的数据。即使有充足的内存,大多数数据库服务器也执行大量的磁盘 I/O,将数据库记录读取到内存中,并刷新修改之后的数据到磁盘	Web 服务器负责托管的 Web 页面,受益于一个良好优化的网络和内存子系统
文件服务器和打印服务器必须在用户与磁盘子系统之间快速移动数据。因为文件服务器的目的是传送文件到客户端,服务器必须首先读取磁盘上的所有数据	电子邮件服务器作为电子邮件的存储库和路由器,容易产生巨大的通信负载。对于这种类型的服务器,网络更加重要

1. 驱动器的数量

磁盘驱动器的数量会明显影响性能,因为每个驱动器都有助于整个系统的吞吐量。容量的要求通常是用来确定在服务器中配置的磁盘驱动数量的唯一考虑因素。吞吐量的要求通常不很清楚或完全被忽略。磁头服务 I/O 请求的最大读写数量是良好的磁盘子系统的关键。

通过 RAID(独立冗余磁盘阵列)技术,可以分散 I/O 到多个驱动器。有两个选择可用于在 Linux 环境下实现 RAID:软件 RAID 和硬件 RAID。除非服务器硬件标配了硬件 RAID,否则可以用 Linux 发行版附带的软件 RAID。如果需要,在 RAID 解决方案中可以增加更多的有效硬件。

如果实现硬件 RAID 是必要的,那么对于你的系统需要一个 RAID 控制器。在这种情况下,磁盘子系统是由物理硬盘和控制器组成的。

提示:一般情况下,添加驱动器是提高服务器性能最有效的手段之一。

最重要的是,磁盘子系统的性能最终取决于一个给定设备能够处理的 I/O 请求数量。一旦操作系统的 Cache 和磁盘子系统的 Cache 不能再容纳读/写请求的大小或数量,物理磁盘就必须工作。考虑下面的例子:一个磁盘驱动器每秒能够处理 200 个 I/O,如果你有一个应用程序,在文件系统上执行 4KB 的随机位置写请求,就不用选择流或请求合并。特定磁盘子系统的最大吞吐量,如图 5-53 所示。

I/Os per second of physical disk * request size =maximum throughput

```
I/Os per second of physical disk * request size = maximum throughput
```

图 5-53　特定磁盘子系统的最大吞吐量(1)

因此,上述例子的结果如图 5-54 所示。

200 * 4 KB =800 KB

```
200 * 4 KB = 800 KB
```

图 5-54　特定磁盘子系统的最大吞吐量(2)

由于物理最大值是 800KB,因此在这种情况下提高性能的方法是:要么增加更多的物理磁盘,要么让应用程序写入较大的 I/O。数据库(比如 DB2)可以配置较大的请求,在大多数情况下这可以提高磁盘吞吐量。

2. 设置分区的准则

如果是独立的磁盘,可将一个驱动器上的分区当成一组连续的块对待。今天的企业级 Linux 发行版默认安装,通过创建一个或多个逻辑卷,使用灵活的分区布局。

在 Linux 中关于最佳磁盘分区存在很大争议。如果因为新需求或更新需求决定重新定义分区,那么单独根分区的方法可能在未来会引起问题。另一方面,太多的分区可能导致文件系统管理的问题。在安装过程中,Linux 发行版可以为你创建多分区布局。

在多分区或逻辑卷上运行 Linux 的好处,如表 5-15 所示。

表 5-15　在多分区或逻辑卷上运行 Linux 的好处

好　　处	例　　子
备份过程更高效	设计分区布局时必须考虑到备份工具。了解备份工具在分区的边界或更精细级别的操作是非常重要的,如文件系统
在不影响其他多个静态分区的情况下完成新的安装或升级	例如,如果/home 文件系统没有被分离到另一个分区,则在操作系统升级中它将被覆盖,将丢失它上面存储的所有用户文件
提高了数据完整性,所以磁盘故障中丢失的数据会被隔离到受影响的分区	例如,如果系统中没有实现 RAID(软件或硬件)并且服务器遭受磁盘崩溃,那么仅坏磁盘上的分区需要修复或恢复
更细粒度地提高文件系统属性安全	例如,/var 和/tmp 分区具有创建属性,其允许系统上的所有用户和进程都很容易访问,容易受到恶意的访问。通过隔离这些分区到不同的磁盘,而且如果这些分区需要重建或恢复,那么这样做可以减少对系统可用性的影响

可以考虑一些从根中分离出来的分区,从而在你的环境中提供更大的灵活性和更好

的性能,如表 5-16 所示。

表 5-16　Linux 分区和服务器环境

分　区	内容和可能的服务器环境
/opt	安装的一些第三方软件产品,比如 Oracle 数据库服务器默认使用这个分区。如果没有分离,安装将在根目录(/)下继续,如果不能分配足够的空间,可能会失败
/usr	放置内核源码树和 Linux 文档,以及大多数可执行二进制文件的位置。/usr/local 目录存储的可执行文件必须可以被系统上的所有用户访问,并且是一个很好的位置,用来存储为你的环境开发的自定义脚本。如果它被分离到自己的分区,那么在升级或重新安装时简单地选择不需要重新模式化的分区,文件不会被重新安装
/var	该分区在邮件、网站、打印服务器环境中是非常重要的,因为它包含了这些环境的日志文件和整个系统的日志。长期的消息可以填满这个分区。如果发生这种情况,并且此分区没有从根目录(/)中分离出来,则服务可能会中断。根据不同的环境,可能要进一步分离这个分区,做法是:在邮件服务器上分离出 /var/spool/mail,或分离出相关系统日志的 /var/log
/home	分离出 /home 到自己的分区对于文件服务器环境是有好处的。这是系统上所有用户的根目录,如果没有实现硬盘配额,那么分离这个目录是为了隔离用户对磁盘空间的失控释放
/tmp	如果在高性能计算环境中运行,那么在计算时需要大量的临时空间,然后释放

5.6.2　I/O 调度的调整和选择

Linux 2.6 内核引入了新的 I/O 调度算法,以便在处理不同的 I/O 模式时更加灵活。系统管理员现在可以对给定硬件和软件的设计选择最适合的电梯算法。另外,每个 I/O 电梯算法设有一组调整选项,这可以进一步为一个特定工作负载定制系统。

1. 在 Linux 2.6 内核中选择正确的 I/O 电梯算法

对于大多数服务器工作负载,典型的服务器操作中无论是 Complete Fair Queuing (CFQ)电梯算法,还是 deadline 电梯算法,都是一个适当的选择,因为对于多用户多进程环境,它们是优化的。企业发布版通常默认是 CFQ 电梯算法。然而,IBM System z 上的 Linux,deadline 调度器要比默认电梯算法更受青睐。在某些环境中选择不同的 I/O 电梯算法是有好处的。Red Hat Enterprise Linux 5.x 和 Novell SUSE Linux Enterprise Server 10 I/O 调度器现在可以基于每个磁盘子系统选择,在早先的 Red Hat Enterprise Linux 4.0 和 Novell SUSE Linux Enterprise Server 9 中是全局设定。由于每个磁盘子系统可能使用不同的 I/O 电梯算法,管理员现在可以在磁盘子系统上隔离一个特定的 I/O 模式(比如写入密集型的工作负载)和选择适当的电梯算法。

(1)同步文件系统访问。某些类型的应用程序需要同步执行文件系统操作。实际中,数据库可能使用原始文件系统,也可能使用非常大的磁盘子系统,但系统中的缓存异步磁盘访问选项不同。在这些情况下,anticipatory 电梯算法通常具有最少的吞吐量和最高的延迟。如图 5-55 所示,其他 3 种调度器同样表现良好,I/O 大小上升到大约 16KB 时,CFQ 和 NOOP 电梯算法开始超过 deadline 电梯算法(除非磁盘访问非常频繁)。

(2)复杂的磁盘子系统。在高端服务器环境中 NOOP 电梯算法是一个有趣的选择。

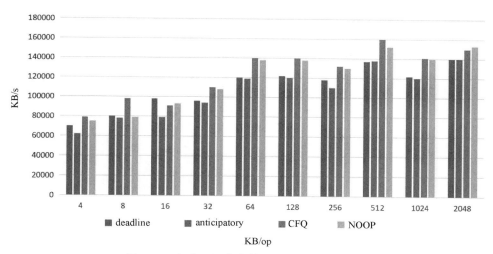

图 5-55　每个 I/O 电梯算法随机读性能（同步）

当使用 IBM ServeRAID 或 TotalStorage DS 级别磁盘子系统非常复杂的配置时，缺乏排序功能成为 NOOP 电梯算法的优点。企业级磁盘子系统可能包含多个 SCSI 或 FibreChannel 磁盘，每个磁盘都有单独的磁头和条带化的数据。正确地预期如此复杂的子系统的 I/O 特性，对于 I/O 电梯算法是非常困难的，因此，当使用 NOOP I/O 电梯算法的时候，会出现较低开销而达到同等性能效果。

（3）数据库系统。由于大多数数据库工作负载的定向搜索性，因此当为这些工作负载选择 deadline 电梯算法的时候，可以实现一些性能增加。

（4）虚拟机。VMware 或 System z 中的 VM，通常通过底层硬件虚拟化层通信。所以，虚拟机不知道所分配的磁盘设备是由单个 SCSI 设备还是由 TotalStorage DS800 上的 FibreChannel 磁盘阵列组成。虚拟化层采取对必要的 I/O 重新排序，并且与物理块设备进行通信。

（5）CPU 绑定应用程序。虽然一些 I/O 调度器可以提供出色的吞吐量，但它们可能同时会产生更多的系统开销。例如，CFQ 或 deadline 电梯算法所导致的开销来自 I/O 队列的积极合并和重新排序。有些时候，工作负载对磁盘子系统的性能没有太多的限制，而对 CPU 性能有限制。这种情况可能发生在科学工作负载或数据仓库处理非常复杂的查询中。在这样的场景中，NOOP 电梯算法的优势较其他算法多一些，如图 5-56 显示，因为它具有较少的 CPU 开销。然而，还应该注意的是，当 CPU 开销与吞吐量相比较的时候，在大多数异步文件系统访问的模式下，deadline 和 CFQ 电梯算法仍旧是最好的选择。

（6）单 ATA 或 SATA 磁盘子系统。如果选择使用单个物理 ATA 或 SATA 磁盘，则可以考虑使用 anticipatory I/O 电梯算法，重新排序磁盘写以适于单个磁头设备。

2. nr_requests 的影响

Linux 2.6 内核实现了可插入式的 I/O 调度器，还有一种方法来增加或减少发送给磁盘子系统请求的数量。使用 nr_requests，就像使用很多其他的调整参数，没有一个最

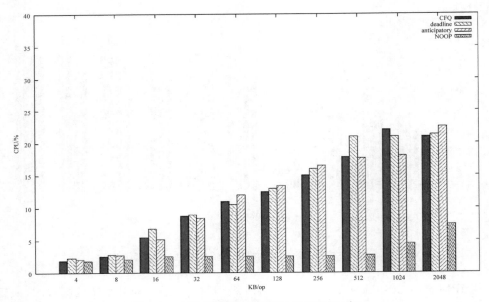

图 5-56　I/O 电梯算法的 CPU 使用率（异步）

佳的设置。请求数的正确值很大程度上取决于底层的磁盘子系统和更多的 I/O 工作负载的特性。nr_requests 取值不同的影响也取决于你使用的不同的文件系统和 I/O 调度器，在图 5-57 和图 5-58 中通过两个 Benchmark 可以很容易地看到。正如在图 5-57 中所指出的，通过 nr_requests 的不同值，deadline 电梯算法比 CFQ 电梯算法不容易引起变化。

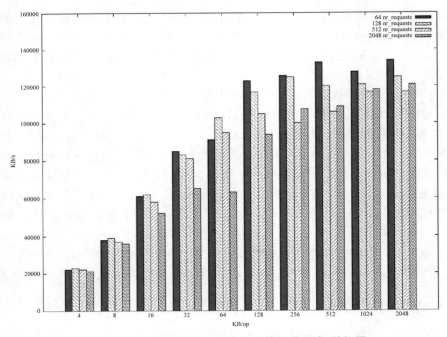

图 5-57　nr_requests 对 deadline 电梯算法的影响（随机写）

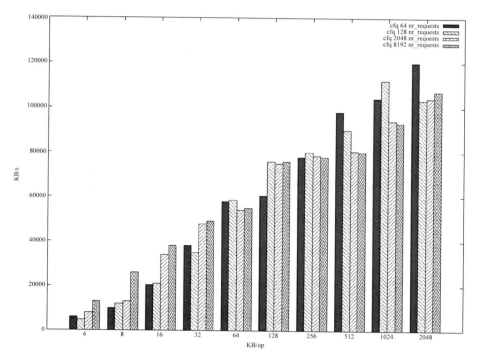

图 5-58 nr_requests 对 CFQ 电梯算法的影响(随机写)

较大的请求队列可能会给写提供很多小文件的工作负载较高的吞吐量。正如图 5-58 中显示的,8192 的设置提供了最高的性能级别,高达 16KB 的 I/O 大小。在 64KB 时,nr_requests 分析值从 64 上升到 8192 提供大约相同的性能。然而,由于 I/O 大小的增加,nr_requests 的较小级别将在大多数情况下产生优越的性能。使用下面的命令可以改变请求的数量,如图 5-59 所示。

```
[root@zgh ~]#echo 64 >/sys/block/sdb/queue/nr_requests
```

```
[root@zgh ~]# echo 64 > /sys/block/sdb/queue/nr_requests
```

图 5-59 改变请求的数量

当前 Red Hat 和 Linux 企业发行版提供基于每个磁盘子系统设置 nr_requests 的选项,这是很重要的。所以,I/O 访问模式可以被分离并优化调整。例如,一个数据库系统,日志分区和数据库将被存储在专用的磁盘或磁盘子系统上(比如 DS3400 上的一个存储分区)。在这个例子中,日志分区使用大 nr_requests 是有好处的,它适应大量小的写 I/O;数据库分区使用较小的值,可能看到读 I/O 同 128KB 一样大。

3. read_ahead_kb 的影响

在大的流读取情况下,增加预读缓冲区的大小可能会增加性能。记住,增加这个值将不会增加大多数服务器工作负载的性能,因为这些主要是随机 I/O 操作。read_ahead_kb 中的值定义了预读操作范围。存储在/sys/block/<disk_subsystem>/queue/read_ahead_kb 中的值定义了预读操作可以达多少 KB。这个值可以使用 cat 和 echo 命令进行解析和改变,如图 5-60 所示。

```
[root@zgh ~]#cat /sys/block/sda/queue/read_ahead_kb
128
[root@zgh ~]#echo 256 >/sys/block/sda/queue/read_ahead_kb
```

```
[root@zgh ~]# cat /sys/block/sda/queue/read_ahead_kb
128
您在 /var/spool/mail/root 中有邮件
[root@zgh ~]# echo 256 > /sys/block/sda/queue/read_ahead_kb
```

图 5-60 解析和改变 read_ahead_kb 的值

5.6.3 文件系统的选择和调整

考虑到不同的工作负载和可用性特征,Linux 被设计为可使用不同的文件系统。如果你的 Linux 发行版和应用程序允许选择不同的文件系统,且 Ext、Journal File System (JFS)、ReiserFS 或 eXtended File System(XFS)对于计划工作负载是最佳选择,那么它是值得研究的。一般来说,ReiserFS 更适合小 I/O 请求,XFS 和 JFS 被定制为面向非常大的文件系统和非常大的 I/O。Ext3 适用于 ReiserFS 和 JFS/XFS 之间,因为它可以适应小 I/O 请求,同时提供良好的多处理器扩展性。

JFS 和 XFS 的工作负载模式最适合高端数据仓库、科研工作量、大型 SMP 服务器及流媒体服务器。另一方面,ReiserFS 和 Ext3 通常被用于文件、Web、邮件服务器。在图 5-61 中,对于创建达到 64KB 的较小 I/O 写入密集型负载,在日志模式下,ReiserFS 的优势会超过 Ext3。然而,这只适用于同步文件系统操作。

要考虑到一个选择是 Ext2 文件系统,由于它没有日志功能,不管是访问模式还是 I/O 大小,同步文件系统访问 Ext2 要优于 ReiserFS 和 Ext3。因此,当性能比数据完整性重要的时候,Ext2 是一种选择。

在异步文件系统最常见的场景中,ReiserFS 通常提供了可靠的性能,并优于 Ext3 默认的日志模式(data=ordered)。要注意的是,一旦从默认日志模式切换到 writeback,Ext3 和 ReiserFS 是不相上下的,如图 5-62 所示。

1. 使用 ionice 分配 I/O 优先级

CFQ I/O elevator 的一个新特性是选择在进程级别分配优先级。使用 ionice 工具,可以限制一个特定进程的磁盘子系统使用率。在写这篇文章的时候,使用 ionice 可以分配 3 种优先级,如表 5-17 所示。

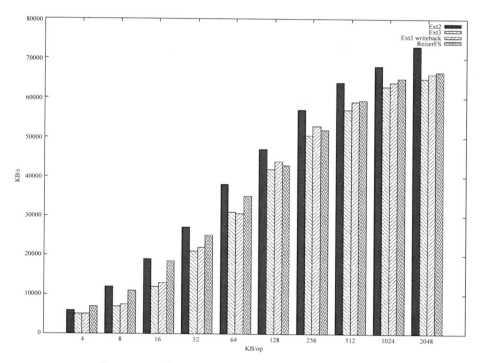

图 5-61 Ext 和 ReiserFS 之间随机写吞吐量比较（同步）

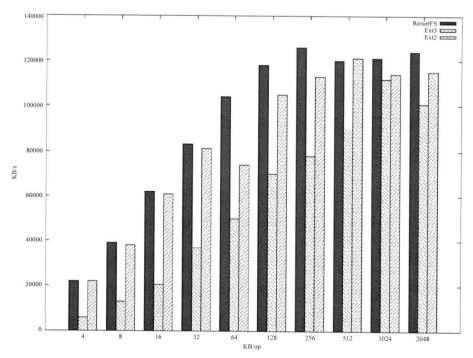

图 5-62 Ext 和 ReiserFS 之间随机写吞吐量比较（异步）

表 5-17   使用 ionice 分配的 3 种优先级

优 先 级	注　　　释
Real time	最高可用 I/O 优先级是 real time,这意味着进程各自将总在给定优先级下访问磁盘子系统。real time 优先级也可以设置优先级别为 8。应小心使用,当给其分配一个线程 real time 优先级的时候,这个进程可能导致其他任务等待
Best-effort	默认所有不要求特定 I/O 优先级的进程被分配到这一类。进程将继承它们各自的 CPU 的 nice 优先级为 8 到 I/O 优先级
Idle	分配给 I/O 优先级为 idle 的进程,只有在没有其他 Best-effort(尽力而为)或更高优先级的进程请求访问数据时,才给其授权访问磁盘子系统。这个设置对于任务非常有帮助,尤其当系统有空闲资源的时候,比如只运行 updatedb 任务

ionice 工具接受以下选项:

-c<＃>I/O 优先级,1 为 real time,2 为 best-effort,3 为 idle。

-n<＃>I/O 优先级的数据为 0～7。

-p<＃>运行任务的进程 id,不使用-p 任务以各自的 I/O 优先级启动。

下面显示了运行 ionice 的例子,使用 ionice PID 为 48998 的进程分配 idle I/O 优先级,如图 5-63 所示。

```
[root@zgh ~]#ionice -c 3 -p 3479
```

图 5-63　分配 idle I/O 优先级

2. 更新访问时间

Linux 文件系统保存当文件被创建、更新、访问时候的记录。默认操作包括在文件读取和写入时更新最后读取时间的属性。因为写是一种开销大的操作,所以减少不必要的 I/O 可以提高整体性能。然而,大多数情况下,禁用文件访问时间的更新只会产生一个非常小的性能提升。

使用 noatime 选项挂载文件系统,防止访问时间被更新。若文件和目录的更新时间不是很关键,比如在 Web 服务器环境中,则管理员可以选择在/etc/fstab 中使用 noatime 标志挂载文件系统。禁用访问时间更新的性能优势在于,写入文件系统的范围从 0 到 10%,文件服务器的工作负载平均为 3%,如图 5-64 所示。

```
/dev/sdb1    /data    ext3    defaults,data=noatime 0 0
```

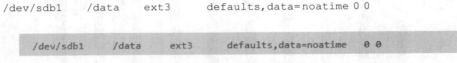

图 5-64　noatime 选项挂载文件系统

注意,在 Red Hat Enterprise Linux 8.x 的挂载选项中优化 atime 为 relatime,可不必

使用 noatime。

注意，在关闭 atime 之前一定要确保使用该文件系统的应用程序不需要使用 atime。如果需要使用 atime，就不要关闭，例如/tmp。

3. 选择文件系统的日志模式

大多数文件系统都有 3 种日志选项：journal、ordered、writeback，可以使用 mount 命令的 data 选项设置。然而，Ext3 文件系统日志模式对性能有很大影响，因此建议使用这些模式调整选择，主要是针对 Red Hat 的默认文件系统，如图 5-65 所示。

data=journal

```
data=journal
```

图 5-65　journal 日志选项

这个日志选项通过将文件数据和元数据全部记录为日志提供最高的数据一致性。它也具有较大的性能开销，如图 5-66 所示。

data=ordered(default)

```
data=ordered(default)
```

图 5-66　ordered 日志选项

在这个模式中只记录元数据，但是保证文件数据先被写入，这是默认设置，如图 5-67 所示。

data=writeback

```
data=writeback
```

图 5-67　writeback 日志选项

这个日志选项在数据一致性的代价下提供最快的数据访问。在保证数据一致性的前提下，元数据仍被记录。然而，实际的文件数据没有进行特殊的处理，这可能导致在系统崩溃之后旧的数据会出现。应该注意的是，当使用 writeback 模式时这种元数据日志的实现，ReiserFS、JFS、XFS 默认是可以比较的。如图 5-70 所示，writeback 日志模式可以提高 Ext3 的性能，尤其是小的 I/O 大小。使用 writeback 日志的好处是当 I/O 大小增长时性能下降。另外要注意的是，文件系统的日志模式只影响写性能。因此，主要执行读的工作负载（例如，Web 服务器）将不会从变更日志模式中受益。

有 3 种方法可以更改文件系统的日志模式。

当执行 mount 命令的时候，如图 5-68 所示。

```
[root@zgh ~]#mount -o data=writeback /dev/sdb1 /data
```

• /dev/sdb1 已经挂载过的文件系统

```
[root@zgh ~]# mount -o data=writeback /dev/sdb1 /data
```

图 5-68 已经挂载过的文件系统

/etc/fatab 的选项部分包括日志模式,如图 5-69 所示。

/dev/sdb1 /data ext3 defaults,data=writeback 0 0

```
/dev/sdb1 /data ext3 defaults,data=writeback 0 0
```

图 5-69 日志模式

如果想在根分区上修改默认的 data＝ordered 选项,应更改上面列出的/etc/fatab 文件,然后执行 mkinitrd 命令,在/etc/fatab 文件中扫描,变更并创建一个新的镜像文件。更新 GRUB 或 LILO 指向新的镜像文件。date＝writeback 对随机写性能的影响如图 5-70 所示。

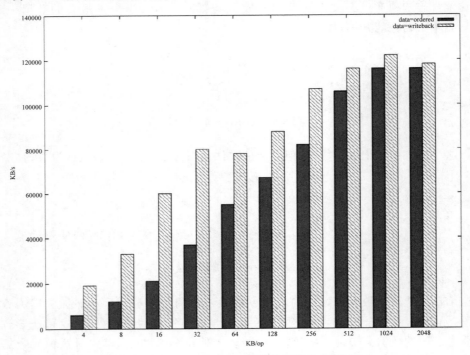

图 5-70 data＝writeback 对随机写性能的影响

4. 块大小

块的大小,指从驱动器中读取或写入数据的最小量,它可以对服务器的性能造成直接影响。作为原则,如果你的服务器处理大量的小文件,那么较小的块大小将更有效。如果你的服务器专用于处理大文件,则较大的块大小可能会提高性能。在已经存在的文件系统上,块的大小不能在联机状态下改变,只有重新格式化才能修改当前块大小。大多数 Linux 发行版允许的块大小为 1KB、2KB、4KB。benchmark 显示,更改文件系统的块大小很难使得任何性能提高,因此,一般默认在 4KB 的时候是最好的。

当使用硬件 RAID 解决方案时,要仔细考虑,必须指定阵列的条带大小(stripe size)(或 Fibre Channel 中的 segment(段)大小)。条带单元的大小是在阵列中的下一个驱动器上存储随后的数据之前,阵列中的一个驱动器存储数据的粒度。当前条带大小的问题是要了解一个特定应用程序执行主要请求的大小。一个硬件阵列的条带大小,需要对照文件系统的块大小,对整体磁盘性能有明显的影响。

大的条带大小可以减少磁头的寻道时间并提高吞吐量,这对于流和顺序的内容通常是有好处的,但是更多活跃的随机类型,比如在数据库服务器中,条带大小相对于记录大小执行得会更好。

5.6.4　虚拟化存储

虚拟机像物理机一样也需要存储。当给虚拟机添加一个存储的时候,必须做 3 个选择:如何呈现存储到虚拟机;如何存储磁盘上的 image;如何 cache 存储的写。

如图 5-71 所示,呈现一个磁盘到虚拟机的选项有 IDE disk、IDE cdrom、Floppy disk 和 Virtio Disk。前 3 个选项需要软件仿真,需要额外的开销,Virtio 是最快的,但是在虚拟机操作系统中需要 Virtio 驱动。

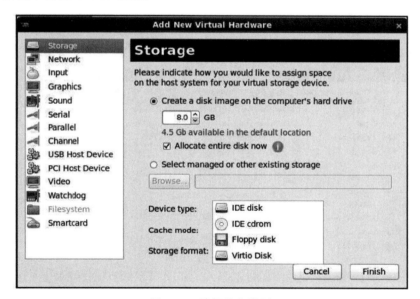

图 5-71　选择设备类型

Image 的存储可以是在 hypervisor 上的本地块设备或在文件之间选择。块设备(一个普通分区或逻辑卷)可以提供最好的性能,文件给你更多的灵活性。当使用块设备的时候,一些丢失的灵活性可以使用 LVM 补偿。如图 5-72 所示,当使用文件的时候,使用

的选项有 raw(可以是 Ext3/Ext4 上的文件)、qcow2 或 qed。raw 文件提供最好的性能,
qcow2 映像更小并支持 snapshot 功能,qed 是 QEMU 虚拟机的格式。

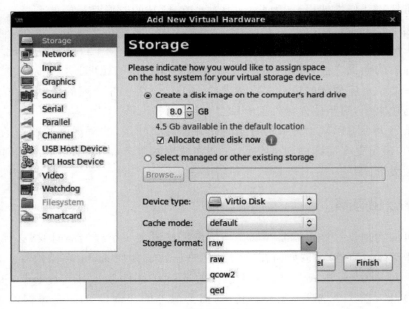

图 5-72　选择存储格式

Cache mode 可以选择 default、none、writeback 和 writethrough,如图 5-73 和表 5-18
所示。

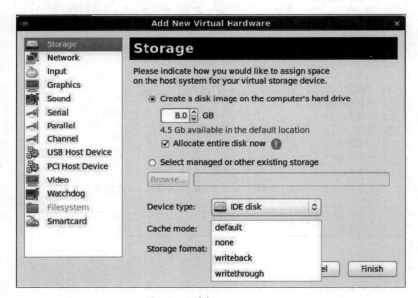

图 5-73　选择 Cache mode

表 5-18　Cache mode 的选择

选项/参数	注　释
writeback	可以提高写操作的性能。数据不是直接被写入磁盘,而是写入缓存
wirtethrough	最安全的,写操作根本不使用缓存,数据总是直接写入磁盘
none	完全关闭写缓存(这是默认的)
default	根据存储实际需求选择最佳的存储方式

在一个 libvirtd XML 文件中,存储的定义是使用<disk>块。下面有两个例子:第一个例子是使用文件附加一个 raw 类型的 virtio 磁盘;第二个例子是使用文件附加一个 qcow2 类型的 virtio 磁盘,如图 5-74 所示。

```
<disk type='file' device='disk'>
    <driver name='qemu' type='raw' cache='none'/>
    <source file='/var/lib/libvirt/images/zgh.img'/>
    <target dev='vda' bus='virtio'/>
    <address type='pci' domain='0x0000' bus='0x00' slot='0x05' function='0x0'/>
</disk>
<disk type='file' device='disk'>
    <driver name='qemu' type='qcow2' cache='none'/>
    <source file='/var/lib/libvirt/images/zgh-1.img'/>
    <target dev='vdb' bus='virtio'/>
    <address type='pci' domain='0x0000' bus='0x00' slot='0x0a' function='0x0'/>
</disk>
```

图 5-74　libvirtd XML 文件中的<disk>块

5.7　调整网络子系统

当首次安装操作系统的时候,如果认为网络子系统存在瓶颈,那么应该对网络子系统进行调整。这里的一个问题可能会影响其他子系统,例如,当数据包太小的时候,CPU使用率会受到明显的影响;如果有过多数量的 TCP 连接,内存使用就会增加。

5.7.1　网卡绑定

通过使用 bonding 驱动程序,Linux 内核提供网络接口聚合能力。这是一个与设备不相关的 bonding 驱动程序(也有特定设备的驱动程序)。bonding 驱动程序支持 802.3链路聚合规范,并可以实现负载均衡和容错。它实现了更高层次的可用性和性能改善。

配置一个 bonding 接口,首先创建一个 bonding 设备。在/etc/modprobe.d/中创建一个 bonding.conf 文件(名字不重要,但是文件名必须以.conf 结尾),该文件包含以下内容,如图 5-75 所示。

miimon 是用来进行链路监测的。比如 miimon＝100,那么系统每 100ms 监测一次链路连接状态,如果有一条线路不通,就转入另一条线路。

mode 的值表示工作模式,如表 5-19 所示。

```
alias bond0 bonding
options bonding miimon=100 mode=balance-rr
```

图 5-75　网卡绑定

表 5-19　mode 的值表示工作模式

选项/参数	注　释
active-backup 或 1	仅使用 bond 中的一个网卡。当活跃 NIC 出故障时,另一个网卡将接管,这个模式提供容错
balance-rr 或 0	数据包在 round-robin 模式下发送,使用 bond 中的所有网卡。它提供容错并基本负载均衡

创建/etc/sysconfig/network-scripts/ifcfg-bond0 并配置绑定接口,如图 5-76 所示。

```
DEVICE=bond0
TYPE=Ethernet
ONBOOT=yes
BOOTPROTO=none
IPADDR=192.168.0.213
NETMASK=255.255.255.0
```

图 5-76　创建 ifcfg-bond0 并配置绑定接口

配置 bond0 中的网卡,如图 5-77 所示。

```
[root@zgh ~]#vim /etc/sysconfig/network-scripts/ifcfg-eth1
DEVICE=eth1
TYPE=Ethernet
ONBOOT=yes
NM_CONTROLLED=no
IPV6INIT=no
USERCTL=no
BOOTPROTO=none
MASTER=bond0
SLAVE=yes
[root@zgh ~]#vim /etc/sysconfig/network-scripts/ifcfg-eth2
DEVICE=eth2
TYPE=Ethernet
ONBOOT=yes
NM_CONTROLLED=no
IPV6INIT=no
USERCTL=no
BOOTPROTO=none
MASTER=bond0
SLAVE=yes
```

```
[root@zgh ~]# vim /etc/sysconfig/network-scripts/ifcfg-eth2
DEVICE=eth2
TYPE=Ethernet
ONBOOT=yes
NM_CONTROLLED=no
IPV6INIT=no
USERCTL=no
BOOTPROTO=none
MASTER=bond0
SLAVE=yes
```

图 5-77 配置 bond0 中的网卡

5.7.2 巨帧

每当一个数据包穿过网络进行传输时,数据包中都包含协议的头部信息和所携带数据。一个典型的 TCP/IP 数据包报头包含一个以太网帧头、一个 IP 报头和一个 TCP 报头。所有这些头部信息都被包含在网络上所使用的最大传输单元(MTU)中。在实例中,一个普通的 TCP 连接使用的协议报头是 40B。一个默认 MTU 是 1500B,差不多 2.7% 的容量损失。

一种减少开销的方法是:切换到另一个头部信息开销更小的协议。切换 tcp 到 udp 将报头从 40B 减少到 28B(小于 1.9% 开销,一个 MTU 1500B),然而,这并不总是可行的。

另一种减少开销的方法是:增加能发送的数据包的大小(MTU)。当在 1500B 的以太网标准下增加 MTU 的时候,该数据包被称为巨帧(jumbo frames)。

特别是千兆网络,较大的 MTU 可以提供更好的网络性能。较大 MTU 所面临的问题是,大多数网络不支持它,一些网卡也不支持它。如果你的目标是在千兆速度下传输大量数据(例如 HPC 环境),那么增加默认 MTU 大小可以带来明显的性能提升。

警告:巨帧的典型应用为网络用途,如 iSCSI 和 NFS。在一般用途的网络上启动巨帧时要小心,因为它可能很难保证网络上的每个单独的设备(包括你的网卡、交换机和路由器)支持巨帧并可以配置它们。官方巨帧最大的大小是 9000B,但是一些设备支持更大的帧。

在相同的 40B 报头,假设一个 9000B 的 MTU,如图 5-78 所示。

```
40 / 9000 * 100%=0.44 %
```

```
40 / 9000 * 100% = 0.44 %
```

图 5-78 巨帧

相较之前的 2.7%,这是很大的改善。

在 /etc/sysconfig/network-scripts/ifcfg-name 中添加下面的行可配置更大的 MTU,如图 5-79 所示。

```
MTU=size
```

```
MTU=size
```

图 5-79　配置 MTU

下面的例子显示了一个 9000B 的 MTU 的 eth0，如图 5-80 所示。

```
[root@zgh ~]#vim /etc/sysconfig/network-scripts/ifcfg-eth0
DEVICE=eth0
HWADDR=00: 0c: 29: fc: 1c: 69
TYPE=Ethernet
UUID=38664e1d- 825f- 4e98- 9fa5- 35f6adb25aa1
ONBOOT=yes
NM_CONTROLLED=yes
BOOTPROTO=none
IPADDR=192.168.1.200
NETMASK=255.255.255.0
IPV6INIT=no
USERCTL=no
MTU=9000
[root@zgh ~]#ip addr show dev eth0
2: eth0: <BROADCAST,MULTICAST,UP,LOWER_UP>mtu 9000 qdisc pfifo_fast state UP
qlen 1000
    link/ether 00: 0c: 29: fc: 1c: 69 brd ff: ff: ff: ff: ff: ff
    inet 192.168.1.200/24 brd 192.168.1.255 scope global eth0
    inet6 fe80:: 20c: 29ff: fefc: 1c69/64 scope link
     valid_lft forever preferred_lft forever
```

```
[root@zyg ~]# vim  /etc/sysconfig/network-scripts/ifcfg-eth0
DEVICE=eth0
HWADDR=00:0c:29:fc:1c:69
TYPE=Ethernet
UUID=38664e1d-825f-4e98-9fa5-35f6adb25aa1
ONBOOT=yes
NM_CONTROLLED=yes
BOOTPROTO=none
IPADDR=192.168.1.200
NETMASK=255.255.255.0
IPV6INIT=no
USERCTL=no
MTU=9000

[root@zyg ~]# ip  addr  show dev eth0
2: eth0: <BROADCAST,MULTICAST,UP,LOWER_UP> mtu 9000 qdisc pfifo_fast state
UP qlen 1000
    link/ether 00:0c:29:fc:1c:69 brd ff:ff:ff:ff:ff:ff
    inet 192.168.1.200/24 brd 192.168.1.255 scope global eth0
    inet6 fe80::20c:29ff:fefc:1c69/64 scope link
      valid_lft forever preferred_lft forever
```

图 5-80　9000B 的 MTU 的 eth0

5.7.3　速度与双工模式

网络吞吐量依赖于许多因素,如使用的网卡、布线的类型、在一次连接中的跳数、发送的包大小,等等。提高网络性能的方法之一是检测网络接口的实际速度,因为问题可能在网络组件(比如交换机或集线器)和网络接口卡之间。检测 eth0 网络接口状态如图 5-81 所示。

```
[root@zgh ~]#ethtool eth0
```

```
[root@zyg ~]# ethtool eth0
Settings for eth0:
        Supported ports: [ TP ]
        Supported link modes:   10baseT/Half 10baseT/Full
                                100baseT/Half 100baseT/Full
                                1000baseT/Full
        Supports auto-negotiation: Yes
        Advertised link modes:  10baseT/Half 10baseT/Full
                                100baseT/Half 100baseT/Full
                                1000baseT/Full
        Advertised pause frame use: No
        Advertised auto-negotiation: Yes
        Speed: 1000Mb/s
        Duplex: Full
        Port: Twisted Pair
        PHYAD: 1
        Transceiver: internal
        Auto-negotiation: on
        MDI-X: Unknown
        Supports Wake-on: g
        Wake-on: d
        Link detected: yes
```

图 5-81　检测 eth0 网络接口状态

由上可知,eth0 支持 10Mb/s、100Mb/s、1000Mb/s 链路全双功和半双功。它使用了自动协商,察觉当前设置为 1000Mb/s 全双功。

自动协商是以太网的一个特征,一个网卡与下一跳进程通信时会协商最高速率。自动协商通常是被信任的,但偶尔它可能工作不正常。在自动协商不匹配的情况下,众多网络设备默认为 100Mb/s 半双工。如果要管理自动协商限制网卡通告的速率,则可以完全关闭自动协商,手工设置一个速率。可以使用 ethtool 命令,检查实际线路速度和网络连接的双工设置。

注意:大多数网络管理员认为最好的方法是添加一个网络接口,两个网卡与交换机或集线器的端口使用指定的静态速度。如果设备驱动器支持 ethtool 命令,则可以使用 ethtool 更改配置。

下面的例子显示了 ethtool-s NIC OPTIONS 命令,手工设置以太网选项,但是不是持久的。要持久配置,需在相关的 /etc/sysconfig/network-scripts/ifcfg-＊文件中添加一行 ETHTOOL_OPTS＝“OPTIONS”设置参数。关闭自动协商的同时,须设置一个固定的速率。手工设置以太网选项如图 5-82 所示。

```
[root@zgh ~]#ethtool - s eth0 autoneg off speed 1000 duplex full
```

```
[root@zyg ~]# ethtool -s eth0 autoneg off speed 1000 duplex full
```

图 5-82　手工设置以太网选项

在图 5-83 和图 5-84 中，从 benchmark(基准测试)的结果看，当网络速度协商不正确的时候，小数据的传输比大数据的传输影响小。若数据传输大于 1KB，则显示出大幅的性能影响(吞吐量下降 50%～90%)。确保速度和双工的设置是正确的。

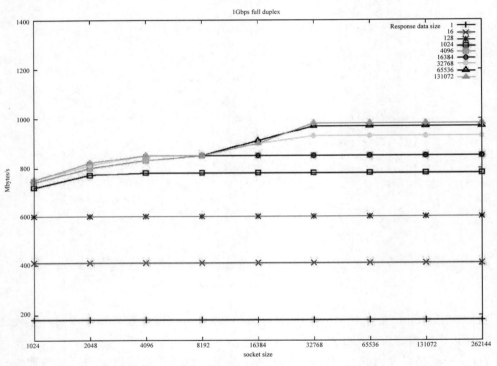

图 5-83　自动协商失败导致性能下降(1Gb/s 全双工)

5.7.4　增加网络缓冲区

当涉及分配内存资源到网络 buffer 的时候，Linux 网络协议栈处理是很谨慎的。对于现代高速网络中连接的服务器系统，增加这些值，可以使系统处理更多的网络数据包。

基于系统内存自动计算出初始的整个 tcp 内存，可以通过下面的参数找到实际的值。

```
/proc/sys/net/ipv4/tcp_mem
```

通过下面的参数可以设置接收 socket 的内存默认值和最大值为一个更大的值。

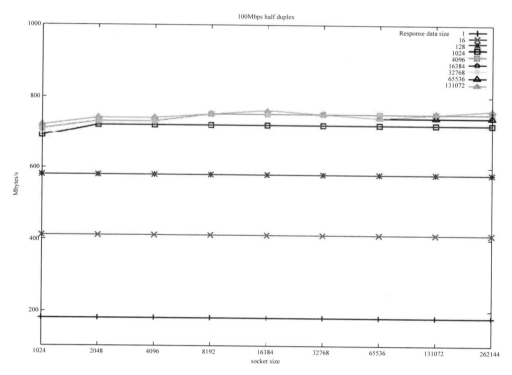

图 5-84　自动协商失败导致性能下降（1Gb/s 半双工）

```
/proc/sys/net/core/rmem_default
/proc/sys/net/core/rmem_max
```

通过下面的参数可以设置发送 socket 的内存默认值和最大值为一个更大的值。

```
/proc/sys/net/core/wmem_default
/proc/sys/net/core/wmem_max
```

通过下面的参数可以调整可选内存 buffers 的最大值为一个更大的值。

```
/proc/sys/net/core/optmem_max
```

1. 调整窗口大小

通过上面所述网络 buffer 的大小参数，可以调整最大窗口大小。理论上，最优窗口大小可以通过使用带宽延迟乘积（bandwidth delay product，BDP）获得。BDP 是在传输中驻留在线路上的数据总量。使用这个简单的公式可以计算 BDP。

```
BDP =Bandwidth (bytes/sec) * Delay (round trip time) (sec)
```

为了保持网络管道是满的并且充分利用线路，网络节点应该具有可用的 buffer，存储与 BDP 相同大小的数据。否则，发送端会停止发送数据并等待来自接收端的确认（参考 1.5.2 节的介绍）。

例如,在具有 1ms 延迟的千兆以太局域网中,BDP 是:

```
125Mbytes/sec (1Gbit/sec) * 1msec =125Kbytes
```

在大多数企业发行版中,rmem_max 和 wmem_max 的默认值大约是 128KB,对于一般用途的低延迟网络环境可能足够了。然而,如果延迟大,默认大小就可能太小了。

看另外一个例子:假设一台 samba 文件服务器支持来自不同地点的 16 个并发文件传输会话,在默认配置中,每个会话的 socket buffer 大小归结为 8KB。如果数据传输很高,8KB 可能相对较小。

注意:将 tcp buffer 设置得太大,将导致出现缓冲膨胀的现象。这会严重影响发送小数据量服务(比如 http 或 ssh)的网络速度和连接延时。

计算最大吞吐量所需要的缓冲区大小。首先,算出一个数据包的往返时间,这个时间是一个数据包从本地发送并从远端主机接收的时间。

2. socket buffer 大小的影响

当一台服务器处理大量并发大文件传输的时候,较小的 socket buffer 可能导致性能下降。如图 5-85 所示,当使用较少 socket buffer 的时候,可观察到明显的性能下降。rmem_max 和 wmem_max 较低的值限制可用的 socket buffer 大小,即使对方负担得起 socket buffer。这会导致较小的窗口大小和大数据传输达到性能上限。虽然没有包含在此图中,但是在小数据(小于 4KB)传输时可观察到没有明显的性能差异。

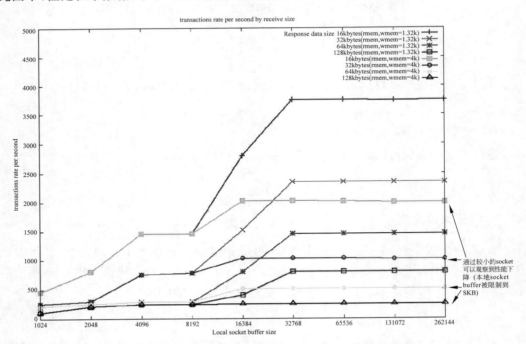

图 5-85   比较 4KB 和 132KB 时 socket buffer 的影响

5.7.5　增加数据包队列

增加各种网络 buffer 的大小之后,建议增加允许未处理数据包的数量,使内核在丢弃数据包之前等待更长的时间。要做到这一点,可编辑/proc/sys/net/core/n4etdev_max_backlog 中的值,如图 5-86 所示。

```
[root@zgh ~]#cat  /proc/sys/net/core/netdev_max_backlog
1000
```

图 5-86　增加数据包队列

5.7.6　增加传输队列长度

对每个接口增加 txqueuelength 参数的值使其在 1000～20 000,对高速连接进行大的均匀的数据传输特别有用。例如,在下面的例子中,使用 ifconfig 命令可以调整传输队列长度,如图 5-87 所示。

```
[root@zgh ~]#ip link show dev ens160
[root@zgh ~]#ip link set ens160 txqueuelen 2000
[root@zgh ~]#ip link show dev ens160
```

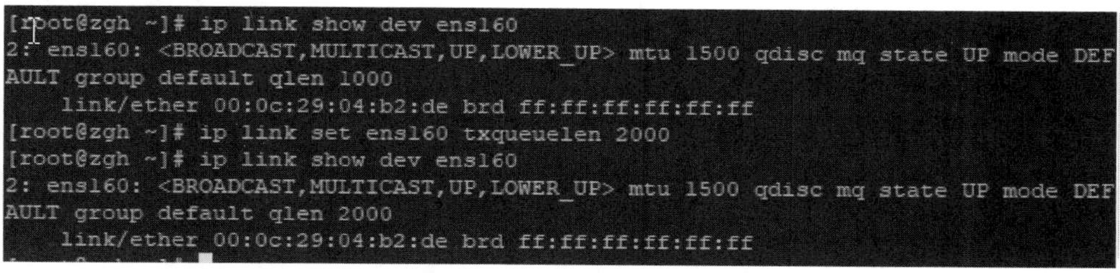

图 5-87　增加传输队列长度

5.7.7　配置 offload

如 1.5.3 节中所述,如果支持 offload(负载)功能,一些网络操作可以从网络接口设备 offload。可以使用 ethtool 命令检查当前的 offload 配置。

使用-k 选项检查 offload 配置,如图 5-88 所示。

```
[root@zgh ~]#ethtool - k em1
Features for em1:
rx-checksumming: on
tx-checksumming: on
```

```
...
...
...
rx-gro-list: off
macsec-hw-offload: off [fixed]
```

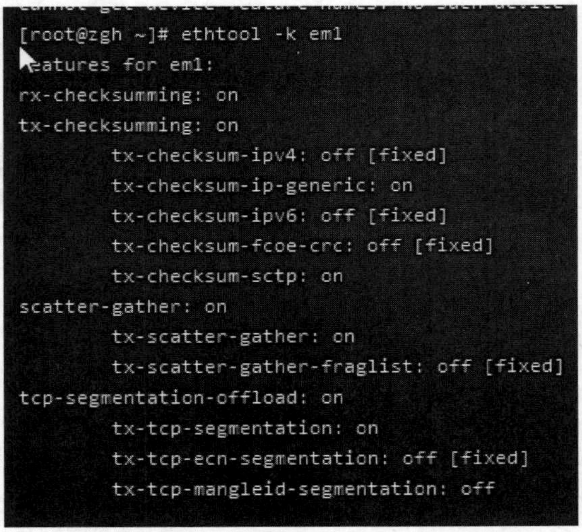

图 5-88　使用-k 选项检查 offload 配置

更改配置命令的语法如下。

```
ethtool -K|--features|--offload devname feature on|off ...
```

例如：

```
[root@zgh ~]#ethtool -K eth0 sg on tso on gso off
```

根据网络接口设备，你选择的平台支持的 offload 功能可能有所不同。如果运行一个不支持的 offload 参数，可能会得到错误信息。

benchmark 显示，CPU 使用率可以通过网卡 offload 而降低。图 5-89 显示了大数据量（超过 32KB）导致较高的 CPU 使用率。大数据包可利用校验和 offload，因为校验和需要计算整个数据包，所以更多的处理能力被数据大小的增加所消耗。

然而，使用 offload（图 5-90）会观察到吞吐量下降。如此高的分组速率，检验和的处理在某些 LAN 适配器处理器上产生明显的负载。由于数据包的大小变大，因此每秒仅产生较少的数据包（因为它需要更长的时间来发送和接收所有数据），它谨慎地在适配器上进行 offload 校验和操作。

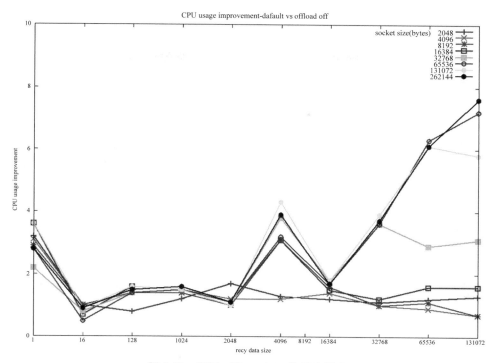

图 5-89　通过 offload CPU 使用率提高

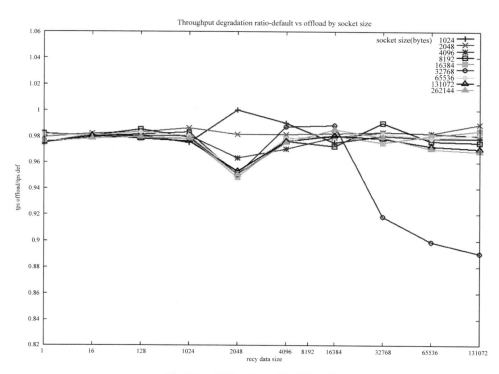

图 5-90　通过 offload 吞吐量下降

当网络应用程序请求数据的时候，LAN 适配器可以有效地为大型帧生成请求。应用程序请求小数据块需要 LAN 适配器通信处理器花费更大比例的时间，为传输数据的每个字节执行开销代码。这就是为什么大多数 LAN 适配器不能为所有的帧大小保持完整的线速的原因。

5.7.8   Netfilter 对性能的影响

由于 Netfilter 提供 TCP/IP 连接跟踪和数据包过滤功能(参考 1.5.1 节中 Netfilter 的介绍)，因此在某些情况下它可能产生较大的性能影响。当连接建立的数量较大的时候，其影响是清晰可见的。图 5-91 所示为大的连接建立数和小的连接建立数的 benchmark 结果，该结果清楚地说明了 Netfilter 的影响。

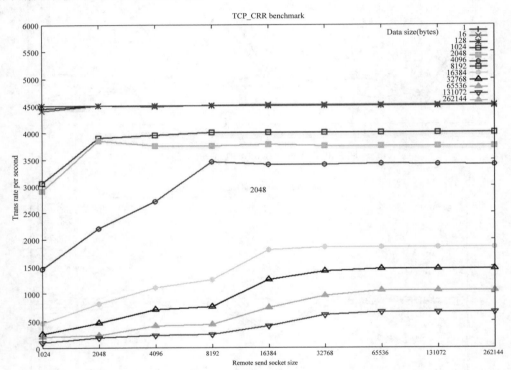

图 5-91   没有应用 **Netfilter** 规则的 **TCP_CRR benchmark**(不同数据大小)

当没有应用 Netfilter 规则的时候(图 5-92)，benchmark 结果表明相似的性能特点，连接建立很少发生(参考图 5-95)，而因为连接建立的开销，绝对吞吐量仍然不同。

然而，当应用过滤规则的时候，可以看到相对不一致的行为，如图 5-93 和图 5-94 所示。

然而，Netfilter 提供数据包过滤的能力，并加强网络的安全性。它可以是安全性和性能之间的权衡。Netfilter 的性能影响取决于以下因素：规则的数量、规则的顺序、规则的复杂性、连接跟踪级别(取决于协议)、Netfilter 内核参数配置。

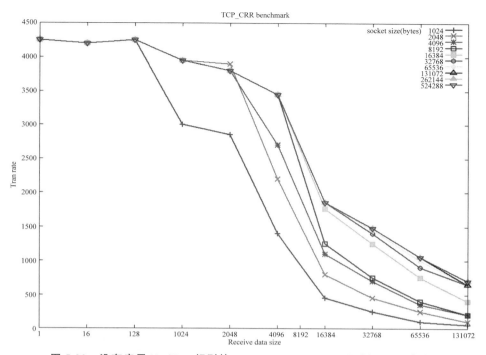

图 5-92 没有应用 Netfilter 规则的 TCP_CRR benchmark（不同 socket 大小）

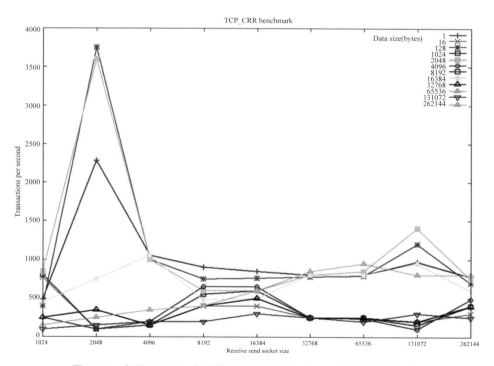

图 5-93 应用 Netfilter 规则的 TCP_CRR benchmark（不同数据大小）

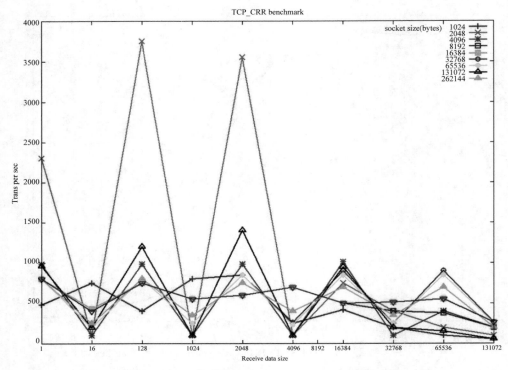

图 5-94 应用 **Netfilter** 规则的 **TCP_CRR benchmark**(不同 **socket** 大小)

5.7.9　流量特性的注意事项

网络性能优化重要的考虑因素之一是要尽可能准确地了解网络流量模式。性能变化取决于网络流量特性。

例如,图 5-95 和图 5-96 显示了使用 netperf 的吞吐量性能的结果,说明了不同的性能特性,唯一的不同是流量类型。图 5-95 和图 5-96 分别显示了 TCP_RR 类型的流量和 TCP_CRR 类型的流量的结果。性能不同的主要原因是 TCP 会话连接、关闭操作的开销,主要因素是 Netfilter 连接跟踪。

如图 5-95 所示,在配置完全相同的情况下,即使轻微的流量特性不同,性能也会有很大变化。应熟悉以下网络流量特性和要求。

(1) 事务吞吐量的要求(峰值、平均值)。

(2) 数据传输吞吐量的要求(峰值、平均值)。

(3) 延迟的要求。

(4) 传输数据的大小。

(5) 发送和接收的比例。

(6) 连接建立和关闭的频率或并发连接的数量。

(7) 协议(TCP、UDP、应用程序协议(如 HTTP、SMTP、LDAP 等))。

Netstat、TcpDump 和 Wireshark 是很有用的工具,通过它们可以得到更准确的特性。

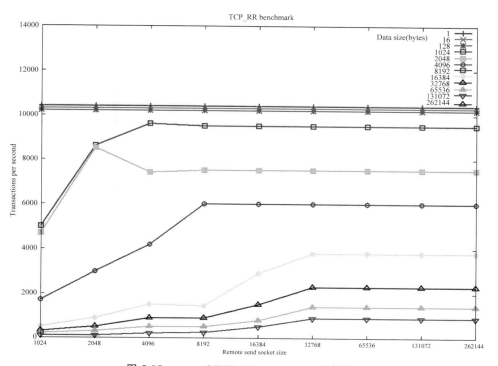

图 5-95　　netperf TCP_RR benchmark 示例结果

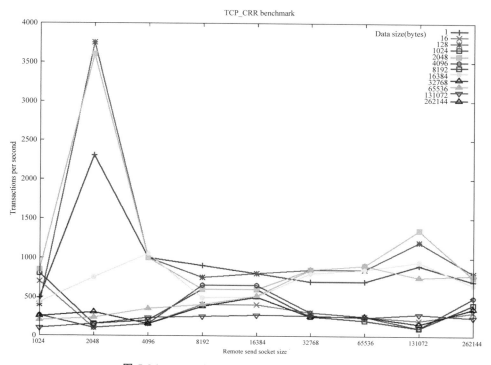

图 5-96　　netperf TCP_CRR benchmark 示例结果

5.7.10 额外的 TCP/IP 调整

还有很多其他配置选项可以提高或降低网络性能。下面描述的参数有助于防止网络性能下降。

1. 调整 IP 和 ICMP 行为

使用 sysctl 命令可调整 IP 和 ICMP 行为。

禁用以下参数防止黑客针对服务器的 IP 地址进行欺骗攻击。

```
sysctl -w net.ipv4.conf.default.accept_source_route=0
sysctl -w net.ipv4.conf.all.accept_source_route=0
sysctl -w net.ipv4.conf.eth0.accept_source_route=0
sysctl -w net.ipv4.conf.lo.accept_source_route=0
```

这些命令配置服务器忽略来自被列为网关机器的重定向。重定向可以用来进行攻击，所以只允许它们来自受信任的源。

```
sysctl -w net.ipv4.conf.default.secure_redirects=1
sysctl -w net.ipv4.conf.all.secure_redirects=1
sysctl -w net.ipv4.conf.eth0.secure_redirects=1
sysctl -w net.ipv4.conf.lo.secure_redirects=1
```

可以允许接口接收或不接收任何 ICMP 重定向。ICMP 重定向是路由器传达路由信息到主机的一种机制。例如，当网关接收到来自网络中与网关连接的主机发送的网络数据包的时候，网关可以发送重定向消息给主机。网关检查路由表得到下一个网关的地址，第二个网关路由网络数据包到目标网络。通常使用以下命令禁用这些重定向。

```
sysctl -w net.ipv4.conf.default.accept_redirects=0
sysctl -w net.ipv4.conf.all.accept_redirects=0
sysctl -w net.ipv4.conf.eth0.accept_redirects=0
sysctl -w net.ipv4.conf.lo.accept_redirects=0
```

如果服务器不充当路由器，那它不必发送重定向，所以可以禁用它们。

```
sysctl -w net.ipv4.conf.default.send_redirects=0
sysctl -w net.ipv4.conf.all.send_redirects=0
sysctl -w net.ipv4.conf.eth0.send_redirects=0
sysctl -w net.ipv4.conf.lo.send_redirects=0
```

配置服务器忽略广播 ping 和 smurf 攻击：

```
sysctl -w net.ipv4.icmp_echo_ignore_broadcasts=1
```

忽略所有 icmp 类型的数据包或 ping：

```
sysctl -w net.ipv4.icmp_echo_ignore_all=1
```

有些路由器发送无效响应广播帧,每个无效响应广播帧都会引起内核记录一个警告。以下这些响应可以被忽略:

```
sysctl -w net.ipv4.icmp_ignore_bogus_error_responses=1
```

可使用 ipfrag 参数,特别是在 NFS 和 Samba 服务器中,在这里,可以设置用于重新组合 IP 碎片的最大内存和最小内存。当为了此目的而分配内存 ipfrag_high_thresh 的值(byte)时,碎片处理器将丢弃数据包,直到达到 ipfrag_low_thresh。

在 TCP 数据包传输过程中碎片发生错误的时候,有效的数据包被存储在内存中(如同这些参数定义的),损坏的数据包会被重传。

例如,设置可用内存的范围在 256～384MB,可使用:

```
sysctl -w net.ipv4.ipfrag_high_thresh=393216
sysctl -w net.ipv4.ipfrag_low_thresh=262144
```

2. 调整 TCP 行为

在这里,我们描述可以更改 TCP 行为的调整参数。

下面的命令可用于调整服务器支持大量的多个连接。

对于同时接收许多连接的服务器,TIME-WAIT sockets 可以被新连接重新使用。其在 Web 服务器中非常有用,例如:

```
sysctl -w net.ipv4.tcp_tw_reuse=1
```

如果启用此命令,也应该启用 TIME-WAIT sockets 状态的快速回收:

```
sysctl -w net.ipv4.tcp_tw_recycle=1
```

启用这些参数,连接数量明显减少。这可以提供良好的性能,因为每个 TCP 传输维护一个关于每个远程客户端的协议信息的 Cache。在 Cache 中存储的信息包括往返时间、最大段大小、拥塞窗口等,若想了解更详细的信息请查看 RFC 1644 说明。

当服务器关闭 socket 的时候,tcp_fin_timeout 参数在 FIN-WAIT-2 状态下保存 socket 的时间。

TCP 连接开始用三段同步 SYN 序列,结束用三段 FIN 序列,两者都保存数据。当为新连接释放内存的时候,减少 FIN 序列的时间,可提高性能。但是,这个值只有经过仔细监控之后才可以调整,因为由于 server socket 的数量,有内存溢出的风险。减少 FIN 序列的时间参数设置如下。

```
sysctl -w net.ipv4.tcp_fin_timeout=30
```

在大量并发 TCP 连接的服务器中,问题之一是大量打开但未使用的连接。TCP 有 keepalive 功能可以探测这些连接,默认情况下,在 7200 秒(2 小时)后丢弃它们。对于你的服务器,这个时间长度可能过长,因而可能导致内存过量使用和服务器性能下降。

例如,设置为 1800 秒(30 分钟)可能更合适:

```
sysctl -w net.ipv4.tcp_keepalive_time=1800
```

当服务器负载过重或具有很多高延迟不良连接的客户端的时候，它可以导致半连接的增加。对于 Web 服务器，这是很常见的，尤其是当有很多拨号上网用户的时候。这些半连接被存储在积压连接队列中。此值应至少设置为 4096（默认是 1024）。参数设置如下。

```
sysctl -w net.ipv4.tcp_max_syn_backlog=4096
```

即使你的服务器没有接收到这种类型的连接，设置此值也是非常有用的，因为它仍然可以在 DoS(syn-flood)攻击中得到保护。

在 syn-flood 攻击中，TCP SYN cookies 有助于保护服务器，它们可能对性能产生不利影响。建议只有当明确需要它们的时候，才启用 TCP SYN cookies。

```
sysctl -w net.ipv4.tcp_syncookies=1
```

注意：只有内核使用 CONFIG_SYNCOOKIES 编译时，此命令才有效。

3. 调整 TCP 选项

以下的 TCP 选项可用于进一步调整 Linux TCP 协议栈。

优化大量 TCP 流量的一种方法是选择性确认。然而，在千兆网络中，SACK 和 DSACK 可以对性能产生不利的影响，而默认情况下是启用它们，tcp_sack 和 tcp_dsack 抵制在高速网络中优化 TCP/IP 性能，应该禁用。

```
sysctl -w net.ipv4.tcp_dsack=0
sysctl -w net.ipv4.tcp_sack=0
```

每当一个以太网帧被转发到 Linux kernel 的网络堆栈时，它接收一个时间戳。这种行为对于边缘服务器是有帮助的和必要的，比如防火墙和 Web 服务器，但是通过禁用 TCP 时间戳可减少一些开销，这对后台系统可能是有好处的。

```
sysctl -w net.ipv4.tcp_timestamps=0
```

我们也了解到，窗口缩放可以是扩大传输窗口的一个选择。然而，benchmark 显示，系统遇到非常高网络负载的时候窗口缩放是不适合的。此外，一些网络设备不遵循 RFC 原则，并可能导致窗口缩放故障，建议禁用窗口缩放和手动设置窗口大小。

```
sysctl -w net.ipv4.tcp_window_scaling=0
```

5.8 限制资源使用

系统性能一直是一个受关注的话题，如何通过最简单的设置实现最有效的性能调优，如何在有限资源的条件下保证程序的运作，限制某些用户或进程访问资源，对性能优化来说就成为很有用的策略。例如，在一个多用户的系统上不同用户可能同时开启进程,实际上只能确认的是,没有单个用户可以独占所有的 CPU 或内存。

假设有这样一种情况:当一台 Linux 主机上同时登录了 10 个人,在系统资源无限制的情况下,这 10 个用户同时打开了 500 个文档,而假设每个文档的大小有 10MB,这时系统的内存资源就会受到巨大的挑战。

而实际应用的环境要比这种假设复杂得多。例如,在一个嵌入式开发环境中,各方面的资源都非常紧缺,对于开启文件描述符的数量、分配堆栈的大小、CPU 时间、虚拟内存大小,等等,都有非常严格的要求。资源的合理限制和分配,不仅是保证系统可用性的必要条件,也与系统上软件运行的性能有密不可分的联系。

1. ulimit

一种限制使用系统资源的方法是通过 ulimit 命令。ulimit 是 Shell 的内建命令,可用于对一个特定的 Shell 和 Shell 开启的子进程进行资源限制。这种机制使用较少,因为它依赖于特定的 Shell 实例。

ulimit 用于限制 Shell 启动进程所占用的资源,它支持以下各种类型的限制:所创建的内核文件的大小、进程数据块的大小、Shell 进程创建文件的大小、内存锁住的大小、常驻内存集的大小、打开文件描述符的数量、分配堆栈的最大大小、CPU 时间、单个用户的最大线程数、Shell 进程所能使用的最大虚拟内存。同时,它支持硬资源和软资源的限制。

作为临时限制,ulimit 可以作用于通过使用其命令登录的 Shell 会话,在会话终止时便结束限制,这并不影响其他 Shell 会话。而对于长期的固定限制,ulimit 命令语句也可以被添加到由登录 Shell 读取的文件中,作用于特定的 Shell 用户。

使用 ulimit -a 命令可以看到能够限制的资源和资源当前的状态,如图 5-97 所示。

```
[root@zgh ~]#ulimit  -a
core file size             (blocks, -c) unlimited
...
...
file locks                      (-x) unlimited
```

-a:显示当前所有的 limit 信息。

-H:设置硬资源限制,一旦设置,就不能增加。ulimit-Hs 64:限制硬资源,线程栈大小为 64KB。

-S:设置软资源限制,设置后可以增加,但是不能超过硬资源设置。ulimit-Sn 32:限制软资源,有 32 个文件描述符。

使用-t 选项限制 CPU 时间,如图 5-98 所示。

```
[root@zgh ~]#ulimit -t 10
[root@zgh ~]#ulimit -a | grep "cpu time"
cpu time           (seconds, -t) 10
```

使用-v 选项限制用户使用的虚拟内存,shell builtin 命令不会受到限制,对子 shell 生效,如图 5-99 所示。

```
[root@zgh ~]# ulimit -a
core file size          (blocks, -c) unlimited
data seg size           (kbytes, -d) unlimited
scheduling priority             (-e) 0
file size               (blocks, -f) unlimited
pending signals                 (-i) 10980
max locked memory       (kbytes, -l) 16384
max memory size         (kbytes, -m) unlimited
open files                      (-n) 1024
pipe size            (512 bytes, -p) 8
POSIX message queues     (bytes, -q) 819200
real-time priority              (-r) 0
stack size              (kbytes, -s) 8192
cpu time               (seconds, -t) unlimited
max user processes              (-u) 10980
virtual memory          (kbytes, -v) unlimited
file locks                      (-x) unlimited
[root@zgh ~]#
```

图 5-97　使用 ulimit -a 命令查看资源状态

```
[root@zgh ~]#ulimit -v 0
[root@zgh ~]#ps
Segmentation fault
[root@zgh ~]#cd /etc
[root@zgh etc]#pwd
/etc
[root@zgh etc]#echo 111
111
```

```
[root@zgh ~]# ulimit -t 10
[root@zgh ~]# ulimit -a | grep "cpu time"
cpu time               (seconds, -t) 10
[root@zgh ~]#
```

图 5-98　使用-t 选项限制 CPU 时间

```
[root@zgh ~]# ulimit -v 0
[root@zgh ~]# ps
Segmentation fault
[root@zgh ~]# cd /etc
[root@zgh etc]# pwd
/etc
[root@zgh etc]# echo 111
111
[root@zgh etc]#
```

图 5-99　使用-v 选项限制用户使用的虚拟内存

使用-f 选项限制创建文件的大小，如图 5-100 所示。

```
[root@zgh grub2]#ulimit -f 100
[root@zgh grub2]#dd if=/dev/zero of=file1 bs=1024 count=100
100+0 records in
100+0 records out
102400 bytes (102 kB) copied, 0.000339076 s, 302 MB/s
[root@zgh grub2]#  dd if=/dev/zero of=file1 bs=1024 count=101
File size limit exceeded
```

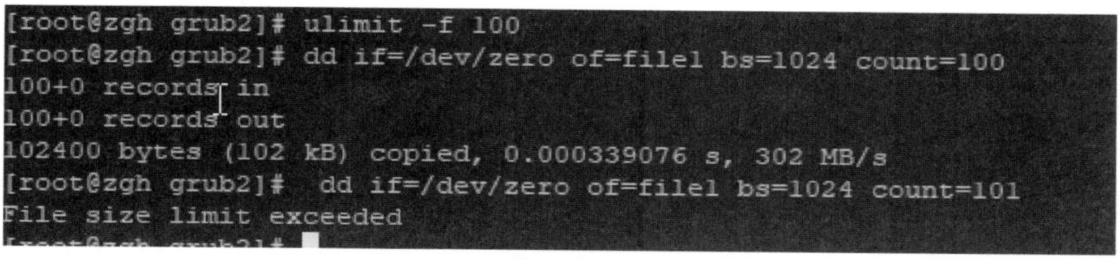

图 5-100 使用-f 选项限制创建文件的大小

2. pam_limits

使用 pam_limits.so 资源限制模块(提供的管理组：session)，系统管理员必须首先建立一个 root 只读的文件(默认是/etc/security/limits.conf)，这个文件描述了超级用户想要强制限制用户和用户组的资源。uid＝0 的账号不会受限制。

下面的参数可以用来改变此模块的行为：

* conf＝/path/to/file.conf -指定一个替换的 limits 设定档。

* debug -往 syslog(3)写入冗长的记录。

配置文件的每一行描述了一个用户的限制，通常使用下面的格式：

<domain><type><item><value>

domain 可以是下列值之一。

(1) 一个用户名。

(2) 一个组名，语法是@group。

(3) 通配符 ＊,定义默认条目。

(4) type,包括 2 个值,如表 5-20 所示。

表 5-20 type 的值

值	注　　　释
soft	实行软资源限制。用户的限制能在软硬限制之间上下浮动。这种限制在普通用法下可以看成默认值
hard	实行硬资源限制。这种限制由超级用户设定,由 Linux 内核实行,用户不能提升他对资源的需求

(5) item,可以是表 5-21 所示参数之一。

表 5-21 item 的值

选项/参数	注　　　释
maxlogins	用户的最多登录数
priority	用户进程执行时的优先级
core	限制 core 文件的大小(KB)
as	地址空间的限制

选项/参数	注　　释
data	最大的资料大小（KB）
fsize	最大的文件大小（KB）
memlock	最大能锁定的内存空间（KB）
nofile	最多能打开的文件
nproc	最多的进程数
cpu	最大的 CPU 时间（分钟）
stack	最大的堆栈大小（KB）
rss	最大的驻留程序大小（KB）

要完全不限制用户（或组），可以用一个（-）（例如，"bin-"、"@admin-"）。注意，个体的限制比组限制的优先级高，所以如果设定 admin 组不受限制，但是组中的某个成员被设定限制，那么此用户就会依据设置被限制。还应该注意，所有的限制设定只是每个登录的设定，它们既不是全局的，也不是永久的，只存在于会话期间。

pam_limits 模块会通过 syslog(3)报告它从设定中找到的问题。

下面是一个配置文件实例，如图 5-101 所示。

```
# /etc/security/limits.conf
#
#This file sets the resource limits for the users logged in via PAM.
#It does not affect resource limits of the system services.
#
#Also note that configuration files in /etc/security/limits.d directory
#which are read in alphabetical order, override the settings in this
#file in case the domain is the same or more specific.
#That means for example that setting a limit for wildcard domain here
#can be overriden with a wildcard setting in a config file in the
#subdirectory, but a user specific setting here can be overriden only
#with a user specific setting in the subdirectory.
#
#Each line describes a limit for a user in the form:
#
#<domain>        <type>  <item>  <value>
#
#Where:
#<domain> can be:
#        - a user name
#        - a group name, with @group syntax
#        - the wildcard *, for default entry
#        - the wildcard %, can be also used with %group syntax,
#                for maxlogin limit
#
```

图 5-101　配置文件实例

注意：对同一个资源的软限制和硬限制建立了用户可以从指定服务会话中得到的默

认和最大允许的资源数。

使用 maxlogins 限制用户登录次数，如图 5-102 所示。

```
[root@zgh ~]#vim /etc/security/limits.conf
```

```
[root@zgh grub2]# vim /etc/security/limits.conf
zgh                hard                maxlogins           2
```

图 5-102　使用 **maxlogins** 限制用户登录次数

使用 nproc 限制用户打开进程数，如图 5-103 所示。

```
[root@zgh ~]#vim /etc/security/limits.conf
[root@zgh ~]#su - zgh
[zgh@zgh ~]$sleep 3000 &
[zgh@zgh ~]$sleep 3000 &
[zgh@zgh ~]$sleep 3000 &
```

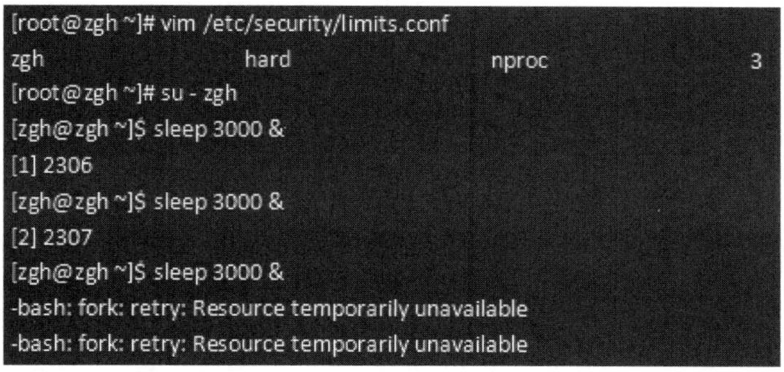

```
[root@zgh ~]# vim /etc/security/limits.conf
zgh                hard                nproc               3
[root@zgh ~]# su - zgh
[zgh@zgh ~]$ sleep 3000 &
[1] 2306
[zgh@zgh ~]$ sleep 3000 &
[2] 2307
[zgh@zgh ~]$ sleep 3000 &
-bash: fork: retry: Resource temporarily unavailable
-bash: fork: retry: Resource temporarily unavailable
```

图 5-103　使用 **nproc** 限制用户打开进程数

使用 cpu 限制用户使用 CPU 的时间，若程序运行超过限制时间，则会被杀死，如图 5-104 所示。

```
[root@zgh ~]#vim /etc/security/limits.conf
[root@zgh ~]#./zgh.sh
```

```
[root@zgh ~]# vim /etc/security/limits.conf
zgh                hard                cpu                 1
[root@zgh ~]# ./zgh.sh
Killed
```

图 5-104　限制用户使用 **CPU** 的时间

使用 fsize 限制用户创建文件的大小，如图 5-105 所示。

```
[root@zgh ~]#vim /etc/security/limits.conf
[root@zgh ~]#dd if=/dev/zero of=file1 bs=1024 count=500
```

```
[root@zgh ~]# dd if=/dev/zero of=file1 bs=1024 count=501
```

```
[root@zgh ~]# vim /etc/security/limits.conf
zgh                      hard              fsize                      500
[root@zgh ~]# dd if=/dev/zero of=file1 bs=1024 count=500
500+0 records in
500+0 records out
512000 bytes (512 kB) copied, 0.00246573 s, 208 MB/s
[root@zgh ~]# dd if=/dev/zero of=file1 bs=1024 count=501
File size limit exceeded (core dumped)
```

图 5-105　使用 fsize 限制用户创建文件的大小

3. cgroup

从 RHEL6 开始引入一个新的更为灵活的限制系统资源访问的方法,即 Control group(简称 cgroup)。cgroup 提供一种机制将任务(进程)和其子任务(子进程)聚合/划分到有特定行为的层次组中,在控制器中细分资源(如 CPU 时间、内存、磁盘 I/O 等),再层次化地分开。cgroup 也是 LXC 为实现虚拟化所使用的资源管理手段,可以说没有 cgroup 就没有 LXC。

cgroup 针对一个或多个子系统将一组任务与一组参数关联在一起。

子系统是一个模块,利用 cgroup 提供的任务分组功能以特定的方式视其为任务组。子系统通常是一个资源控制器,调度一个资源或按 cgroup 应用限制,它可能是想要作用于进程组上的任何事,例如一个虚拟化子系统。

所谓的层次结构,就是以树形结构对一组 cgroup 进行分类,这样系统中的每个任务将正确地位于层次结构中的其中一个 cgroup 和一组子系统中,在层次结构中每个子系统将特定的系统状态附加到每个 cgroup 中。每个层次结构都有一个 cgroup 虚拟文件系统的实例与其相结合。

任何一个时刻都可能有多个任务 cgroup 的活跃层级结构。在系统中,每个层次结构是所有任务的一部分。

在 cgroup 虚拟文件系统的一个实例中,用户级代码可以通过名称创建和销毁 cgroup,指定和查询被分配一个任务的 cgroup,列出分配给 cgroup 的任务的 pid。这些创建和分配仅影响与 cgroup 文件系统实例相关的层次结构。

凭借自身,仅使用 cgroup 进行简单的作业跟踪,目的是将其他子系统加入通用 cgroup 支持,为 cgroup 提供新的属性,比如统计/限制 cgroup 中的进程可以访问的资源。例如,cpuset(参见 Documentation/cgroups/cpusets.txt)允许将一组 CPU 和一组内存节点与每个 cgroup 中的任务关联在一起。

如表 5-22 所示,可以限制一些不同的子系统。

表 5-22　cgroup 子系统

参　数	注　释
devices	实现了跟踪和执行 open 和 nknod 设备文件的限制
freezer	对批处理作业管理是很有用的,可以根据管理员的需求启动和停止任务,从而调度机器的资源
memory	隔离并限制进程组对内存资源的使用
net_cls	使用类等级识别符(classid)标记网络数据包,可使用流量控制器(CT)为来自不同 cgroups 的数据包分配不同的优先级
Blkio	对块设备的 I/O 进行控制
cpu	用来控制进程调试,设置进程占用 CPU 资源(时间片)的比重
cpuacct	使用 cgroup 分组任务,并统计这些任务组的 CPU 使用
cpuset	提供为一组任务分配一组 CPU 和内存节点的机制

这些子系统也被称为资源控制器或控制器。

安装 kernel-doc,在 Documentation/cgroups/下查看帮助。

cgroup 被组织成层次结构,任何单一的控制器只能是一个层次结构的一部分。在默认的 RHEL 配置中,每个控制器放在自己的层次结构中。

4. 相互关系

每次在系统中创建新层次结构时,该系统中的所有任务都是该层次结构的默认 cgroup(我们称之为 root cgroup,此 cgroup 在创建层次结构时自动创建,后面在该层次结构中创建的 cgroup 都是此 cgroup 的后代)的初始成员。

一个子系统最多只能附加到一个层次结构。

一个层次结构可以附加多个子系统。

一个任务可以是多个 cgroup 的成员,但是这些 cgroup 必须在不同的层次结构。

当系统中的进程(任务)创建子进程(任务)时,该子任务自动成为其父进程所在 cgroup 的成员。然后可根据需要将该子任务移动到不同的 cgroup 中,但开始时它总是继承其父任务的 cgroup。

5. 创建 cgroup 和 cgroup 的层次结构

方法一:使用 cgcreate 命令,在一个层次结构里创建一个 cgroup,可以随意地指定哪些用户能在这个 cgroup 中添加任务,哪些用户可以修改这个 cgroup 中的设置。

基本语法是:

```
cgreate[-t<tuid>:<tgid>][-a<auid>:<agid>]-g<controllers>:<path>
```

例如,在 cpuset 层次结构中创建一个名称为 zgh 的 cgroup,所有的管理保留给 root,如图 5-106 所示。

```
[root@zgh ~]#cgcreate -g cpuset:/zgh
```

```
[root@zgh ～]#ls /cgroup/cpuset/zgh
```

```
[root@zgh ~]# cgcreate -g cpuset:/zgh
[root@zgh ~]# ls /cgroup/cpuset/zgh
cgroup.event_control          cpuset.mem_hardwall              cpuset.mems
cgroup.procs                                                   cpuset.memory_migrate
cpuset.sched_load_balance
cpuset.cpu_exclusive                                           cpuset.memory_pressure
cpuset.sched_relax_domain_level
cpuset.cpus                   cpuset.memory_spread_page        notify_on_release
cpuset.mem_exclusive          cpuset.memory_spread_slab        tasks
```

图 5-106　创建一个名称为 zgh 的 cgroup

方法二：使用 mkdir 命令创建 cgroup，如图 5-107 所示。移除一个 cgroup，可以使用 rmdir 或 cgdelete。

```
[root@zgh ～]#mkdir /cgroup/memory/zgh
[root@zgh ～]#ls /cgroup/memory/zgh
```

```
[root@zgh ~]# mkdir /cgroup/memory/zgh
[root@zgh ~]# ls /cgroup/memory/zgh
cgroup.event_control                          memory.memsw.limit_in_bytes
memory.swappiness
cgroup.procs                                  memory.memsw.max_usage_in_bytes
memory.usage_in_bytes
memory.failcnt                                memory.memsw.usage_in_bytes
memory.use_hierarchy
memory.force_empty                            memory.move_charge_at_immigrate
notify_on_release
memory.limit_in_bytes         memory.oom_control              tasks
memory.max_usage_in_bytes     memory.soft_limit_in_bytes
memory.memsw.failcnt          memory.stat
```

图 5-107　使用 mkdir 命令创建 cgroup

方法三：通过挂载一个虚拟 cgroup 文件系统，并指定使用的挂载控制器作为挂载选项，可以手工创建一个 cgroup 的层次结构，如图 5-108 所示。

```
[root@zgh ～]#mkdir /cgroup/zgh
[root@zgh ～]#mount -t cgroup -o cpuset none /cgroup/zgh
[root@zgh ～]#ls /cgroup/zgh
[root@zgh ～]#umount /cgroup/zgh
[root@zgh ～]#rmdir /cgroup/zgh
```

方法四：可以通过 cgconfig 服务持久设置层次结构和 cgroup，这样在重启之后它们也是可用的。在配置文件/etc/cgconfig.conf 中配置 cgconfig 建立 cgroup 层次结构，如

```
[root@zgh ~]# mkdir /cgroup/zgh
[root@zgh ~]# mount -t cgroup -o cpuset none /cgroup/zgh
[root@zgh ~]# ls /cgroup/zgh
cgroup.event_control    cpuset.memory_migrate              cpuset.sched_load_balance
cgroup.procs                                               cpuset.memory_pressure
cpuset.sched_relax_domain_level
cpuset.cpu_exclusive    cpuset.memory_pressure_enabled     notify_on_release
cpuset.cpus             cpuset.memory_spread_page          release_agent
cpuset.mem_exclusive    cpuset.memory_spread_slab          tasks
cpuset.mem_hardwall     cpuset.mems
[root@zgh ~]# umount /cgroup/zgh
[root@zgh ~]# rmdir /cgroup/zgh
```

图 5-108　通过挂载手工创建一个 cgroup 的层次结构

图 5-109 所示。

```
[root@zgh ~]#vim /etc/cgconfig.conf
[root@zgh ~]#service cgconfig restart
[root@zgh ~]#ls /cgroup/cpuset/zgh
```

```
[root@zgh ~]# vim /etc/cgconfig.conf
...
group zgh {
        cpuset {
        }
}
[root@zgh ~]# service cgconfig restart
Stopping cgconfig service:                                 [  OK  ]
Starting cgconfig service:                                 [  OK  ]
[root@zgh ~]# ls /cgroup/cpuset/zgh
cgroup.event_control        cpuset.mem_hardwall              cpuset.mems
cgroup.procs                                                cpuset.memory_migrate
cpuset.sched_load_balance
cpuset.cpu_exclusive                                        cpuset.memory_pressure
cpuset.sched_relax_domain_level
cpuset.cpus                 cpuset.memory_spread_page        notify_on_release
cpuset.mem_exclusive        cpuset.memory_spread_slab        tasks
```

图 5-109　通过 cgconfig 设置层次结构和 cgroup

重点：不要忘记使用 service 命令启动 cgconfig 服务，否则这些设置将不会起作用。

6. 为 cgroup 设置限制

方法一：使用 echo 命令重定向一个值到相应层次结构目录中适当的文件，如图 5-110 所示。

```
[root@zgh ~]#echo 3 >/cgroup/cpuset/zgh/cpuset.cpus
[root@zgh ~]#cat /cgroup/cpuset/zgh/cpuset.cpus
[root@zgh ~]#echo 0 >/cgroup/cpuset/zgh/cpuset.mems
[root@zgh ~]#cat /cgroup/cpuset/zgh/cpuset.mems
```

```
[root@zgh ~]# echo 3 >/cgroup/cpuset/zgh/cpuset.cpus
[root@zgh ~]# cat /cgroup/cpuset/zgh/cpuset.cpus
3
[root@zgh ~]# echo 0 >/cgroup/cpuset/zgh/cpuset.mems
[root@zgh ~]# cat /cgroup/cpuset/zgh/cpuset.mems
0
```

图 5-110　echo 命令重定向

方法二：使用 cgset 命令，如图 5-111 所示。

```
[root@zgh ~]#cgset -r cpuset.cpus=2 zgh
[root@zgh ~]#cat /cgroup/cpuset/zgh/cpuset.cpus
```

```
[root@zgh ~]# cgset -r cpuset.cpus=2 zgh
[root@zgh ~]# cat /cgroup/cpuset/zgh/cpuset.cpus
2
```

图 5-111　使用 cgset 命令

方法三：在配置文件/etc/cgconfig.conf 对应的 cgroup 中设置，这样在重启之后它们也是可用的，如图 5-112 所示。

```
[root@zgh ~]#vim /etc/cgconfig.conf
[root@zgh ~]#service cgconfig restart
[root@zgh ~]#cat /cgroup/cpuset/zgh/cpuset.cpus
```

7. 给 cgroup 分配进程

方法一：为一个正在运行的进程分配 cgroup，可以使用以下几种方式。
（1）手工 echo 进程的 PID 到相应 cgroup 的 tasks 中，如图 5-113 所示。

```
[root@zgh ~]#echo 2017 >/cgroup/cpuset/zgh/tasks
[root@zgh ~]#cat /cgroup/cpuset/zgh/tasks
```

（2）使用 cgclassify 给 cgroup 分配进程，如图 5-114 所示。

```
[root@zgh ~]#cgclassify -g cpuset: /zgh 2017
[root@zgh ~]#cat /cgroup/cpuset/zgh/tasks
```

方法二：使用 cgexec 命令可以为一个新的进程直接指定 cgroup，如图 5-115 所示。

```
[root@zgh ~]#cgexec -g cpuset: /zgh ./zgh.sh
```

图 5-112　/etc/cgconfig.conf 的 cgroup 设置

图 5-113　使用 echo 给 cgroup 分配进程

图 5-114　使用 cgclassify 给 cgroup 分配进程

图 5-115　使用 cgexec 给 cgroup 分配进程

方法三：可以通过 cgred 服务，当启动程序时自动将其放置在相应的 cgroup 中，这需要对/etc/cgruls.conf 进行配置。

/etc/cgrules.conf 文件由 3 部分组成：

user | @group | user[: program], controllers, cgroup.

在第一部分中使用一个百分号（%）表示应用与之前一行相同的 user/group/program。"＊"通配符允许在第一、二列使用。

可以看下面的例子，当运行 zgh.sh 时，将其自动放置在 zgh cgroups 中，使用 cpuset 控制器。在/etc/cgrules.conf 中添加下面的行，如图 5-116 所示。

```
[root@zgh ~]#vim /etc/cgrules.conf
……
```

```
 * : zgh.sh                    cpuset                          zgh/
[root@zgh ~]#service cgred restart
Stopping CGroup Rules Engine Daemon...                        [ OK ]
Starting CGroup Rules Engine Daemon:                          [ OK ]
```

图 5-116　编辑/etc/cgrules.conf

重点：启用和开启 cgred 服务分别使用 chkconfig 和 service 命令，编辑/etc/cgrules. conf 需要运行 service cgred reload。